服务业创新发展研究报告

何立峰　主　编

中国计划出版社

图书在版编目（CIP）数据

服务业创新发展研究报告 / 何立峰主编. -- 北京 : 中国计划出版社, 2017.10
ISBN 978-7-5182-0711-4

Ⅰ. ①服… Ⅱ. ①何… Ⅲ. ①服务业－经济发展－研究报告－中国 Ⅳ. ①F719

中国版本图书馆CIP数据核字(2017)第227712号

服务业创新发展研究报告

国家发展和改革委员会
何立峰　主　编

中国计划出版社出版发行
网址：www.jhpress.com
地址：北京市西城区木樨地北里甲 11 号国宏大厦 C 座 3 层
邮政编码：100038　电话：（010）63906433（发行部）
北京汇瑞嘉合文化发展有限公司印刷

787mm×1092mm　1/16　19.5 印张　344 千字
2017 年 10 月第 1 版　2017 年 10 月第 1 次印刷

ISBN 978-7-5182-0711-4
定价：58.00 元

编写人员名单

主　　编：何立峰

副 主 编：刘晓滨　林念修　胡祖才

编　　委：

徐　林　年　勇　岳修虎　蔡荣华　夏　农　王　东

参编人员：

包浩斌　曾天山　陈百川　陈静实　陈　雷　陈　琳　陈清华
陈泽鹏　陈　志　程先柱　戴　斌　窦宏秀　杜　链　龚　琦
古　瑞　郭怀英　韩　云　贺登才　贺鹏举　贺　婷　洪群联
黄海燕　黄　勇　姜长云　李际平　梁绍连　林方明　刘　涛
刘　毅　马　莉　彭朱刚　皮建华　史守峰　宋　玲　宋忠奎
苏志钢　孙彦明　孙长学　王德荣　王佳元　王　伟　王秀峰
吴劲松　吴君杨　肖若石　谢文雄　徐　策　徐逸智　闫少譞
俞晓波　张　博　张国智　张　俏　张旭东　张宇翔　张忠伟
赵少钦　赵在绪　郑　宇　仲泽宇　周青峰　邹　磊

序　言

为深入贯彻落实习近平总书记关于供给侧结构性改革的重要讲话精神，经国务院同意，国家发展改革委印发了《服务业创新发展大纲（2017—2025 年）》（以下简称《大纲》），为未来一个时期服务业创新发展提供了战略性、纲领性指引。在《大纲》编制起草过程中，我们开展了大量前期研究，委托相关领域专家学者、研究机构、行业协会和部分省、市政府，就服务业发展的一般规律、服务业重点行业发展趋势、地方服务业发展思路举措，形成了一批研究报告。文件出台后，我委胡祖才副主任发表了专题解读文章，并邀请国内知名专家学者撰写了系列解读报告。这些报告是国内享有盛誉、富有经验的专家学者和各地区从事实际工作同志的最新研究成果，对于各界更好地认识和把握未来服务经济发展趋势具有重要作用。

我们将这些报告集结成册，以飨读者，一方面是为市场主体决策提供参考，使之能够更好把握科创、信息、文体、健康养老等服务领域发展大方向，抓住服务业创新发展迸发的历史机遇，以激发全社会创新创业活力、点燃经济新动能。另一方面是为各级地方政府贯彻落实《大纲》提出的各项重点任务提供参考，引导各级地方政府科学把握服务业发展趋势和重点服务领域发展态势，在工作着力点上更加重视服务业发展，加快形成新的区域比较优势。同时，我国正处于服务业快速发展的重要机遇期，关于服务业的研究将成为各界追踪的焦点和热点，希望本书能为深化有关研究提供最新文献基础。

本书主要分为四个部分：第一部分是 7 篇专家解读报告，围绕服务业强国建设、服务业创新与开放发展、服务业与制造业互促共进等方面，邀请国务院发展研究中心副主任王一鸣、上海 WTO 事务咨询中心主任王新奎、上海市发展研究中心原主任周振华、中国（海南）改革发展研究院院长迟福林、中国社会科学院财经战略研究院副院长夏杰长、国务院发展研究中心市场经济研究所原所长任兴洲等知名专家学者，对《大纲》进行了权威解读。为突出体现质量提升对推动服务业优质高效发展的重要作用，特别邀请国家质检总局撰写了服务质量提升战略研究报告。第二部分是 7 篇综合性研究报告，该部分收录了《大纲》起草中的部分前期研究成果，主要包括社科院、发展研究中心、麦肯锡等国内外机构的研究报告。第三部分是15篇行业研究报告，围绕科技、教育、信息、交通运输、物流、健康、文化、体育等重点领域，邀请有关行业协会或研究机构就行业发展情况、展望与建议开展了研究。第四部分是9篇地方研究报告，邀请部分省、市发展改革委就本地服务业发展的思路与主要举措撰写了研究报告。

本书在编写过程中，得到各方面的热情帮助和指导，在此表示诚挚感谢。中国计划出版社对本书的出版给予了大力支持，一并表示感谢。

服务业门类众多、产业发展日新月异，新问题、新业态、新观点层出不穷，理论研究仍需深化，法律法规建设尚未健全，各方面的思想认识也有待继续深化，还需要在实践中不断发展完善。需要说明的是，本书汇编的各方面服务业研究成果，仅供研究交流，不代表国家发展改革委观点。书中可能还存在不少不足之处，敬请读者批评指正。

本书编写组

2017年9月

目　　录

服务业创新发展大纲（2017—2025年）

加快服务业创新发展、增强服务经济发展新动能，关系人民福祉增进，是更好满足人民日益增长需求、深入推进供给侧结构性改革的重要内容；关系经济转型升级，是振兴实体经济、支撑制造强国和农业现代化建设、实现一二三次产业在更高层次上协调发展的关键所在；关系国家长远发展，是全面提升综合国力、国际竞争力和可持续发展能力的重要途径。为深入打造中国服务新品牌、建设服务业强国，为我国服务业发展提供指引，现制定《服务业创新发展大纲（2017—2025年）》。

一、背景情况

（一）世界服务业发展趋势

20世纪七八十年代以来，全球经济结构呈现出服务业主导的发展趋势，发达国家都经历了向服务业为主的经济结构转型和变革。在科技进步和经济全球化驱动下，服务业内涵更加丰富、分工更加细化、业态更加多样、模式不断创新，在产业升级中的作用更加突出，已经成为支撑发展的主要动能、价值创造的重要源泉和国际竞争的主战场。

新一轮科技革命引发服务业创新升级。新一代信息、人工智能等技术不断突破和广泛应用，加速服务内容、业态和商业模式创新，推动服务网络化、智慧化、平台化，知识密集型服务业比重快速提升。服务业转型升级正在推动新一轮产业变革和消费革命，使产业边界日渐模糊，融合发展态势更加明显，个性化、体验式、互动式等服务消费蓬勃兴起。

服务投资贸易全球化拓展服务业发展空间。服务全球化成为经济全球化进入新阶段的鲜明特征。服务业成为国际产业投资热点，制造业跨国布局带动生产性服务业全球化发展，跨国公司在全球范围内整合各类要素，资本、技术和自然人跨境流动更加便利，带动全球服务投资贸易快速增长。信息化大大提升服务可贸易性，数字服务贸易持续迅猛增长。

国际经贸规则重构推动全球服务分工格局深度调整。国际经贸新规则制定的焦点逐渐转向服务领域，多边和区域性投资贸易谈判正致力于推动服务贸易和跨境投资的自由化、便利化。服务投资贸易规则加快健全，将对全球服务业发展和国际分工格局产生深刻影响。

（二）我国服务业发展基础和条件

我国正处于实现“两个一百年”奋斗目标承上启下的历史阶段和从上中等收入国家向高收入国家迈进的关键时期，经济发展进入新常态，结构优化、动能转换、方式转变的要求更加迫切，需要以服务业整体提升为重点，构建现代产业新体系，增强服务经济发展新动能，实现经济保持中高速增长、迈向中高端水平。

服务业发展站在新的历史起点上。“十二五”以来，我国服务业发展连续迈上新台阶，2011 年成为吸纳就业最多的产业，2012 年增加值超过第二产业，2015 年增加值占国内生产总值（GDP）比重超过 50%。服务领域不断拓宽，服务品种日益丰富，新业态、新模式竞相涌现，有力支撑了经济发展、就业扩大和民生改善。

服务业发展仍面临诸多矛盾和问题。我国服务业发展整体水平不高，产业创新能力和竞争力不强，质量和效益偏低。服务供给未能适应需求变化，生产性服务业发展明显滞后，生活性服务业供给不足。服务业增加值比重仍低于世界平均水平，整体上处于国际分工中低端环节，服务贸易逆差规模持续扩大。更为关键的是，服务业发展还面临思想观念转变相对滞后，体制机制束缚较多，统一开放、公平竞争的市场环境尚不完善等障碍。

服务业进入全面跃升的重要阶段。全面深化改革、全方位对外开放和全面依法治国正释放服务业发展新动力和新活力。城乡居民收入持续增长和消费升级，为服务业发展提供了巨大需求潜力。新型工业化、信息化、城镇化、农业现代化协同推进，极大地拓展了服务业发展广度和深度。生态、养老等服务业新领域也不断涌现。

综合判断，我国服务业发展正处于重要机遇期，应当顺应发展潮流，尊重规律，立足国情，转变观念，重点在深化改革开放、营造良好发展环境上下功夫，激发全社会推动服务业创新发展的动力和活力，引领产业升级、改善民生福祉、增强发展动能，阔步迈向服务经济新时代。

二、总体要求

（一）指导思想

全面贯彻党的十八大和十八届三中、四中、五中、六中全会精神，深入贯彻习近平总书记系列重要讲话精神和治国理政新理念新思想新战略，认真落实党中央、国务院决策部署，统筹推进“五位一体”总体布局和协调推进“四个全面”战略布局，牢固树立和贯彻落实新发展理念，适应把握引领经济发展新常态，坚定不移深入推进供给侧结构性改革，以提高质量和核心竞争力为中心，努力构建优质高效、充满活力、竞争力强的现代服务产业新体系，推动中国服务与中国制造互促共进，加快形成服务经济发展新动能，推动经济转型升级和社会全面进步，确保如期全面建成小康社会，为实现第二个百年奋斗目标和中华民族伟大复兴的中国梦奠定坚实基础。

（二）基本原则

坚持以人为本、人才为基。坚持以人民为中心的发展思想，以增进人民福祉、促进人的全面发展为出发点和落脚点，扩大服务供给，更好满足多层次多样化需求。把人才作为核心资源，壮大人才队伍，提高职业素养，充分调动各类人才积极性和创造性，有力支撑服务业强国建设。

坚持市场主导、质量至上。以市场需求为导向，顺应消费升级趋势，提升服务品质，充分发挥市场在资源配置中的决定性作用和更好发挥政府作用，在公平竞争中提升服务业竞争力。树立质量第一的意识，健全服务质量治理和促进体系，打造以标准、质量、品牌为核心的竞争优势，全面提高服务业发展质量和效率。

坚持创新驱动、融合发展。把发展基点放在创新上，营造良好创新环境，深入推进大众创业、万众创新，促进新技术、新产业、新业态、新模式蓬勃发展，增强服务经济发展新动能。推进服务业与农业、制造业及服务业不同领域之间的深度融合，形成有利于提升中国制造核心竞争力的服务能力和服务模式，发挥“中国服务 + 中国制造”组合效应。

坚持重点突破、特色发展。瞄准供需矛盾突出、带动力强的重点行业，集中力量破解关键领域和薄弱环节的发展难题，推动服务业转型升级。鼓励各地发挥比较优势、培育竞争优势，因地制宜发展各具特色的服务业，增强城市综合服务功能，引领区域产业升级和分工协作，提升区域经济整体实力。强化小城镇综合服务功能，更好服务农村和农业发展。

坚持深化改革、扩大开放。以改革推动服务业发展，打破制约服务业发展的体制机制障碍，顺应服务业发展规律创新经济治理，推动制度体系和发展环境系统性优化，最大限度激发市场活力。以开放促改革、促发展，稳步扩大服务领域开放，深度参与国际分工合作，在开放竞争中拓展空间、提升水平。

（三）主要目标

到 2025 年，服务业市场化、社会化、国际化水平明显提高，发展方式转变取得重大进展，支撑经济发展、民生改善、社会进步、竞争力提升的功能显著增强，人民满意度明显提高，由服务业大国向服务业强国迈进的基础更加坚实。

发展环境全面优化。服务业加快发展的基础性制度更加健全，基础设施体系更加完善，政府服务和监管水平全面提升，统一开放、公平竞争、创新激励的市场环境加快形成。

有效供给持续扩大。在优化结构、提高质量、提升效率基础上，实现服务业增加值“十年倍增”。服务业体系更加完备、产品更加丰富，供需协调性显著增强，服务业增加值占 GDP 比重提高到 60%，就业人口占全社会就业人口比重提高到 55%。

质量效益显著改善。服务质量明显提高，经济效益、社会效益、生态效益全面提升。服务可及性、便利性明显提高，标准化、品牌化建设取得重大突破，重点领域消费者满意度达到较高水平。

创新能力大幅提升。服务业研发投入和创新成果持续较快增长，科技进步对服务业发展的支撑作用明显增强。产业融合持续深化，新服务模式和业态蓬勃发展。服务业信息化水平大幅提高，数字服务、数字贸易快速发展。

国际竞争力明显增强。在国际分工体系中的地位不断提升，逐步形成若干具有全球影响力的服务经济中心城市，形成一批具有较强国际竞争力的跨国企业和知名品牌，培育一批细分市场领军企业，服务贸易竞争力明显提高，高附加值服务出口占比持续提升、国际收支状况明显改善。

三、创新引领，增强服务业发展动能

营造激励服务业创新发展的宽松环境，促进技术工艺、产业形态、商业模式创新应用，以信息技术和先进文化提升服务业发展水平。

（一）积极发展新技术新工艺

适应服务业创新发展需要，完善创新机制和模式，推动技术工艺创新与广泛深度应用。

提升技术创新能力。强化企业技术创新主体地位，引导建立研发机构、打造研发团队、加大研发投入。推动政产学研用合作和跨领域创新协作，鼓励社会资本参与应用型研发机构市场化改革。鼓励龙头企业牵头建立技术创新战略联盟，开展共性技术联合开发和推广应用。激发中小微服务企业创新活力，促进专精特新发展。充分发挥协会商会在推动行业技术进步中的作用。鼓励服务提供商和用户通过互动开发、联合开发、开源创新等方式，构建多方参与的技术创新网络。促进人工智能、生命科学、物联网、区块链等新技术研发及其在服务领域的转化应用。建立多层次、开放型技术交易市场和转化平台。

加强技能工艺创新。适应服务专业化、精细化、个性化发展要求，支持服务企业研发应用新工艺，提升设计水平，优化服务流程。鼓励挖掘、保护、发展传统技艺，利用新技术开发现代工艺、更好弘扬传统工艺。大力弘扬新时期工匠精神，保护一批传统工艺工匠，培养一批具有精湛技艺技能的高技能人才。

（二）鼓励发展新业态新模式

坚持包容创新、鼓励探索、积极培育的发展导向，促进各种形式的商业模式、产业形态创新应用。

鼓励平台经济发展。适应平台经济快速发展需要，加快完善有利于平台型企业发展的融资支持、复合型人才供给、兼并重组等政策，明确平台运营规则和权责边界，提升整合资源、对接供需、协同创新功能。支持平台型企业带动和整合上下游产业。

支持分享经济发展。建立健全适应分享经济发展的企业登记管理、灵活就业、质量安全、税收征管、社会保障、信用体系、风险控制等政策法规，妥善协调并保障各方合法权益。引导企业依托现有生产能力、基础设施、能源资源等发展分享经济，提供基于互联网的个性化、柔性化、分布式服务。

促进体验经济发展。鼓励企业挖掘生产、制造、流通各环节的体验价值，利用虚拟现实（VR）等新技术创新体验模式，发展线上线下新型体验服务。加强体验场所设施的质量和安全监管。

（三）大力推动服务业信息化

树立互联网、大数据思维，推动信息技术在服务领域深度应用，促进服务业数字化智能化发展。

推进服务业数字化。鼓励利用新一代信息技术改造提升服务业，创新要素配置方式，推动服务产品数字化、个性化、多样化。加强数据资源在服务领域的开发利用和云服务平台建设，推进政府信息、公共信息等数据资源开放共享，发展大数据交易市场。全面推进重点领域大数据高效采集、有效整合、安全利用和应用拓展。

促进服务业智能化。培育人工智能产业生态，促进人工智能在教育、环境保护、海洋、交通、商业、健康医疗、金融、网络安全、社会治理等重点领域推广应用，促进规模化发展。丰富移动智能终端、可穿戴设备等服务内容及形态。

（四）丰富服务业文化内涵

发挥文化元素和价值理念对服务业创新发展的特殊作用，增强服务业发展的文化软实力。

鼓励企业提升服务产品文化价值。鼓励采用更多文化元素进行服务产品设计与创新。提升研发设计、商务咨询等服务的文化创意含量，将传统文化、民俗风情和民族区域特色注入旅游休闲、文化娱乐、体育健身、健康养老等服务。鼓励用文化提升品牌价值，打造具有文化内涵的服务品牌。

提升中国服务文化影响力。发挥中华文化博大精深、兼容并蓄优势，吸收借鉴国外优秀文化成果，发展具有独特文化魅力和吸引力的服务产品及服务模式，提升中国服务国际竞争力。推动服务走出去与文化走出去有机结合，在服务业国际化发展中展示中华文化风采。

专栏1　服务业创新引领行动

（一）创新能力提升行动。实施高技术服务业、知识密集型服务业创新发展工程，提升信息、生物、检验检测等重点领域基础和核心技术创新能力，大力促进科技研发成果转化应用。

（二）新业态新模式发展行动。鼓励发展信息资讯、商品交易、物流运输等领域平台经济，交通出行、房屋住宿、专业技能、生活服务等领域分享经济，生产制造、休闲娱乐、旅游购物、医疗保健等领域体验经济，以及其他各类服务新形态。促进区块链技术应用和分布式服务模式发展。

（三）信息化提升行动。推进服务业与互联网、物联网协同发展、融合发展，培育协同制造、个性化定制、工业云、农业信息化等服务，发展基于互联网的教育、健康、养老、旅游、文化、物流等服务，积极依托物联网拓展服务领域、丰富服务内容。

（四）文化价值提升行动。鼓励开发富有文化内涵的服务，打造富有诚信和社会责任感的企业，倡导做爱岗敬业、富有爱心和人文关怀的从业人员，建设富有文化价值的品牌。

四、转型升级，优化服务供给结构

聚焦服务业重点领域和发展短板，促进生产服务、流通服务等生产性服务业向专业化和价值链高端延伸，社会服务、居民服务等生活性服务业向精细和高品质转变。

（一）推动生产服务加快发展

以产业升级需求为导向，推动生产服务专业化、高端化发展，发展壮大高技术服务业，提升产业体系整体素质和竞争力。

信息服务。加快培育基于移动互联网、大数据、云计算、物联网等新技术的信息服务。发展网络信息服务，大力发展云计算综合服务，完善大数据资源配置和产业链，支持有条件的企业建设跨行业物联网运营和支撑平台。积极发展信息技术咨询、设计和运维服务。鼓励发展高端软件和信息安全产业。

科创服务。构建覆盖科技创新全链条、产品生产全周期的创业创新服务体系。大力发展研究开发、工业设计、技术转移转化、创业孵化、科技咨询等服务。鼓励发展多种形式的创业创新支撑和服务平台，围绕创新链拓展服务链，促进科创服务专业精细和规模集成发展。大力发展知识产权服务，完善知识产权交易和中介服务体系，建设专利运营与产业化服务平台。加快培育标准化服务业。

金融服务。发展高效安全、绿色普惠、开放创新的现代金融服务业，提高金融服务实体经济效能。完善商业性、开发性、政策性和合作金融服务体系，推进金融市场宽化、深化、国际化，促进股权、债券等市场健康发展，提高市场效率。稳步扩大金融业对内对外开放，放宽金融机构准入限制，稳妥推进金融业综合经营，培育具有国际竞争力的金融控股公司。大力发展普惠金融，鼓励发展科技金融、绿色金融，规范发展互联网金融。大力发展保险业。积极发展融资租赁。推动金融机构数字化转型，探索区块链等金融新技术研究应用。积极稳妥推进金融产品和服务模式创新，有效防范和化解金融风险。

商务服务。积极发展工程设计、咨询评估、法律、会计审计、信用中介、检验检测认证等服务，提高专业化水平。支持专业人才队伍建设，减少和规范职业资格许可及认定，健全职业水平评价制度。鼓励各类社会资本以独资、合资、参股联营等多种形式提供商务服务，加快培育有竞争力的服务机构。鼓励发展综合与专业相互协调支撑的各类高端智库。

人力资源服务。鼓励发展招聘、人力资源服务外包和管理咨询、高级人才寻访等业态，规范发展人力资源事务代理、人才测评和技能鉴定、人力资源培训、劳务派遣等服务。发展专业化、国际化人力资源服务机构。

节能环保服务。加快发展节能环保技术、咨询、评估、计量、检测和运营管理等服务。鼓励创新服务模式，提供节能咨询、诊断、设计、融资、改造、托管等“一站式”合同能源管理综合服务。支持发展生态修复、环境风险与损害评价等服务。推动在城镇污水垃圾处理、工业园区污染集中处理等重点领域开展环境污染第三方治理，推广产业园区、小城镇环境综合治理托管。加快发展碳资产管理、碳咨询、碳排放权交易等服务。

（二）促进流通服务转型发展

以提高效率、降低流通成本为目标，积极推动流通服务创新转型，优化城乡网络布局，提升流通服务水平，增强基础支撑能力。

现代物流。大力发展社会化、专业化物流，提升物流信息化、标准化、网络化、智慧化水平，建设高效便捷、通达顺畅、绿色安全的现代物流服务体系。提高供应链管理水平，推动物流、制造、商贸等联动发展。大力发展单元化物流和多式联运。加快发展冷链物流、城乡配送和港航服务。加快推进物流基础设施建设，强化重点物流节点城市综合枢纽功能。推进交通与物流融合发展。支持物流衍生服务发展。完善国际物流大通道和境外仓布局，发展国际物流。

现代商贸。促进线上线下融合互动、平等竞争，构建差异化、特色化、便利化的现代商贸服务体系，支持商品交易市场转型升级。开展零售业提质增效行动，推进传统商贸和实体商业转变经营模式、创新组织形式、增强体验式服务能力。支持连锁经营向多行业、多业态和农村延伸。促进电子商务规范发展，积极发展农村电商。鼓励社区商业业态创新，拓展便民增值服务。引导流通企业加强供应链创新与应用。大力发展绿色流通和消费。

（三）扩大社会服务有效供给

充分发挥社会服务对提升人的生存质量和发展能力的重要作用，在政府保基本、兜底线的基础上，充分发挥市场主体作用，增加服务有效供给，更好满足多层次、多样化需求。社会服务增加值占 GDP 比重大幅提高。

教育培训服务。鼓励社会力量兴办各类教育，积极发展丰富多样的教育培训服务。支持和规范民办教育培训机构发展。鼓励发展继续教育、职业教育、老年教育、社区教育、校外教育，创新发展技能培训、兴趣培训。鼓励开发数字教育资源，发展开放式教育培训云服务。鼓励教育服务外包，引导社会力量提供实训实习等专业化服务。打造“留学中国”品牌，稳步扩大来华留学规模。扩大教育培训领域对外开放，支持引进优质教育资源，开展合作办学。

健康服务。深化医药卫生体制改革，完善准入制度，强化服务质量监管，建立覆盖全生命周期、满足多元化需求的全民健康服务体系。有序推进公立医疗机构改革，大力发展社会办医，支持社会力量提供多层次多样化医疗服务。鼓励发展专业性医院管理集团。鼓励发展医学检验等第三方医疗服务，推动检验检查结果互认。推动精准医疗等新兴服务发展。推进医疗服务下基层，推广家庭医生签约服务。支持中医药养生保健、医疗康复、健康管理、心理咨询等服务发展。积极支持康复医院、护理院发展，推动医养结合。鼓励创新型新药研发。积极发展智慧医疗，鼓励医疗机构提升信息化水平，支持健康医疗大数据资源开发应用。鼓励发展第三方医疗服务评价。丰富商业健康保险产品，大力发展医疗责任险、医疗意外险等执业保险。

体育服务。倡导全民健身，鼓励兴办多种形式的健身俱乐部和健身组织，加快发展健身休闲产业。繁荣发展足球、篮球、排球、冰雪、水上、山地户外等运动，推动体育竞赛表演业发展，推进职业联赛市场化改革，鼓励发展国际品牌赛事，丰富业余体育赛事，创新项目推广普及方式。促进体育旅游、体育传媒、体育会展、体育经纪等发展。

养老服务。全面放开养老服务市场，丰富养老服务和产品供给，加快发展居家和社区养老服务，建立以企业和机构为主体、社区为纽带的养老服务网络。支持社会力量举办养老服务机构，重点支持兴办面向失能半失能、失智、高龄老年人的医养结合型养老机构，鼓励规范化、专业化、连锁化经营。推动养老服务向精神慰藉、康复护理、紧急救援、临终关怀等领域延伸。鼓励发展智慧养老。探索建立长期护理保险制度，加强与福利性护理补贴项目的整合衔接，发展商业长期护理保险等金融产品。

文化服务。加快构建结构合理、门类齐全、科技含量高、富有创意、竞争力强的现代文化产业体系。推动三网融合和媒体融合，整合广电网络、出版发行资源，鼓励文化企业联合重组，打造大型文化服务集团。加快发展数字出版、网络视听、移动多媒体、动漫游戏、网络音乐、网络文学、创意设计、绿色印刷等新兴产业，推动影视制作、工艺美术、文化会展、出版发行印刷等转型升级，鼓励演出、娱乐、艺术品市场等线上线下融合发展。鼓励实体书店建设成为复合式文化场所。提升文化原创能力和研发能力，促进文化内容和形式创新。

（四）提高居民服务质量

顺应生活方式转变和消费升级趋势，引导居民服务规范发展，改善服务体验，全面提升服务品质和消费满意度。

家政服务。加快建立供给充分、服务便捷、管理规范、惠及城乡的家政服务体系。引导社会资本投资家政服务，鼓励有条件的企业品牌化、连锁化发展，支持中小家政服务企业专业化、特色化发展。加强服务规范化和职业化建设，加大对家政服务人员培训的支持力度，制定推广雇主和家政服务人员行为规范，促进权益保护机制创新和行业诚信体系建设。

旅游休闲。开展旅游休闲提质升级行动，推动旅游资源开发集约化、产品多样化、服务优质化。推广全域旅游，积极发展都市休闲旅游和乡村旅游，打造国家精品旅游带，建设国家旅游风景道，促进精品、特色旅游线路开发建设。大力发展红色旅游，优化提升生态旅游、文化旅游，加快发展工业旅游、健康医疗旅游、冰雪旅游、研学旅行等。发展自驾车旅游、邮轮游艇旅游。支持旅游衍生品开发。加强旅游资源保护性开发，推进旅游景区建设和管理绿色化。规范旅游市场秩序，提高从业人员专业素质和游客文明素养。加强旅游休闲安全应急、紧急救援、保险支撑能力，保障旅游安全。深化国际旅游合作，推进旅游签证便利化。

房地产服务。优化住房供需结构，强化住房居住属性，构建以政府为主提供基本保障、以市场为主满足多层次需求的住房供应体系。积极发展住房租赁市场，规范发展二手房市场。促进房地产评估和经纪、土地评估和登记代理机构专业化发展，规范中介服务市场秩序。鼓励有条件的房地产企业向综合服务商转型。积极推进社区适老化改造。提升物业服务水平。

五、促进融合，构建产业协同发展体系

鼓励产业融合发展，打造一批以服务为主体的一二三产业融合型龙头企业，强化服务业对现代农业和先进制造业的全产业链支撑作用，形成交叉渗透、交互作用、跨界融合的产业生态系统。

（一）促进服务业与农业融合

加快发展农村服务业，构建全程覆盖、区域集成的新型农业社会化服务体系，增强服务业对转变农业发展方式、发展现代农业的支撑引领能力。

培育多元化融合发展主体。引导新型农业生产经营主体向生产经营服务一体化转型，壮大农村一二三产业融合发展主体。鼓励农民专业合作社、农业产业化龙头企业、工商资本、其他社会化服务组织投资发展农业服务。支持有条件的农业生产、加工、流通企业发展面向大宗农产品及区域特色农业的专业化服务。支持农机合作社发展壮大为全程机械化综合农事服务主体，促进供销社等服务主体向农业综合服务商转型。支持农商联盟发展，鼓励银行、保险、科研、邮政等机构与农村各类服务主体深度合作。

加快发展融合新业态。实施创意农业发展行动，鼓励发展生产、生活、生态有机结合的功能复合型农业。支持农业生产托管、农业产业化联合体、农业创客空间、休闲农业和乡村旅游等融合模式创新。鼓励平台型企业与农产品优势特色产区合作，形成线上线下有机结合的农产品流通模式，畅通农产品进城和农资下乡渠道。建设全国农产品商务信息服务公共平台。鼓励利用信息技术，优化农业生产和经营决策、农技培训、农产品供需对接等服务。积极探索农产品个性化定制服务、会展农业等新业态。

（二）推进服务业与制造业融合

充分发挥制造业对服务业发展的基础作用，有序推动双向融合，促进有条件的制造企业由生产型向生产服务型转变、服务企业向制造环节延伸。

发展服务型制造。促进制造企业向创意孵化、研发设计、售后服务等产业链两端延伸，建立产品、服务协同盈利新模式。鼓励有条件的制造企业向设计咨询、设备制造及采购、施工安装、维护管理等一体化服务总集成总承包商转变。支持领军制造企业“裂变”专业优势，面向全行业提供市场调研、研发设计、工程总包和系统控制等服务。鼓励制造企业优化供应链管理，推动网络化协同制造，积极发展服务外包。推进信息化与工业化深度融合，加快发展智能化服务，提高制造智能化水平。

推动服务向制造拓展。以产需互动为导向，推动以服务为主导的反向制造。鼓励服务企业开展批量定制服务，推动生产制造环节组织调整和柔性化改造。支持服务企业利用信息、营销渠道、创意等优势，向制造环节拓展业务范围，实现服务产品化发展。发展产品全生命周期管理、网络精准营销和在线支持新型云制造服务，实现创新资源、生产能力和市场需求的智能匹配和高效协同。

搭建服务制造融合平台。支持有条件的地区打造电子商务集聚区，系统构建信息、营销、售后等个性化服务体系，柔性制造、智慧工厂等智能化生产体系，电子商务、金融、物流等社会化协同体系。依托新型工业化产业示范基地等制造业集聚区，聚焦共性生产服务需求，加快建设生产服务支撑平台。支持高质量的工业云计算和大数据中心建设。

（三）鼓励服务业内部相互融合

推动服务业内部细分行业生产要素优化配置和服务系统集成，创新服务供给，拓展增值空间。

支持服务业多业态融合发展。支持服务企业拓展经营领域，加快业态和模式创新，构建产业生态圈。顺应消费升级和产业升级趋势，促进设计、物流、旅游、养老等服务业跨界融合发展。

培育服务业融合发展新载体。发挥平台型、枢纽型服务企业的引领作用，带动创业创新和小微企业发展，共建“平台 + 模块”产业集群。培育系统解决方案提供商，推动优势企业跨地区、跨行业、跨所有制整合经营，发展一批具有综合服务功能的大型企业集团或产业联盟。

六、提升质量，推动服务业优质高效发展

实施质量强国战略，创新服务质量治理，着力提升重点领域服务质量，积极推进服务标准化、规范化和品牌化。

（一）健全服务质量治理体系

构建责任清晰、多元参与、依法监管的服务质量治理和促进体系，加快形成以质取胜、优胜劣汰、激励相容的良性发展机制。

强化企业主体责任。完善激励约束机制，引导企业加强全程质量控制，建立服务质量自我评估与公开承诺制度，主动发布服务质量标准、质量状况报告。推行质量责任首负承诺，完善全过程质量责任追溯、传导和监督机制。鼓励推广服务质量保险，建立质量保证金制度。

提升政府监管和执法水平。加大服务质量随机抽查力度。完善质量安全举报核查与协同处理制度，健全质量监督检查结果公开、质量安全事故强制报告、质量信用记录、严重失信服务主体强制退出等制度。健全服务质量风险监测机制。

充分发挥社会监督作用。畅通消费者质量投诉举报渠道，推广服务质量社会监督员制度，鼓励第三方服务质量调查。支持行业协会商会加强质量自律，发布行业服务质量和安全报告。加快推进检验检测认证等质量服务市场化发展。

（二）提高服务标准化水平

开展服务标准化提升行动，加快形成政府引导、市场驱动、社会参与、协同推进的标准化建设格局。

健全服务标准体系。建立政府主导制定的标准与市场自主制定的标准协同发展、协调配套的新型标准体系。将政府主导制定的强制性国家标准限定在保障人身健康和生命财产安全、公共安全、生态环境安全及满足经济社会管理基本要求范围之内。支持社会组织制定团体标准，鼓励企业自主制定企业标准。

推行更高服务标准。加强标准制修订工作，推动国际国内标准接轨，提高服务领域标准化水平。鼓励企业制定高于国家标准或行业标准的企业标准，积极创建国际一流标准。研究建立企业标准领跑者制度，推动企业服务标准自我声明公开和监督制度全面实施，鼓励标准制定专业机构对企业公开的标准开展比对和评价。整合优化全国标准信息网络平台。

（三）打造中国服务知名品牌

开展品牌价值提升行动，发展一批能够展示中国服务形象的品牌，发挥品牌对服务业转型升级引领作用。

专栏 2　服务质量、标准、品牌建设行动

（一）服务质量满意度提升行动。建立健全符合行业特点的服务质量测评体系，在现代物流、银行保险、商贸流通、旅游住宿、医疗卫生、邮政通讯、社区服务等重点行业建立顾客满意度评价制度。

（二）服务质量标杆引领行动。鼓励社会组织分行业遴选和公布一批质量领先、管理严格、公众满意的服务标杆，总结推广先进质量管理经验。鼓励企业瞄准行业标杆开展质量比对，实施质量改进与赶超措施。

（三）服务质量监测能力提升行动。广泛动员社会各界力量，协同建设集监测、采信、分析、发布于一体的质量信息服务体系，搭建服务质量信息共享与社会监督平台。支持金融、交通运输、电子商务、旅游、健康等重点行业质量监测能力建设，鼓励建立行业质量和安全数据库。

（四）服务标准化提升行动。创新标准研制方式，完善科技、金融、物流、知识产权等生产性服务领域标准，制修订家政、养老、健康、教育、文化、旅游等生活性服务领域标准，加快新兴服务领域标准研制。建立健全服务认证制度体系。

（五）品牌价值提升行动。在金融、物流、商务服务等重点领域和电子商务、云计算、大数据、物联网等新兴领域，创建一批高价值服务品牌。鼓励中小服务企业品牌孵化器建设。支持具有文化、民族、地域特色的服务品牌建设，创建区域性知名品牌。

鼓励企业加强品牌建设。引导企业增强品牌意识，健全品牌管理体系，提升品牌认可度和品牌价值，打造世界知名品牌。发挥行业协会商会在品牌培育和保护方面的作用。鼓励品牌培育和运营专业服务机构发展。

营造良好品牌发展环境。完善品牌、商标法律法规，完善维权与争端解决机制。加大品牌、商标保护执法力度，依法打击侵权行为。提升商标注册便利化水平，健全集体商标、证明商标注册管理制度。加强品牌宣传和展示，营造重视品牌、保护品牌的社会氛围。

七、彰显特色，优化服务业空间布局

充分发挥各地比较优势，调整服务业功能分工和空间布局，构建特色鲜明、优势互补、体系健全的服务业发展新格局。

（一）优化服务业发展格局

围绕国家区域发展总体战略和“一带一路”建设、京津冀协同发展、长江经济带发展战略实施，对接新型城镇化发展，统筹规划、协调推进，促进服务业开放、集聚和协同发展。

优化服务业区域布局。充分发挥“四大板块”比较优势，推动东部地区服务业率先向价值链高端攀升、提升辐射带动能力和国际化水平；支持东北地区依托制造业和现代农业基础加快发展生产性服务业；鼓励中部地区发挥区位和产业优势，扩大服务业规模、提升服务水平；支持西部地区加快弥补服务业短板，发展特色优势产业。鼓励跨区域服务业合作，促进服务业梯度转移和有序承接。依托“一带一路”核心区和节点城市，扩大服务开放合作力度。全方位拓展京津冀地区服务业合作广度和深度，推进三地服务和要素市场一体化，促进服务业合理分工和错位发展，整体提高服务业发展层次和品质。着力扩大长江经济带中心城市辐射带动能力，增强节点城市物流与贸易功能，建设东中西互动的服务业合作联动发展带。优化提升珠三角服务业发展水平，强化与港澳地区的开放合作，推动泛珠三角区域服务业合作。结合脱贫攻坚，以生活服务和特色产业为重点，支持革命老区、民族地区、边疆地区、贫困地区及资源枯竭、产业衰退、生态严重退化等困难地区服务业加快发展。

构建城市群服务业网络。优化服务业空间组织模式，促进城市群服务业联动发展和协同创新。强化中心城市综合服务功能，优化战略性服务设施布局，发挥网络化效应，支持各具特色的服务业集聚区建设。鼓励构建跨区域信息交流与合作协调机制。

大力发展海洋服务。坚持陆海统筹，发展功能完善、业态多元、布局合理的海洋服务。发展现代航运服务和海洋物流，积极发展海洋旅游和文化产业，加快发展海洋工程咨询、新能源、生物研发、信息等服务。积极发展涉海金融、商务、商贸、会展等配套服务。推动基础较好的地区建设特色海洋服务集群。

（二）加快建设多层次服务经济中心

充分发挥中心城市资源要素密集、规模经济显著、专业分工细化和市场需求集中的优势，完善服务功能，打造不同层级的服务经济中心，增强辐射带动能力，促进服务业发展与新型工业化、城镇化良性互动。

建设具有全球影响力的现代服务经济中心。增强北京、上海和广州—深圳国际服务枢纽和文化交流门户功能，促进高端服务业和高附加值服务环节集聚，提高在全球创新链、价值链、产业链、供应链中的地位和控制力。

加快国家级服务经济中心建设。鼓励各地区依托服务业发展基础较好的超大城市和部分特大城市，加快形成以服务业为主体的产业结构，打造一批具有较强辐射功能的国家级服务经济中心。加快提升服务业层次和水平，搭建服务全国的特色化、专业化服务平台。鼓励跨国公司和企业集团设立区域性、功能型总部，支持有条件的城市提升全球影响力。

提升区域服务经济中心辐射带动能力。依托大城市建设区域服务经济中心，增强服务业集聚效应和辐射能力，更好服务区域发展。推动生产性服务业加快发展，提升对区域产业升级的支撑能力。增强健康养老、教育培训、文化创意等服务功能，提升城市宜居度和吸引力。

增强中小城市和小城镇服务功能。充分发挥中小城市和小城镇集聚产业、服务周边、带动农村的重要作用。促进中小城市与区域中心城市产业对接，利用中心城市服务资源改造提升传统产业，打造区域物流枢纽和制造业配套协作服务中心，主动承接中心城市旅游、休闲、健康、养老等服务需求。支持具有独特资源、区位优势和民族特色的小城镇建设休闲旅游、商贸物流、科技教育、民俗文化等特色镇。

（三）加强服务平台载体建设

积极搭建各类服务平台载体，集聚资源要素、强化组合优势、深化分工合作、探索开放创新，为服务业发展提供有效支撑。

建设专业化服务经济平台。结合科研基地布局优化，在科研资源密集地区，大力发展创新设计、研发服务，建设科创服务中心。依托重大信息基础设施建设，增强信息服务功能，建设信息服务中心。选择有条件的区域中心城市，发展多层次资本市场，规范发展区域性股权市场，建设金融服务中心。依托产业集聚规模大、专业人才集中的地区，加快发展咨询评估、财务管理、检验检测等服务，建设商务服务中心。

挖掘老城区服务业发展潜力。结合城市更新和棚户区改造，加快老城区服务业升级。科学规划土地二次开发，加强文化传承与保育，完善配套政策，支持存量房产和土地发展现代服务业，实现老城区转型发展。

促进开发区、新城新区服务业加快发展。坚持产城融合、特色发展的方向，加快完善服务功能，推动开发区、新城新区从单一功能向混合功能转型。促进商务商业、金融保险、创意设计等服务发展，增强健康医疗、教育培训、商贸物流、文体休闲等服务功能。支持开发区生产性服务业与先进制造业融合发展。

统筹推进服务业试点示范。以解决重点难点问题为导向，以推进体制机制和政策创新为重点，统筹推进各类服务业改革试点示范。继续开展服务业综合改革试点，规范有序推进自由贸易试验区、服务业扩大开放综合试点等建设。加快制度创新成果复制推广。

鼓励打造交通枢纽型经济区。依托大型机场、沿海港口、沿边口岸、高铁车站等交通枢纽设施，加强集疏运衔接配套，完善口岸等服务功能，促进高铁经济和临空、临港经济发展。依托综合交通枢纽城市，建设物流服务中心和多式联运中心。

八、深化改革，创建服务业发展良好环境

加大重点领域关键环节市场化改革力度，深入推进简政放权、放管结合、优化服务改革，最大程度释放市场主体活力和创造力。

（一）实现公平开放的市场准入

完善市场准入制度，全面实施公平竞争审查制度，清理废除妨碍统一市场和公平竞争的各种规定和做法，促进服务和要素自由流动、平等交换。

实施市场准入负面清单制度。以市场准入负面清单为核心，建立服务领域平等规范、公开透明的准入标准，并适时动态调整。放宽民间资本市场准入领域，

扩大服务领域开放度，推进非基本公共服务市场化产业化、基本公共服务供给模式多元化。

破除各类显性隐性准入障碍。减少审批事项，优化审批流程，规范审批行为。清理规范各类前置审批和事中事后管理事项，明确确需保留事项的审批主体、要件、程序和时限，并向社会公开。继续推进商事制度改革。整合公共服务机构设置、执业许可等审批环节，鼓励有条件的地方为申办公共服务机构提供一站式服务。

打破市场分割和地方保护。推进统一开放、竞争有序的服务市场体系建设，打破地域分割、行业垄断和市场壁垒，营造权利平等、机会平等、规则平等的发展环境。除特殊规定外，禁止设置限制服务企业跨地区发展、服务跨地区供给的规定，纠正各种形式限制、歧视和排斥竞争的行为。加大服务业反垄断力度。

（二）发展充满活力的市场主体

依法保障各类市场主体公平竞争，深化国有企业改革，推动事业单位改革取得突破性进展，形成各类市场主体竞相发展的生动局面。

确立法人主体平等地位。依法规范市场主体行为，确保不同主体之间法律地位一律平等。实行营利和非营利分类管理，明确不同性质主体的权责。完善分类登记管理制度，规范社会服务类机构登记，明确机构性质变更实施细则。建立健全市场退出机制。

分类推进国有服务企业改革发展。对主业处于充分竞争行业和领域的国有服务企业，实行股份制公司制改革，积极引入其他国有资本或非国有资本实现股权多元化。对主业处于关系国家安全、国民经济命脉重要领域的国有服务企业，保持国有资本控股地位，支持非国有资本参股。对电信、铁路等服务行业，根据不同行业特点实行网运分开、放开竞争性业务，促进公共资源配置市场化。推进承担公共服务和准公共服务职能的国有企业改革，具备条件的可以推行投资主体多元化。完善现代企业制度。鼓励各类社会资本参与国有服务企业改革，鼓励发展非公有资本控股的混合所有制企业。进一步破除各种形式的行政垄断。

深化事业单位改革。按照政事分开、事企分开和管办分离的要求，加快推进教育、科技、文化、卫生等事业单位分类改革，将从事生产经营活动的事业单位及能够分离的生产经营部门逐步转为企业，参与服务业市场公平竞争。加快建立现代法人治理结构，推动产权管理与业务管理分开，健全内部决策、执行与监督机制，依法独立开展经营活动。改革完善人事制度，改革事业单位编制管理办法，建立与不同性质组织运作相适应的人力资源管理制度。鼓励公办医疗、养老等机构与从业人员实行弹性灵活、权责明确的聘用制度。逐步取消公立医院行政级别，改革医师执业注册办法，促进医师有序流动和多点执业。完善民办机构参与服务业公办机构改制细则，鼓励从事生产经营活动的事业单位直接改制为混合所有制企业。

（三）健全现代高效的监管体系

顺应服务业发展新趋势，更新理念、创新方式、完善机制，加快构建统一高效、开放包容、多元共治的监管体系。

创新监管理念和方式。树立依法依规、独立专业、程序透明、结果公开的现代监管理念，推动监管方式由按行业归属监管向功能性监管转变、由具体事项的细则式监管向事先设置安全阀及红线的触发式监管转变、由分散多头监管向综合协同监管转变、由行政主导监管向依法多元监管转变。按照服务类别制定统一的监管规则、标准和程序，并向社会公开。积极运用信息技术提高监管效率、覆盖面和风险防控能力。

实行统一综合协同监管。促进监管机构和职能整合，推进综合执法。建立健全跨部门、跨区域执法联动响应和协作机制，加强信息共享和联合执法，实现违法线索互查、处理结果互认，避免交叉执法、多头执法、重复检查。推进监管能力专业化，打造专业务实高效的监管执法队伍。建立健全社会化监督机制，充分发挥公众和媒体监督作用，完善投诉举报管理制度。鼓励社会组织发挥自律互律他律作用，完善商事争议多元化解决机制。

创新新业态新模式监管方式。坚持包容创新、守住底线，适应服务经济新业态新模式特点，创新监管方式，提升监管能力。坚持审慎监管和包容式监管，避免过度监管，充分发挥平台型企业的自我约束和关联主体管理作用，创新对“互联网 +”、平台经济、分享经济等的监管模式。

（四）营造公平普惠的政策环境

破除制约服务业发展的政策障碍，消除政策歧视，创新要素供给机制，加快形成公平透明、普惠友好的政策支持体系。

创新财税政策。积极构建有利于服务业创新发展的财税政策环境。落实支持服务业及小微企业发展的税收优惠政策。加大政府购买服务力度，研究制定政府购买服务指导性目录。有效发挥相关产业基金和服务业引导资金作用。推广政府与社会资本合作模式，引导社会资本投入服务业。

完善土地政策。优化土地供应调控机制，合理确定用地供给，保障服务业用地需求。依据不同服务门类特性及产业政策导向，有针对性地制定土地政策。探索对知识密集型服务业实行年租制、“先租赁后出让”等弹性供地制度。依法支持利用工业、仓储等用房用地兴办符合规划的服务业。创新适应新产业、新业态特点的建设用地用途归类方式。

优化金融支持。拓宽融资渠道，调整修订不适应服务企业特点的政策规定，支持通过发行股票、债券等直接融资方式筹集资金。探索允许营利性医疗、养老、教育等社会领域机构使用有偿取得的土地、设施等财产进行抵押融资。鼓励金融机构开发适应服务业特点的融资产品和服务。完善动产融资服务体系。鼓励有条件的地方建立小微企业信贷风险补偿机制。支持融资担保机构扩大小微企业担保业务规模。

深化价格改革。加快完善主要由市场决定价格机制，合理区分基本与非基本需求，放开竞争性领域和环节服务价格。健全交通运输价格机制，放开具备竞争条件的客货运输价格。创新公用事业和公益性服务价格管理方式。深化教育、医疗、养老等领域价格改革，营利性机构提供的服务实行经营者依法自主定价。全面清理规范涉企收费，推进实施涉企收费目录清单管理并常态化公示。

健全消费政策。鼓励消费金融创新，支持发展消费信贷。鼓励保险机构开发更多适应医疗、文化、养老、旅游等行业和小微企业特点的保险险种。

九、扩大开放，培育服务业国际竞争新优势

以“一带一路”战略为统领，推动服务领域双向开放，深度融入全球服务业分工体系，以高水平对外开放促进我国服务业大发展。

（一）深入推进服务领域对外开放

把服务领域开放作为我国新一轮对外开放的重中之重，在坚守国家安全底线的前提下，加大开放力度，丰富开放内涵，提高服务领域开放水平。

完善国际化法治化便利化营商环境。对外资全面实施准入前国民待遇加负面清单管理制度，简化外资企业设立和变更管理程序，提高市场准入透明度和可预期性。在财政政策、融资服务、土地使用和经济技术合作等方面实现内外资企业一视同仁。

推动重点领域对外开放。坚持服务全局、积极有序的原则，稳步扩大服务业对外开放。优先放开对弥补发展短板、促进产业转型升级、提高人民生活质量具

有重要作用的领域。推进教育、医疗等社会服务领域有序开放。放开建筑设计、评级服务等领域外资准入限制。有序推动银行、证券、保险等领域对外开放。健全文化、互联网等领域分类开放体系，逐步放宽准入限制。鼓励外商投资工业设计和创意、工程咨询、现代物流、检验检测认证等生产性服务业。

（二）打造服务业全方位开放新格局

推动沿海沿边内陆全方位开放，拓展对外开放空间，形成平衡协调、纵横联动的服务业对外开放格局。

提升沿海服务业开放水平。鼓励沿海地区加大引资引技引智力度，大力发展高层次外向型服务业，建设一批承接国际服务转移的重要平台和国际服务合作窗口城市。支持有条件的地区建设具有全球影响力的金融、技术、信息等要素市场。

打造内陆、沿边开放型服务经济高地。依托战略性互联互通重大项目以及重点口岸、边境城市、边境（跨境）经济合作区和重点开发开放试验区建设，引导优质服务要素集聚，提升服务业开放水平。面向国际经济合作走廊，将边境省区中心城市和口岸城镇培育成为新的交通枢纽、贸易中心和金融服务中心。支持内地空港陆港门户城市，建成新的国际物流通道和人文交流中心。优化整合中欧班列，推进品牌化发展。大力发展边境旅游，推进跨境旅游合作区、边境旅游试验区建设。

深化内地和港澳、大陆和台湾地区服务业合作。进一步扩大对港澳开放服务领域，支持港澳充分发挥金融、商贸、物流、旅游、会展及专业服务优势，积极参与内地服务业发展和多种形式合作走出去。深化内地与香港金融合作。加深内地同港澳在文化教育、医疗保健、养老安老、环境保护、食品安全等领域交流合作，支持内地与港澳开展创新及科技合作。以服务业合作为重点，加快前海、南沙、横琴等重大合作平台建设，推动粤港澳大湾区建设。促进大陆和台湾地区服务业合作。

（三）提升全球服务市场资源配置能力

鼓励服务企业在全球范围内配置资源、开拓市场，拓展发展新空间，提升国际竞争力。

加快发展服务贸易。积极开拓欧美等发达国家市场、“一带一路”沿线国家、拉美和非洲等新兴市场。巩固旅游、建筑等服务出口优势，扩大金融保险、交通运输、信息通信、研发咨询、环境服务等高附加值服务出口。积极推动文化、中医药等服务出口，加强体育、餐饮等特色服务领域的国际交流合作。大力发展服务外包，推动服务外包向价值链高端延伸。

创新全球服务资源配置方式。围绕关键短板和战略需求，支持服务企业以跨国并购、绿地投资、联合投资等方式，高效配置全球人才、技术、品牌等核心资源。鼓励企业通过在境外设立研发中心、分销中心、物流中心、展示中心等形式，构建跨境服务产业链。鼓励企业利用信息技术改造提升传统服务投资贸易方式，积极发展跨境电商、全球维修、全球采购等服务。

强化走出去服务支撑。鼓励会计、法律、资产评估、公共关系、海外救援等服务国际化发展，支持行业协会等机构参与建设海外支撑服务体系。健全走出去金融支持体系，发挥开发性、政策性金融机构作用，鼓励社会资本参与，拓宽海外投融资渠道。积极发展海外投资保险，扩大政策性保险覆盖面。构建高效有力的海外利益保护体系，提升服务能力。加强境外风险防控体系建设。

（四）积极参与国际服务投资贸易规则制定

积极参与多边双边、区域服务投资贸易谈判和全球经贸规则制定，增强在国际服务贸易中的制度性话语权。推动世界贸易组织（WTO）框架下的服务业开放谈判。主动参与相关国际服务贸易协定谈判。参与国际标准制定，推进优势、特色领域服务标准国际化，推动与主要贸易国之间标准互认。加快实施自由贸易区战略，构筑立足周边、辐射“一带一路”、面向全球的高标准自由贸易区网络。积极开展国际投资贸易新规则试验，提高自由贸易试验区等各类相关试验区建设质量，加快探索建立适应国际规则新要求的制度体系。积极推广成熟创新经验。

十、夯实基础，强化服务业发展支撑

健全服务业配套制度和基础设施，改善社会信用环境，加强人才队伍建设，保障消费者权益，夯实服务业持续健康发展基础。

（一）健全配套基础制度

完善服务业相关法律法规体系，健全知识产权保护、信息安全、社会组织管理、统计等制度。

完善法律法规体系。研究推进服务业相关基础性法律制定修订工作，加强权益保障、公平竞争、市场监管等领域的立法工作。

健全知识产权保护制度。完善专利权、商标权、著作权、商业秘密保护等法律法规，研究完善商业模式知识产权保护制度，完善互联网、大数据、电子商务等领域知识产权保护规则。简化优化知识产权审查和注册流程。推进知识产权基础信息资源共享。健全知识产权侵权惩罚性赔偿制度。健全企业海外知识产权维权援助机制。

健全信息安全保护制度。加强国家安全、个人隐私和商业秘密保护。建立健全大数据安全管理制度，实行服务领域数据资源分类分级管理和风险评估制度。建立互联网企业数据资源资产化和利用授信机制。加快完善网络安全、个人信息保护、互联网信息服务等领域法律法规，明确数据采集、传输、存储、利用、处理等环节的安全要求及责任主体，界定数据用途和发布边界。严厉打击非法泄露和出卖数据行为。

完善社会组织管理制度。完善行业协会商会类、科技类、公益慈善类、城乡社区服务类社会组织直接依法登记制度。稳妥推进行业协会商会与行政机关脱钩，增强行业协会商会助推行业发展、促进行业自律功能。完善公益性捐赠税前扣除、非营利性组织相关税收等政策。

完善统计制度。整合优化服务业统计调查资源，健全数据互通共享机制。适应服务业特点和业态模式创新，健全服务业统计调查制度，完善统计分类标准和指标体系，改进小微服务企业抽样调查和数据采集，提高统计数据精准性。加强和改进服务业增加值核算。加强大数据在服务业统计中的应用。

（二）强化人才队伍支撑

扩大人才供给，促进人才流动，加大引进力度，大力集聚一批适应服务业创新发展要求、具有国际化经营能力的企业家人才，建设规模宏大的服务业专业技术人才和高技能人才队伍。

健全人才使用和激励机制。打破制度障碍，完善职称评定、薪酬制度、社会保障等配套政策体系，促进医疗、教育、科技、文化等各领域人才有序自由流动。引导和鼓励高校毕业生到基层工作。完善职业技能鉴定制度，畅通技能人才成长路径，推动服务从业人员职业化、专业化发展。加强劳动保护和职业防护，积极改善医疗、养老服务护理人员等工作条件。健全人才创新成果收益分配机制，支持人才以知识、技能、管理等多种创新要素参与分配。挖掘多层次人力资源，注重发挥老年人力资源作用。

实施更加开放的人才政策。加快营造具有国际竞争力的人才吸引环境。加大国际人才吸引力度，通过完善外国人永久居留制度等措施，为海外人才来华工作、出入境和居留创造更加宽松便利的条件。推动“千人计划”、“万人计划”、创新人才推进计划等重大人才计划向急需的服务行业倾斜。鼓励开展国际高水平人才交流活动。

加大人才培养培训力度。加大服务领域高端专业人才培养力度，扩大应用型、技术技能型人才规模，大力培养复合型人才。强化综合素质和创新能力培养，创新培养培训方式，深化产教融合、校企合作、工学结合的人才培养模式。推行终身职业技能培训制度，完善职业培训补贴政策，鼓励职业技能和专业知识持续更新。

（三）完善基础设施体系

适应产业结构、形态和模式变化，系统构建和完善适应服务业发展的基础设施体系。加快推进基础设施改造升级，提升智慧化和网络化水平。围绕满足新产业、新业态发展需要，补齐基础设施短板，在信息、交通、流通、旅游、社会服务等领域，组织实施基础设施建设重大工程。推进服务业相关基础设施标准化建设和改造，促进互联互通和系统功能优化。改进基础设施运营管理，提高运行效率。

专栏3　服务业相关基础设施建设重点领域

（一）信息基础设施。加快构建新一代信息基础设施。加强面向服务业应用的信息基础设施和平台建设，完善物联网、云计算及大数据平台等基础设施，统筹布局建设大型、超大型数据中心。建设数据信息资源开放平台。

（二）交通基础设施。积极构建国际运输网络。加快城市群城际铁路网建设，完善高铁快运设施。规划建设支线和通用航空机场。加快内河高等级航道建设。推动公共交通优先发展，加快大城市中心城区轨道交通建设，推动超大、特大城市市域（郊）铁路发展。加强综合交通枢纽布局、建设和运营衔接。完善港口集疏运体系。依托重要物流节点城市和枢纽站场，建设一批多式联运货运枢纽。积极发展智慧交通。

（三）流通基础设施。加强社区和农村流通基础设施建设，优化社区商业网点、公共服务设施的规划布局和业态配置。加快城市流通基础设施升级改造。建设或改造升级一批集运输、仓储、配送、信息为一体的综合物流服务基地。推动智能仓储设施和智慧物流平台建设。统筹交通、邮政、商务、供销等物流站点资源，推动城乡末端配送点建设。加强物流标准化建设，优化农产品冷链物流设施网络。

（四）旅游基础设施。畅通景区和乡村旅游区与交通干线连接，推动从机场、客运场站、客运码头到主要景区交通无缝对接。完善景区停车场、厕所、垃圾污水处理、游客信息服务等设施。建设邮轮游艇码头、自驾车房车营地、通航机场等新型旅游基础设施。规划建设区域性旅游应急救援基地。

（五）社会服务设施。严格按照新建居住区或社区建设相关规定，配建便民商业服务、社区服务、健身休闲等设施。促进教育培训、健康、养老、文化等服务设施建设和升级。盘活存量土地用于社会服务设施建设，改造提升现有社会服务设施。

（四）加强社会信用体系建设

加强信用法律法规建设，完善褒扬诚信、惩戒失信机制，引导服务企业和从业人员树立诚信理念、弘扬诚信美德，营造优良信用环境。

着力加强服务市场诚信建设。建立健全市场主体信用记录，开展服务企业诚信承诺活动，构建跨地区、跨部门、跨领域的守信联合激励和失信联合惩戒机制。加大对非法集资、商业欺诈等违法行为和破坏市场公平竞争秩序行为的查处力度，对严重失信主体实行行业限期禁入等限制性措施。强化医疗、教育、文化、旅游、商贸等领域诚信建设，提升工程建设、广告等领域诚信水平。运用互联网技术大力推进服务领域信用体系建设。

培育和规范信用服务市场。发展各类信用服务机构，逐步建立公共和社会信用服务机构互为补充、信用信息基础服务和增值服务相辅相成的多层次信用服务体系。支持具有较高市场公信力的第三方征信机构培育和发展。支持信用服务产品开发和创新，鼓励社会机构依法使用征信产品，拓展应用范围。推进并规范信用评级行业发展。加强信用服务行业自律和自身信用建设。

（五）保障消费者合法权益

坚持消费者优先理念，健全适应服务消费特点的制度安排，强化线上线下消费者权益保护，有效维护消费者合法权益。

着力提高信息透明度。健全服务信息依法依规告知制度，明确质量、计量、标准等强制性承诺信息内容，鼓励领军企业、行业协会商会发布更高标准的服务信息指引。严格落实经营者明码标价和收费公示制度。规范商业合同格式和条款解释，推进合同条款标准化、表述通俗化。利用各种公共信息平台，将政府各部门涉及企业违规违法行为及信用状况、服务质量检查结果、顾客投诉处理结果等信息及时向全社会公布。支持第三方机构开展服务评价。加强对消费者的金融、法律等专业知识普及。

完善消费者权益保障制度。推动调整修订现行法律法规中不利于保护消费者权益的条款，完善服务质量担保、损害赔偿、风险监控、投诉响应等制度。完善和强化服务消费惩罚性赔偿制度，加大赔偿处罚力度。推行先行赔付制度。充分发挥消费者协会等组织维护消费者权益的作用，积极发挥消费者维权服务网络平台作用。

健全服务纠纷解决机制。强化消费者权益损害法律责任，坚持依法解决服务纠纷。健全公益诉讼制度，适当扩大公益诉讼主体范围。探索建立纠纷多元化解决机制，探索和完善诉讼、仲裁与调解对接机制。

加快发展服务业是产业结构优化升级的主攻方向。各地区、各部门要加快转变观念，充分认识推动服务业发展的重大意义，着力营造服务业发展的良好环境。加强组织领导，健全工作机制，强化部门协同和上下联动，形成工作合力。各地区要因地制宜、大胆创新，积极探索服务业发展的新思路新举措，及时总结推广经验。各部门要按照分工研究制定具体实施方案，细化政策措施，切实履行好政府职责。充分发挥服务业发展部际联席会议制度作用，加强战略谋划，强化统筹协调和督促落实。加强宣传解读，积极营造全社会合力推进服务业创新发展的良好氛围。

加快推动服务业创新发展
支撑引领经济转型升级和社会全面进步

国家发展和改革委员会　胡祖才

为深入贯彻落实习近平总书记关于供给侧结构性改革的重要讲话精神，经国务院同意，国家发展改革委印发了《服务业创新发展大纲（2017—2025 年）》（以下简称《大纲》），围绕服务业创新发展，明确了总体要求、基本原则和政策举措。这是适应把握引领经济发展新常态、贯彻落实新发展理念、深入推进供给侧结构性改革的重大举措，为我国服务业发展提供了战略性、纲领性指引，对于构建现代服务产业新体系、推动中国服务与中国制造互促共进、支撑引领经济转型升级和社会全面进步具有重要意义。

一、我国已进入服务业加快发展的重要阶段

综合判断世界经济发展趋势和国内发展阶段性特征，加快推动服务业创新发展既符合客观规律也立足我国发展需求，既面临难得的发展机遇也面临不少矛盾和难题。

（一）加快推动服务业创新发展是遵循发展规律的内在要求

从国际经验看，服务业占主导地位是各国进入工业化中后期的重要特征。当前，世界服务业发展日新月异，服务内容、业态和商业模式创新层出不穷，网络化、智慧化、平台化和产业融合发展态势明显，服务全球化成为经济全球化进入新阶段的鲜明特征，服务业已经成为支撑发展的重要动力、价值创造的主要源泉和国际竞争的主战场。我国服务业增加值比重已经超过 50%，成为吸纳就业第一大部门和拉动经济增长的主要动力。遵循发展规律、顺应发展大势，要求我们更加重视服务业发展、加快提升服务业发展水平。

（二）加快推动服务业创新发展是经济结构调整的必然选择

服务业涉及行业门类广、吸纳就业能力强、消耗能源资源少。推动服务业创

新发展，关乎综合国力、国际竞争力提升和可持续发展能力增强。在经济发展进入新常态的大背景下，发展服务业已经成为产业结构升级的关键所在、发展方式转变的核心支撑、发展动能转换的重要路径。这突出表现在，服务消费是居民消费升级的重要方向，只有加快发展服务业，才能更好满足人民群众日益增长的物质文化需要；研发、设计、营销等生产性服务业对于提升农业和制造业竞争力至关重要，只有加快发展服务业，才能支撑制造强国和农业现代化建设。必须按照深入推进供给侧结构性改革的要求，推动服务业创新发展，加快形成中国服务与中国制造双轮驱动、一二三次产业在更高层次上协调发展的经济发展新格局。

（三）加快推动服务业创新发展具有十分广阔的空间和潜力

经过多年发展，我国服务业已站在一个新的历史起点，正处于提质增效的重要机遇期。随着城乡居民收入水平提高，居民消费向服务消费和发展型享受型消费升级，将为服务业发展打开更加广阔空间。新型工业化、信息化、城镇化、农业现代化协同推进，将极大地拓展服务业发展的广度和深度。绿色化、人口老龄化等趋势，为服务业发展提供了新的机遇。全面深化改革、全方位对外开放和全面依法治国正释放新的动力、激发新的活力。在新技术支撑下，服务业新产业、新业态、新模式不断涌现，成为经济发展的突出亮点。

（四）加快推动服务业创新发展亟须破解诸多矛盾和问题

总体上看，我国服务业发展整体水平还不高。服务业增加值比重仍然偏低，明显低于上中等收入国家57%的平均水平，与发达国家74%的平均水平相差20多个百分点。服务业质量和效益不高，服务供给创新没能跟上需求升级步伐，生产性服务业发展明显滞后，生活性服务业有效供给不足，服务业整体上处于国际分工中低端环节，服务贸易逆差规模较大。这有发展阶段的客观原因，但更重要的是理念转变相对滞后，体制机制束缚较多，统一开放、公平竞争的市场环境尚不完善，迫切需要加快转变理念和思路，着力在深化改革开放、营造良好发展环境上下功夫。

二、以新理念新思路引领服务业创新发展

面向未来，必须牢固树立并贯彻落实新发展理念，把发展服务业作为深入推进供给侧结构性改革的重要内容，努力构建优质高效、充满活力、竞争力强的现代服务业新体系。

（一）系统谋划服务业发展的总体思路

《大纲》坚持以国际视野、长远眼光和战略思维，紧紧围绕实现“两个一百年”奋斗目标和中华民族伟大复兴中国梦的发展要求，把服务业创新发展放在适应把握引领经济发展新常态、贯彻落实新发展理念、深入推进供给侧结构性改革的大局下，进行系统谋划、精心设计。到2025年，将以提高质量和核心竞争力为中心，以改革、开放、创新为根本动力，重点通过形成公平竞争的市场环境、现代高效的经济治理、深度融合的开放格局，加快形成服务经济发展新动能。

（二）牢牢把握服务业发展的基本原则

推动服务业创新发展必须遵循以下基本原则。一是坚持以人为本、人才为基，坚持以人民为中心的发展思想，以增进人民福祉、促进人的全面发展为出发点和落脚点，充分调动各类人才积极性和创造性，扩大服务供给。二是坚持市场主导、质量至上，以市场需求为导向，增强服务供给的适应性和灵活性，全面提高服务业发展质量和效率。三是坚持创新驱动、融合发展，营造良好创新环境，积极发展新技术、新产业、新业态、新模式，推动产业深度融合，形成“中国服务＋中国制造”组合效应。四是坚持重点突破、特色发展，瞄准供需矛盾突出、带动力强的重点行业，集中力量破解关键领域和薄弱环节的发展难题，因地制宜发展各具特色的服务业，推动服务业转型升级。五是坚持深化改革、扩大开放，以改革推动服务业发展，推动制度体系和发展环境系统性优化，深度参与国际分工合作，在开放竞争中拓展空间、提升水平。

（三）科学规划服务业发展的主要目标

力争通过数年的努力，明显提高服务业市场化、社会化、国际化水平，实现服务业发展环境全面优化、有效供给持续扩大、质量效益显著改善、创新能力大幅提升、国际竞争力明显增强，发展方式转变取得重大进展。预计到2025年，将在优化结构、提高质量、提升效率基础上，实现服务业增加值占GDP比重提高到60%，就业人口占全社会就业人口比重达到55%，服务业支撑经济发展、民生改善、社会进步、竞争力提升的功能显著增强。

三、全面贯彻落实推动服务业发展的政策举措

推动服务业创新发展，涉及工作重点、政策措施和体制机制的全方位调整，要全面落实《大纲》提出的创新引领、转型升级、促进融合、提升质量、彰显特色、

深化改革、扩大开放、夯实基础等方面的重点任务和重要举措。

（一）把深化改革、扩大开放摆在突出重要位置

放松管制和促进竞争是释放服务业发展潜能的治本之策。要加大重点领域关键环节市场化改革力度，深入推进简政放权、放管结合、优化服务改革，最大程度释放市场主体活力和创造力。一方面，突出市场主导、企业主体，完善市场准入制度，破除各类显性隐性准入障碍，打破市场分割和地方保护，深化国有企业改革，推动事业单位改革取得突破性进展，形成各类市场主体公平竞争、竞相发展的生动局面。另一方面，强调创新监管理念和方式，推动监管方式由按行业归属监管向功能性监管转变、由具体事项的细则式监管向事先设置安全阀及红线的触发式监管转变、由分散多头监管向综合协同监管转变、由行政主导监管向依法多元监管转变。同时，完善服务业相关法律法规体系，营造公平普惠政策环境，加强知识产权、信息安全、社会信用、消费者权益保护等基础性制度构建和战略性基础设施建设。

服务业开放是我国新一轮对外开放的重中之重，要在坚守国家安全底线的前提下，推进重点领域对外开放，优先放开对弥补发展短板、促进产业转型升级、提高人民生活质量具有重要作用的领域，完善国际化、法治化、便利化营商环境，提高市场准入透明度和可预期性，在开放中提升服务供给质量和竞争力。同时，鼓励我国服务企业开拓全球市场，提升全球服务市场资源配置能力。

（二）注重以创新融合培育服务业发展新动能

新一轮科技革命和产业变革影响深远，世界服务业发展模式、分工格局、经贸规则正在发生深刻变化，迫切需要顺应全球发展趋势、瞄准国际先进水平，加快推动服务业创新发展。一是支持新技术新工艺新业态新模式创新应用，完善创新机制和模式，推动技术工艺创新与广泛深度应用，鼓励平台经济、分享经济、体验经济等新业态新模式发展，探索包容审慎监管方式，构建创新友好型发展环境。二是发挥信息化对拓展服务业广度与深度的巨大作用，推动信息技术在服务领域深度应用，推进数据资源开放共享，促进服务业数字化智能化发展。三是丰富服务业文化内涵，充分发挥文化元素和价值理念对服务业创新发展的重要作用，实施文化价值提升行动，增强服务业软实力。同时，鼓励服务业与农业、服务业与制造业、服务业内部相互融合，破除不适应产业融合发展的制度障碍，创新分工模式和价值创造方式，强化服务业对现代农业和先进制造业的全产业链支撑作用，构建交叉渗透、交互作用、跨界融合的产业生态系统。

（三）强化质量提升对服务业创新发展的重要作用

质量和效益不高是服务业发展的明显短板，必须加强服务质量、标准、品牌建设，推动服务业优质高效发展。一是在质量管理方面，着眼于形成以质取胜、优胜劣汰、激励相容的良性发展机制，强化企业主体责任，提升政府监管和执法水平，充分发挥消费者维权、行业自律、社会监督等综合力量，构建责任清晰、多元参与、依法监管的服务质量治理和促进体系。二是在服务标准化方面，着眼于强化服务标准对服务质量提升的基础作用，开展服务标准化提升行动，建立政府主导制定的标准与市场自主制定的标准协同发展、协调配套的新型标准体系，推行更高质量服务标准，提升服务标准化水平。三是在品牌培育方面，着眼于发挥品牌对服务业转型升级的引领作用，开展品牌价值提升行动，营造良好品牌发展环境，鼓励企业加强品牌建设，发展一批能够展示中国服务形象的品牌。

（四）聚焦重点领域和重点区域加强分类引导

服务业门类繁多，特点各不相同，需要分类区别对待。在全面推动服务业创新发展的同时，聚焦服务业重点领域和发展短板，优化产业结构，提升服务业能效。信息、科创、金融、商务、人力资源、节能环保等生产服务，重在提高专业化水平、增强竞争力；现代物流、现代商贸等流通服务，重在提高效率、降低流通成本；教育培训、健康、体育、养老、文化等社会服务，重在打破制度障碍、扩大有效供给；家政、旅游休闲、房地产等居民服务重在提升服务品质、改善服务体验。同时，充分发挥各地比较优势，支持北京、上海、广州—深圳建设具有全球影响力的现代服务经济中心，加快国家级服务经济中心建设，提升区域服务经济中心辐射带动能力，增强中小城市和小城镇服务功能，全面优化服务经济功能分工和空间布局。

推动服务业创新发展是一项重要而紧迫的战略任务，必须充分认识推动服务业发展的重大意义，着力营造支持服务业发展的良好环境。加强组织领导，健全工作机制，研究制定具体实施方案，细化政策措施，加强统计监测、绩效评估和监督考核，确保各项目标任务落实到位。

专家解读篇

加快建设服务业强国

国务院发展研究中心　王一鸣

当前，全球服务业发展日新月异，呈现诸多新趋势和新特征。我国服务业发展方兴未艾，正处在全面跃升的关键期。加快发展服务业不仅是适应把握引领经济发展新常态、推进供给侧结构性改革的重要内容，也是实现经济转型升级和社会全面进步的根本途径。《服务业创新发展大纲（2017—2025年）》（以下简称《大纲》），提出了建设服务业强国的战略目标。我们要充分认识全球服务业发展的新趋势和新特征，把握我国服务业发展进入全面跃升关键期的历史方位，通过改革开放推动服务业创新发展，加快服务业大国向服务业强国迈进的步伐。

一、全球服务业发展的新趋势和新特征

20世纪七八十年代以来，随着经济全球化和信息技术革命的迅猛发展，全球经济服务化趋势日趋明朗，高收入经济体加快向服务经济转型。这是继工业革命之后的新的产业革命，是技术业态、产业组织、经营管理、商业模式、运行体制、发展方式的全方位变革，可以称之为"服务革命"。随着经济服务化的快速发展，服务业占世界经济的比重超过60%、占发达国家经济的比重已经超过70%、占发展中国家经济的比重在60%左右，服务业跨国投资占国际投资总额的比重超过2/3，服务贸易占世界贸易总额的比重超过1/5。服务业成为引领技术创新和商业模式创新的主导力量。全球经济向服务经济转型，呈现经济服务化、服务外部化、产业融合化、价值高端化、要素知识化、组织网络化、企业平台化、分布集聚化、结构生态化、发展离岸化等一系列新特征。

（一）经济服务化

服务业成为国民经济的主导产业，经济部门服务化不断深化，服务性活动成为经济活动的主导方式。服务不仅成为提高产业竞争力的重要手段，也成为经济活动的重要组成部分，企业越来越将业务中心从产品生产转到提供服务上来。

（二）服务外部化

制造企业将研发、设计、仓储、营销等服务功能逐步分离出来，外包给专业服务公司，生产性服务业发展成为相对独立的部门。政府向社会和市场购买公共服务，政府从“管理型政府”向“服务型政府”转变。

（三）产业融合化

服务业与农业、制造业之间相互渗透和融合的趋势日益明显，产品和服务的边界日趋模糊。消费者和生产者的关系从一次性购买转变为持续的多次服务，消费者和生产者趋于融合。农业、制造业和服务业的业务、组织、管理逐步融合，形成全产业价值链增值体系。

（四）价值高端化

企业生产向研发、设计、标准、供应链管理、营销网络、品牌等高价值链区段转移，生产性服务环节在产业价值链增值中的比重不断提高，服务方式、赢利模式、商业模式创新成为创新活动的新内涵。

（五）要素知识化

物质形态的要素投入作用越来越小，而凝结了知识、诀窍等的人力资本与经济增长的关系日趋紧密，人力资本取代物质资本成为主导经济增长的最重要因素，要素投入的知识化趋势不断增强，促进服务经济成为以知识要素投入为主的生产过程。

（六）组织网络化

企业利用生产网络和不同地区的比较优势，把不同的价值链环节配置到成本相对最低的区位，并对生产网络进行系统整合。生产工序和价值链分工深化，推动产业链与营销网络和服务体系的深度融合，促进企业实现更大空间尺度的资源优化配置。

（七）企业平台化

借助于互联网络、电子支付技术和现代物流服务，各类平台服务越来越深入地融入工作生活的方方面面，改变了企业的营销方式和人们的消费方式。消费者成为生产活动中心，个性化、体验式、互动式消费蓬勃兴起，促进服务内容、业态和商业模式创新。

（八）分布集聚化

服务业特别是生产性服务业的快速发展，促进知识、信息、人力资本等的大规模集聚，促进大都市和城市群成为服务功能的主要集聚地。大都市和城市群由制造中心和生产基地，转换为服务中心和服务功能区，推进服务业快速发展。

（九）结构生态化

信息网络技术与服务业深度融合，促使产业发展从传统的劳动密集型、资本密集型为主，向以技术密集型、知识密集型为主转换，低能耗和低排放成为主要特征，使轻型化、生态化成为服务业的突出优势和结构特征。

（十）发展离岸化

全球信息网络技术的迅猛发展和经贸规则创新，推动服务的可贸易性大幅增强，服务贸易占世界贸易总额的比重日益提高，服务外包迅猛发展，服务业跨国投资份额大幅提高，服务业跨境转移成为全球产业转移的重点，服务业离岸化发展成为全球化新特征。

与服务经济发展的新趋势、新特征相适应，国际经贸规则关注的焦点逐步向服务经济领域转移。特别是国际金融危机后，国际经贸规则加快重构，将对全球服务经济发展产生广泛深刻的影响。

二、我国服务业发展进入全面跃升关键期

经过改革开放以来 30 多年经济快速发展，我国已基本具备了加快向服务经济转型的经济基础、技术条件和制度环境，服务业发展进入全面跃升关键期。

（一）经济发展由中高收入向高收入迈进

国际经验表明，服务经济的形成和发展与收入水平密切相关。当人均国民收入达到中高收入阶段时，服务业比重随人均收入提高大幅上升，服务业进入加速发展期，逐步成为主导性经济形态。2015 年我国人均国内生产总值接近 8000 美元，按两个翻一番目标、“十三五”时期国内生产总值年均增长 6.5% 计算，到 2020 年我国人均国内生产总值将接近 1.1 万美元，接近高收入经济体的门槛，这个时期正是服务经济大发展时期。特别是 2015 年我国已有 10 个省（区、市）人均国内生产总值超过 1 万美元，这些省份常住人口数量总和超过 5 亿人，为服务业发展提供了巨大的市场需求空间。

（二）消费结构加快升级

从生活性服务业看，随着收入水平提高和中等收入群体规模扩大，“住”“行”主导的服务消费结构加快向多样化、个性化、高端化升级，特别是随着恩格尔系数持续下降、居民受教育水平普遍提高和人口老龄化加快，旅游、养老、教育、

医疗等服务需求快速增长，在消费需求中的占比明显提高；低端基础型消费品比重将逐渐下降，而医疗保健、交通通信、教育文化等高端享受型和发展型消费比重逐步上升，网络消费、信息消费等新兴消费不断兴起，新型消费业态不断涌现。从生产性服务业看，制造业价值链提升对研发、设计、标准、供应链管理、营销网络、物流配送等生产性服务需求迅速扩大。消费结构加快升级为调整优化供给结构，提升服务业整体水平提供了强劲动力。

（三）服务业主导地位逐步确立

近年来，我国服务业发展不断迈上新台阶，2011 年成为吸纳就业最多的产业，2012 年增加值超过第二产业，2016 年增加值占国内生产总值比重达到 51.6%，比第二产业高 11.8 个百分点。物联网、大数据、云计算、虚拟现实（VR）等新技术广泛渗透，促进服务领域的新业态、新服务迅速发展，2016 年网上商品零售额突破 4 万亿元，增长 25.6%，在线医疗、在线教育、网约车等迅猛成长。服务业主导地位的逐步确立和经济服务化趋势加快形成，为服务业发展提供了有力支撑。

（四）城镇化水平大幅提升

2015 年我国城镇化率达到 56.1%，按照“十三五”规划《纲要》提出的预期目标，2020 年我国城镇化率将达到 60.0%，“十三五”时期要解决约 1 亿进城常住农业转移人口落户城镇，农民工市民化进程将明显加快。随着城镇化水平大幅提升，对生活性、生产性和公共服务的需求大量增加，将推动服务业集聚发展，在大中城市率先形成以服务业为主导的产业结构，带动全国加快从工业经济向服务经济转型。

（五）人力资本水平明显改善

按照“十三五”规划《纲要》的总体部署，到 2020 年我国将基本实现教育现代化、基本形成学习型社会、进入人力资源强国行列。届时，我国劳动年龄人口平均受教育年限将达到 10.8 年，基本普及高中阶段教育，主要劳动年龄组人口中受过高等教育人数的比例将达到 15%，超过目前上中等收入国家水平。人力资本水平明显改善，将有效支持要素投入和价值创造服务化，促进知识密集型生产性服务业发展，从而大大加快从工业经济向服务经济转型的步伐。

（六）改革开放加快推进

“十三五”时期是深化改革开放的攻坚期，要以更大决心和勇气全面推进改革，健全使市场在资源配置中起决定性作用和更好发挥政府作用的制度体系，到 2020 年国家治理体系和治理能力现代化取得重大进展，开放型经济新体制基本形成。

我国将开展加快发展现代服务业行动，扩大服务业对外开放，优化服务业发展环境。体制和政策环境的不断完善，将为服务业大发展和加快向服务经济转型创造更加有利的体制环境。

综上所述，今后一个时期是我国服务业全面跃升的关键期，经济发展由中高收入向高收入迈进、消费结构加快升级、城镇化水平大幅提升、人力资本水平明显改善、改革开放加快推进，为加快建设服务业强国创造了有利条件。同时也要看到，我国服务业发展还面临诸多矛盾和问题，主要表现在：

1. 服务供给难以适应需求变化。随着收入水平提高和城乡居民消费结构升级，人民群众的多样化、个性化、高端化需求与日俱增，医疗保健、信息通信、教育文化、养老休闲、文化娱乐等中高端享受型和发展型服务消费比重逐步上升，但服务供给还难以适应市场需求变化，高品质生活性服务业供给不足，中高端生产性服务业发展滞后，难以满足服务消费结构升级的需求。

2. 服务业整体上处于中低端价值链环节。我国研发、设计、供应链管理、物流配送、人力资源服务等生产性服务在服务业中所占比重总体偏低，服务业发展的质量和效益不高，制约了产业价值链提升，需要加快推进服务业向价值链中高端延伸。

3. 服务业国际竞争力不强。我国服务业对外开放水平低，在国际上有竞争力的服务行业和服务企业偏少，知识、技术密集型服务在服务出口总额中所占比重较低，运输、旅游、建筑服务所占比重偏高，服务贸易逆差规模仍在扩大，与货物贸易发展还不平衡。

4. 服务业发展仍面临体制机制束缚。服务业发展竞争不充分，电力、民航、铁路、石油、天然气、邮政、市政公用等领域准入限制仍然较多。促进服务业发展的体制和政策环境还不完善，发展潜力尚未充分释放。比如，服务企业大多为轻资产企业，可供抵押的固定资产少，而知识产权质押政策目前尚处于起步阶段，与服务业相关的价值评估体系、企业信用体系建设仍然滞后；再如，服务贸易退（免）税政策管理中还存在分类难以界定、出口额难以确定等问题。

三、推进服务业大国向服务业强国迈进

经过近10年来的快速发展，我国服务业规模扩大、结构优化、动力转换，正在发展成为服务业大国。2016年，我国服务业增加值达到38.42万亿元，服务领

域不断拓展，服务品种日益丰富，新业态新模式不断涌现，服务业大国地位逐步确立。今后数年，我国服务经济发展仍处于重要战略机遇期。按照《大纲》确定的目标，要在优化结构、提高质量、提升效率的基础上，实现服务业增加值“十年倍增”，到2025年服务业增加值占国内生产总值的比重达到60%，就业人口占全社会就业人口比重达到55%。要实现《大纲》确定的目标，推进由服务业大国向服务业强国迈进，必须把握战略机遇，深化改革开放，推动服务业创新发展，充分释放服务业巨大发展潜能，促进三次产业融合发展，增强服务业对经济转型升级的带动力。

（一）深化改革，充分释放服务业发展活力

服务业对现代市场经济制度具有更高层次的需求，要求建立健全更加公正开放的市场体系，更加健全和透明的信用体系。要进一步放宽服务业市场准入，放开电力、民航、铁路、石油、天然气、邮政、市政公用等行业竞争性业务，扩大金融、教育、医疗、文化、互联网、商贸物流等领域开放，清除各类隐性障碍，形成有效竞争的市场结构。继续推进全国统一市场建设，逐步取消地方违反规定的税收、土地等优惠政策，禁止设置限制服务企业跨地区发展、服务跨地区供给的规定。推广实施负面清单管理制度，逐步扩大覆盖范围。

（二）扩大开放，增强服务业国际竞争力

服务业具有更广的辐射范围和更大尺度的市场边界，具有更强的网络性和渗透性。要鼓励服务企业在全球范围内拓展市场空间，优化资源配置。积极开拓欧美发达国家市场、“一带一路”沿线市场、拉美和非洲等新兴市场。支持企业在境外设立研发中心、分销中心、物流中心、展示中心，构建跨境服务供应链、产业链、价值链。积极参与多边双边、区域服务贸易谈判和全球服务贸易规则制定，积极推进与美国、欧美的投资协定谈判，增强我国在国际服务投资贸易规则制定中的制度性话语权。

（三）创新驱动，增强服务业发展内生动力

现代服务业得益于信息网络技术的迅猛发展，也是伴随技术、业态、商业模式创新而发展的。要鼓励技术创新和新技术广泛应用，积极推进“互联网 +”行动计划，在服务业中充分运用大数据、物联网、云计算、移动互联网等信息技术和手段，培育平台经济、分享经济、体验经济等新兴业态。支持发展研发设计、物流配送、采购和营销服务、会展服务、人力资源服务等生产性服务贸易。拓展离岸服务外包业务领域，重点发展软件和信息技术、研发、设计、互联网、医疗等领域服务外包。通过创新发展，推动生产性服务业向专业化和价值链高端延伸、生活性服务业向精细和高品质转变。

（四）融合发展，增强服务业转型升级的带动力

发展服务业不仅表现为服务业规模扩展和产业升级，更重要的是支撑现代农业和先进制造业的转型升级，形成相互渗透、融合发展的全产业链生态系统。培育“服务＋农业”新业态，支持发展农业共营制、农业创客空间、农业平台型企业等融合模式。鼓励制造业由生产型向生产服务型转变，促进制造企业向创意孵化、研发设计、供应链管理、营销网络等产业链两端延伸，拓展服务增值空间，提升产业价值链。鼓励服务企业向制造业渗透，开展反向制造和反向整合，促进制造业柔性化改造和个性化定制。发挥平台型、枢纽型服务企业的引领作用，培育“平台＋模块”产业集群，发展一批产业融合、具有综合服务功能的大型企业集团和产业联盟。

（五）优化环境，助推服务业发展迈上新台阶

服务业发展对综合配套环境和基础设施有更高的标准，要求建立严格的知识产权保护、畅通安全的信息传输、充足的人力资本供给、便捷的交通基础设施。要完善互联网、大数据、电子商务等领域知识产权保护规则，加快完善网络安全、个人隐私和商业秘密保护、互联网信息服务等领域法律法规。加大人力资本投资，建设规模宏大的服务业专业技术人才和高技能人才队伍。促进基础设施互联互通和系统功能优化，提升智能化、网络化水平。加强社会信用体系建设，建立健全跨部门合作和协调机制，建立统一的信用信息平台，完善信用激励与联合惩戒机制。

全球价值链条件下的中国服务业对外开放新视角

上海 WTO 事务咨询中心　王新奎

当前，中国服务业的对外开放必须考虑经济全球化发展新趋势这一大背景。本文的研究将试图回答以下三个问题：什么是以全球价值链的展开和深化为基本特征的经济全球化？2008 年全球金融危机以后，经济全球化的趋势发生了哪些变化？为什么服务业对提升中国的全球价值链位置有着不可替代的重要作用？

一、以全球价值链展开和深化为基本特征的经济全球化

近 30 年来，经济全球化发展的基本趋势表现为全球价值链的展开和深化。所谓全球价值链是指建立在跨国公司全球供应链布局基础上的，覆盖包括制造和服务在内的产品生命周期全过程的，以分层式生产和中间品贸易为基本特征的经济全球化发展新阶段。

如果从行业或产品的层面来观察，在全球价值链条件下，一家企业、一个国家或一个区域在全球价值链上的价值贡献率大致可分为 5 个层级，以微笑曲线的方式展开。处于价值链最高端的是引领型服务创新层级，该层级的增加值主要来自服务的商业模式创新，具有高投入、高风险的特点。其次是引领型技术创新层级。该层级的增加值来自于制造技术创新以及质量、标准和管理创新，也具有高投入、高风险的特点，但风险程度显然不及引领型服务创新层级。第三是追随型技术/服务创新层级。该层级往往是在引领型服务/技术创新已经取得成功的基础上，采取追随的策略，跟进再创新。很显然，追随型创新层级的投入和风险程度均要低于引领型的创新层级。第四是模仿型技术/服务应用创新层级。该层级往往是在一项技术服务或商业模式的创新已经达到成熟阶段，通过模仿建立规模优势，达到降低进入成本的目的。该层级是所有创新层级中风险最低的。第五

是承担最终制成品的加工组装或服务的离岸外包工厂层级。该层级的主要功能是把技术服务或商业模式的创新或模仿成果，转化为能投放市场的具体制造或服务产品。该增加值层级只承担一般意义上的商业风险，无须承担创新（包括引领型创新、追随型创新和模仿型应用创新）风险，处于全球价值链增加值率层级的低端。

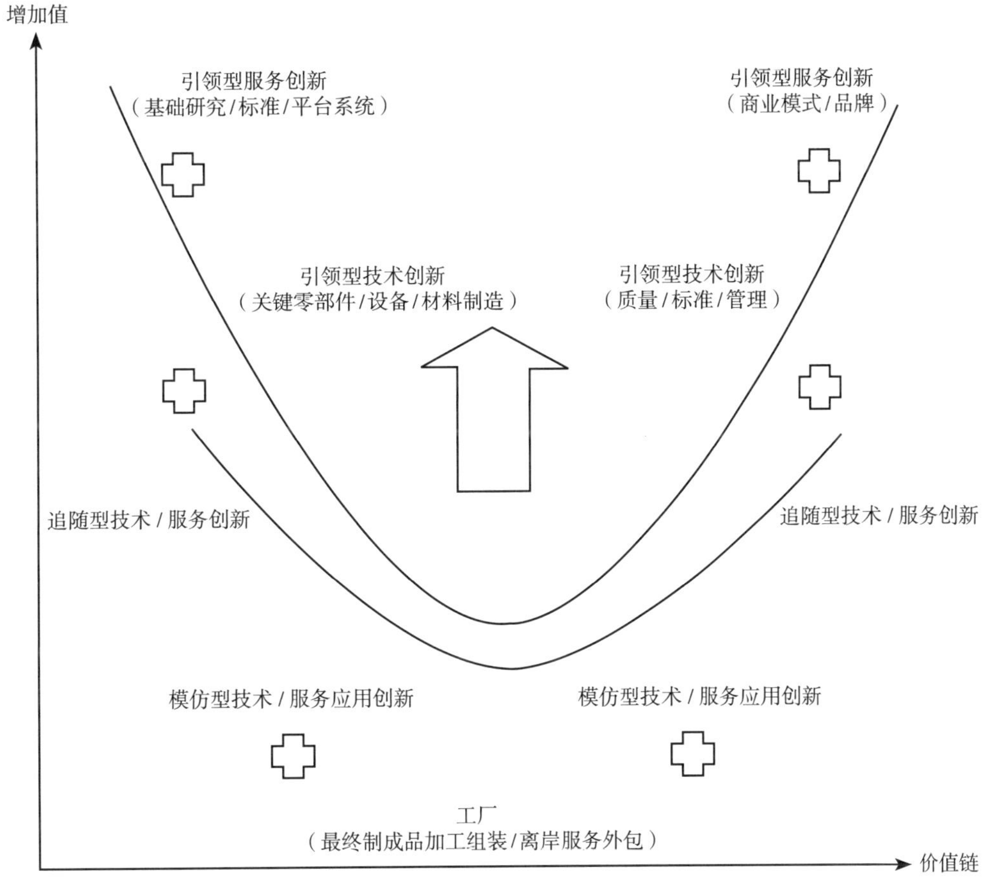

图 1-1　全球价值链增加值贡献率层级微笑曲线（行业/产品）

通过对全球价值链层级微笑曲线的分析，我们可以发现：在全球价值链条件下，制造业与服务业、货物贸易与服务贸易之间的界限正变得越来越模糊。制造企业越来越多地使用和生产服务，并将服务作为其产品的投入。服务对制造业竞争力的提升起着越来越重要的作用。

跨国公司的全球供应链组织活动是全球价值链形成的基础。通信技术和运输技术的发展以及贸易投资自由化的推进，为企业在全球范围内的供应链布局创造了条件。大批以全球供应链方式建立起来的新型跨国公司不断涌现，成为推动经济全球化的主要力量。全球价值链的展开与行业技术特性有关。根据目前的观察，全球价值链展开最充分的行业是制造业，特别是电子信息技术设备制造业。与此同时，全球价值链在某些服务业领域的展开也方兴未艾。

跨国公司的全球供应链布局形态一般取决于三个基本因素：一是供应链网络所在国家之间的运输成本；二是供应链网络所在国家之间的贸易和投资便利化程度及其均衡性；三是供应链网络所在国家之间的整体要素禀赋结构与供应链各环节增加值率特征的相容性。上述三个基本要素，决定了全球价值链往往有区域特征，即众多全球性跨国公司在某一区域生产和货物配送的集中、交叉、重叠布局形成了全球价值链的区域布局。

当前全球价值链活动主要集中在北美、欧洲与东亚地区。各区域在形成区域内价值链的同时，各区域之间又形成密切的洲际价值链关系。其中，北美区域以美国为核心，居于引领型创新价值链层级位置；欧洲区域以德国、法国和英国为核心，具有追随性创新价值链层级位置的特征；东亚区域以日本为核心，具有模仿型应用创新的价值链层级位置特征，同时在洲际价值链中又发挥世界工厂作用。

进入新世纪以来，由于通信与信息技术的高速发展，出现了智能制造与数字服务相融合的创新平台。该平台的最大特点是通过互联网和大数据，在全球范围内把制造和服务、运输和销售、消费以动态、细分的方式联系在一起，为服务技术和商业模式的创新提供了几乎无限的技术可能性。通过服务贸易的数字化，服务贸易与货物贸易加速融合。据全球价值贸易数据库统计，当前全球价值链中已经包含了大量的服务贸易。尽管服务出口贸易额仅占全球出口总额的20%，但在全球出口的输入增值中，服务贸易部门贡献了几乎一半（46%）。原因是制造业的产品出口需要大量的服务。实际上，绝大部分跨国公司的全球生产网络正日益朝着提供服务输入的方向发展。正如数据所示，全球外商直接投资的总存量中超过60%是服务贸易投资。（制造业与第一产业的投资仅占26%和7%）这一现象在发达经济体和发展中经济体中相似。[1]

服务数字化趋势给全球价值链带来的迅猛变化必然要求全球贸易和投资规

[1] 《全球价值链与发展：全球经济中的投资和增值贸易》，联合国贸易和发展会议，2013年2月。

则做出相应的调整，从而使全球贸易和投资规则体系进入了自 WTO 全球多边贸易体系建立以来的最重要重构阶段。当前，全球贸易投资规则谈判的平台从 WTO 多边贸易体系转向区域性的超级 FTA。全球贸易投资规则重构的这一趋势与全球价值链展开的区域特征相一致。反映了以全球价值链展开和深化为特征的经济全球化发展与全球贸易投资规则重构之间的内在联系，绝不是偶然的巧合。

二、中国在全球价值链的层级位置及其变化趋势

在当前以制造业与服务业融合为基本特征的全球价值链新格局下，我们必须重新审视中国在过去 30 年间形成的建立在制造业和货物贸易基础上的国际竞争力，客观地判断我国当前所处的全球价值链层级位置及其变化趋势。

（一）统计数据及分析方法说明

表 1-1 为 1995—2011 年间中国和美国按海关总量或贸易增加值统计计算的货物出口额在全球出口总额中所占的比重（分别以符号 RGC1、RGC2/RGA1、RGA2 表示）、按贸易增加值统计计算的出口额在全球出口总额中所占的比重与按海关总量统计计算的出口额在全球出口总额中所占的比重之差（分别以符号 RGCD/RGAD 表示），以及中美两国 RGCD 与 RGAD 之差的绝对值（以符号 RGDD 表示）。

本文之所以通过对比中美两国的同口径统计数据来观察中国的全球价值链层级位置变化趋势，所依据的理由有三个：一是中美两国是目前世界上融入全球价值链程度最深的主要贸易大国；二是两国的进出口结构均具有典型的全球价值链特征；三是中美两国之间相互贸易依存度极高，且处于全球价值链增加值贡献率层级位置的两端。故通过观察中美两国在全球贸易中位置的相对变化，能较好地把握中国的全球价值链层级位置变化趋势。

迄今为止，除了行业层面的螺丝刀经济学研究以外，尚未有能够精确测量一国在全球价值链增加值贡献率层级位置的方法。本文对一国货物出口额在全球出口总额所占比重，对比按海关总量统计和按贸易增加值统计的方法，间接、近似地判断一国在全球价值链层级位置的变化情况。

表 1-1　按海关总量和贸易增加值统计计算的中国 / 美国货物出口占全球货物出口的比重（1995—2011 年）（%）

年份	中国			美国			RGAD-RGCD RGDD
	按海关总量统计 RGC1	按贸易增加值统计 RGC2	RGC2-RGC1 RGCD	按海关总量统计 RGA1	按贸易增加值统计 RGA2	RGA2-RGA1 RGAD	
1995	2.59	1.78	−0.81	12.57	13.61	1.04	1.85
2000	4.04	2.77	−1.27	13.06	14.62	1.56	2.83
2005	7.93	5.77	−2.16	9.36	10.56	1.20	3.36
2008	9.84	8.38	−1.46	8.79	9.69	0.90	2.36
2009	10.78	9.03	−1.75	9.26	10.57	1.31	3.06
2010	11.53	9.65	−1.88	9.08	10.36	1.28	3.16
2011	11.66	9.88	−1.78	8.81	9.81	1.00	2.78
1995—2000	0.29	0.24	−0.09	0.10	0.20	0.10	0.20
2000—2008	0.73	0.70	−0.02	−0.53	−0.62	−0.08	−0.06
2008—2011	0.29	0.28	−0.11	0.007	0.04	0.03	0.14

注：

1. 数据来源：以上所有数据根据 OECD-WTO 增加值贸易数据库整理；其中：货物总贸易数据来自各国海关统计，服务总贸易数据来自各国收支平衡表统计（BOP）。

2. 货物部门包括：农林牧渔、采掘业及制造业；服务部门包括：商务服务、建筑服务、水电等公用事业及社会服务等。

3. 1995—2005 年数据为每 5 年统计，2008—2011 年数据为每年统计。

4. 后三行数据：为 1995—2000 年、2000—2008 年及 2008—2011 年间，用百分点计算的，中美按海关总量统计计算的出口额在全球出口总额中所占比重的年平均变化率（RGC1/RGA1）、按贸易增加值统计计算的出口额在全球出口总额中所占比重的年平均变化率（RGC2/RGA2）、按海关总量统计计算的出口额在全球出口总额中所占比重与按贸易增加值统计计算的出口额在全球出口总额中所占比重差距（RGCD/RGAD）的年均变化率，以及中美 RGCD 值与 RGAD 值之差（RGDD）。

采用该方法的依据是：从纯粹的统计意义上来说，全球按海关总量统计计算的货物出口总价值应等于按价值贸易统计计算的货物出口总价值。因此，按国别来统计，如果一国按贸易增加值统计计算的比重高于按海关统计计算的比重，则说明该国的货物出口中包含了较多的本国增加值，同时也说明该国在全球价值链中占据了较高层级位置。反之,则说明该国的货物出口中包含了较多的进口增加值,该国在全球价值链中占据了较低层级位置。

（二）中美货物全球价值链层级位置变化趋势对比

首先，观察中美两国货物出口在全球货物出口总额中所占比重的变化趋势。如表 1-1 所示，1995—2011 年，无论按 RGC1 还是 RGC2 计算，中国的货物出口在全球出口总额中所占的比重均保持了高速增长的态势。但是，如果我们观察增长的变化趋势就可以发现，增长最迅速的时期是加入 WTO 前后的 8 年。在中国加入 WTO 前的 1995—2000 年，按海关总量统计和按贸易增加值统计计算的年均 RGC1 值和 RGC2 值分别为 0.26 和 0.24，但到了 2000—2008 年间，则分别高达 0.73 和 0.70。反观美国，在中国加入 WTO 前的 1995—2000 年，按海关总量统计和按贸易增加值统计计算的年均 RGA1 值和 RGCA2 值分别为 0.20 和 0.10，但到中国加入 WTO 后的 2000—2008 年，急速下降到 -0.53 和 -0.62。但是，上述趋势在 2008 年全球金融危机以后发生了变化。2008—2011 年与 2000—2008 年相比，中国的 RGC1 值从 0.73 下降到 0.29，RGC2 值从 0.70 下降到 0.28，基本上回到 1995—2000 年的水平。同样反观美国，2008—2011 年与 2000—2008 年相比，RGA1 值从 -0.53 恢复到 0.007，RGA2 值从 -0.62 恢复到 0.04。虽然从整体上看还没有达到 1995—2000 年的水平，但是逆转的趋势已经出现。

其次，观察中美两国全球价值链层级位置的变化趋势。1995—2011 年，中国货物出口的 RGCD 值始终为负值，而美国的 RGAD 值始终为正值。这说明，在这段时间内，尽管从总量变化的角度来观察，中美两国在全球出口贸易中的相对地位发生了巨大的变化，但如果从全球价值链层级位置的角度来观察，中美两国的相对位置并没有发生根本性的变化。总体来看，中国仍然处于全球价值链层级微笑曲线的下半部。如果进一步观察 RG 数据可以发现，在 1995—2011 年间，中国的全球价值链层级位置总体上呈下降趋势，RGCD 值从 1995 年的 -0.81 下降到 2011 年的 -1.78。其中，1995—2000 年间，RGCD 值年均下降 0.09。2000—2008 年加入 WTO 前后，RGCD 值年均下降幅度缩小到 0.02，但 2011 年以后 RGAD 值又扩大到年均 0.11，甚至高于 1995—2000 年的水平。反观美国，1995—2000 年间，RGAD 值年均上升 0.10。但到 2000—2008 年间，RGAD 值迅速变为年均下降 0.08，但 2011 年以后 RGAD 值又由负转正，年均为 0.03。特别应该引起我们重视的是，反映中美两国在全球价值链层级相对位置变化的 RGDD 值，1995—2000 年间，年均扩大 0.20。2000—2008 年间，曾逆转为年均缩小 0.06，但 2011 年以后，又开始变为年均扩大 0.14。

（三）中美全球价值链增加值贡献率层级位置相对变化的政策含义

上述统计现象反映了 1995—2011 年间，特别是 2000—2008 年加入 WTO 前后，中国接受发达国家加工组装型产业转移，出口贸易以低增加值率的加工贸易为主，在全球价值链增加值贡献率层级中的位置处于图 1-1 微笑曲线的底部，而以美国为代表的发达国家则通过产业转移，调整产业结构以后，又重新提升其在全球价值链增加值率层级的位置的事实。[1]

三、对全球价值链条件下扩大中国服务业对外开放的若干思考

第一，有迹象表明，2008 年全球金融危机以后，全球价值链展开和深化的方式正在发生重大变化。这种变化主要表现为，从 20 世纪 90 年代初开始，发达国家跨国公司在全球范围内通过向新兴经济体的大规模投资和产业转移，形成以制造业分层式生产和产业内任务贸易为特征的全球价值链行业和区域格局。在完成全球价值链布局的同时，发达国家已经确立了其在全球价值链层级位置上的优势，并开始把注意力逐步集中到与建立和强化这种优势有关的全球贸易投资规则重构上来。

第二，在可预见的将来，上一轮以制造业分层式生产和任务贸易为特征的全球价值链生产和贸易布局，有可能因各经济体比较优势的变化，而发生国别和区域格局的调整，但大规模的扩张阶段已经结束。新全球价值链的展开和深化将以智能制造与数字服务相融合的信息技术和商业模式创新为基础，全球货物贸易增长速度下降，服务贸易增长速度继续上升将成为长期趋势。

第三，对全球价值链层级微笑曲线的研究证明，在制造与服务日益融合，特别是智能制造与数字服务日益融合的大背景下，一国的服务业特别是数字服务业的国际竞争力将对该国提升在全球价值链增加值贡献率层级中的位置起到重要作

[1] 由于缺乏 2011 年以后的统计数据，故无法对最近 5 年我国在全球价值链中位置的变化情况做出判断，但据中国科学院全球价值链课题组的最新研究，2015 年，按相应的出口商品结构测算，无论是加工贸易还是一般贸易，我国的平均直接增加值率和平均完全增加值率与 2014 年相比均略有下降。

用。2008 年以来，美国在全球价值链层级位置的重新提升是否反映了一种建立在网络信息技术革命，以及服务业和制造业逐步融合基础上的新全球价值链展开和深化模式，正在对传统全球价值链展开和深化模式形成压力与挑战，值得我们高度关注。

第四，一国经济的开放度对其增加值率层级位置的变化有重要影响。在加入 WTO 前后的 2000—2008 年，是中国在全球出口总额中所占比重，以及在全球价值链层级位置提升得最快的时期。得益于加入 WTO，并坚决实施制造业全方位对外开放和融入全球价值链，中国成为前一轮全球价值链展开和深化的最大得益者之一。但也应该看到，随着该轮经济全球化高潮的结束，中国在前一轮全球价值链的展开和深化过程中所获得的巨大成功，反过来成为在下一阶段争取提升在全球价值链增加值率层级位置的障碍。一方面，中国由于处于全球价值链层级位置的中低端，不但面临新近融入全球价值链、劳动力成本更低国家的竞争，而且因发达国家经济衰退，中国将不可避免地成为反经济全球化浪潮冲击的主要对象。另一方面，中国要把整个对外开放战略的轨道，从以提高按海关总量统计计算的在全球货物贸易中的比重为主要目标，转到以提升按增加值贸易统计计算的在全球价值链层级位置为主要目标。当然，目前还存在着一系列观念、体制与机制的障碍，需要长期而艰巨的改革才能克服。

2008 年全球金融危机以后，全球价值链的展开和深化进入了各主要贸易大国争夺其在全球价值链增加值层级位置而展开竞争的新阶段。在这一新的国际竞争阶段，服务业特别是以智能制造与数字服务相融合的创新平台为依托的新型服务业，对提升一国的全球价值链增加层级位置起着越来越重要的作用。统计数据显示，由于我国参与全球价值链的方式仍然没有摆脱 2008 年以前全球价值链展开和深化阶段的路径依赖，以致在与美国为代表的发达国家争夺全球价值链增加值贡献率层级位置时，可能已经处于劣势。

当前中国已经看到了所面临的严峻挑战，并制定了清晰的提升全球价值链层级位置的结构转型战略。归纳起来大致为：一是在国内通过市场机制与政府措施的结合，逐步消解过剩产能；二是在国际上通过推动“一带一路”建设，为中国本土跨国公司建立全球供应链网络提供基础设施支撑；三是大力推进科技创新战略，激励企业通过技术和商业模式的创新提升在全球价值链的层级位置。

推进服务业主导的经济转型

中国（海南）改革发展研究院　迟福林

从世界经济增长进程看，从农业走向工业，从工业走向服务业，是经济增长的一般规律。20世纪七八十年代以来，全球经济呈现出服务业主导的大趋势，进入高收入阶段的国家无一例外地经历了向服务业转型的结构性变革。

当前，我国已进入中上等收入国家，产业结构处于快速变化之中，正由过去的工业主导转向服务业主导。"十三五"时期，我国的经济增长将形成消费拉动、服务业主导的新格局。近日，经国务院同意，由国家发展改革委印发实施的《服务业创新发展大纲（2017—2025年）》（以下简称《大纲》），统筹规划未来一个时期我国服务业发展，对深化供给侧结构性改革、加快经济转型升级进程、释放经济增长新动能具有重要意义。

一、"十三五"服务业发展的大趋势

经济发展的关键在于把握趋势、顺势而为。当前，我国的经济结构正处于工业转型升级、城镇化转型升级和消费结构升级的大趋势中。主动适应服务业发展的大趋势，并牢牢抓住其带来的历史机遇，是我国应对短期增长压力、走向中长期公平可持续发展的关键所在。

（一）工业转型升级带来生产性服务业发展的巨大空间

"十三五"是我国从"中国制造"走向"中国智造"的关键时期。从国际经验看，制造业的转型升级离不开研发、物流、销售、信息等生产性服务业的快速发展。当前，我国生产性服务业占GDP比重估计不到20%。相比之下，作为先进制造业强国，德国生产性服务业占GDP比重在45%~50%[1]。到2020年我国要初步完成从工业2.0向工业3.0的升级，并奠定工业4.0的重要基础，关键在于走出一条以生产

[1] 迟福林.转型抉择——中国经济转型升级的趋势挑战[M].北京：中国经济出版社，2015.

性服务业带动制造业高端化的新路子。

（二）人口城镇化带来生活性服务业发展的巨大空间

2016 年我国常住人口城镇化率为 57.35%，但户籍人口城镇化率仅为 41.2%，两者之间存在 16.15 个百分点的差距[1]。我国加快人口城镇化进程还有巨大空间，估计到 2020 年常住人口城镇化率有望达到 60%。随着户籍制度改革不断深化，户籍人口城镇化率将稳步提高。由此，基本形成人口城镇化的新格局。“十三五”时期，近 4 亿农业转移人口进城，将带来巨大的教育、医疗、文化等发展型消费需求，为生活性服务业带来巨大市场空间。

（三）消费结构升级带来服务业发展的巨大空间

当前，我国城乡居民消费总量不断扩大，结构快速升级，形成了产业结构变革的深层次动力。预计到 2020 年，消费规模有可能从当前的 32 万亿元提高到 50 万亿元左右，服务型消费比重有望稳步提升，消费贡献率将基本稳定在 65% 左右，形成消费拉动经济增长的新格局。消费需求的释放将为我国应对经济下行压力提供重要支撑。更重要的是，消费结构正在从物质型消费向服务型消费升级。目前，城镇居民服务型消费比重已接近 40%，预计到 2020 年，这一占比有可能提高到 50% 左右，一些发达地区甚至可能达到 60% 左右。麦肯锡认为，中国消费者正逐步缩小与发达国家的差距，消费模式正在发生转变，消费结构与发达国家日益接近[2]。

（四）走向服务业主导是经济转型的重要目标

把握经济转型升级趋势带来的历史性发展机遇，关键在于加快形成服务业主导的产业结构。目前，在这方面的认识上还存在争议。比如，有人认为，中国工业化还没有结束，未来的重点还是要继续推进工业化，走向服务业主导是“自废武功”。从实际情况看，如果把服务业狭义地理解为生活性服务业，没有看到生产性服务业对工业转型升级的巨大促进作用，不大力发展生产性服务业，怎么可能实现《中国制造 2025》的目标？怎么可能打破中国制造业长期处于价值链低端的格局？

《大纲》明确提出，努力构建优质高效、充满活力、竞争力强的现代服务产业新体系，推动中国服务与中国制造互促共进，加快形成服务经济发展新动能，

[1] 国家发展改革委．国家新型城镇化报告 2016［R］．北京：中国计划出版社，2017 年．

[2] Mickinsey.《Urban World: The Global Consumers To Watch》，2016 年 4 月。转引自阿里研究院，《中国互联网消费新动力》，2016 年 5 月 20 日．

推动经济转型升级和社会全面进步，并且规划提出了2025年我国服务业发展的基本目标。这有助于统一各方认识、凝聚服务业转型的共识、释放经济增长的新动能。从发展趋势出发，我国服务业有条件也有可能实现更快的发展，提前实现《大纲》的目标。比如，到2025年，服务业增加值占GDP比重提高到60%，就业人口占全社会就业人口比重提高到55%。当然，实现这些目标，需要结构性改革的重要突破。

二、走向服务业主导决定中长期经济增长前景

我国在“十三五”时期走向服务业大国，形成服务业主导的基本格局，不仅是经济结构的重大调整，而且是主动适应、把握、引领经济新常态的战略选择。实现这一转型，既可以在结构升级的基础上保持较长时间的中高速增长，又能够为跨越中等收入陷阱、进入高收入国家创造有利条件。

（一）为经济中长期中速增长奠定重要基础

近几年，我国服务业对经济增长的贡献率不断提升。2016年，服务业对经济增长的贡献率达到58.2%，成为支撑经济稳定增长的主动力。初步测算表明，“十一五”和“十二五”时期，我国服务业每增长一个点，可以带来经济增长0.43个百分点。“十三五”时期，如果服务业年均达到两位数增长，就能带动经济增长3.8~4.3个百分点，为我国6%~7%的经济增长奠定重要基础。

（二）吸纳更多的新增就业

服务业成为最大的“就业容纳器”。2008年我国GDP每增长1个百分点，新增就业达70万~80万人。到2013年，随着产业结构调整，我国GDP每增长1个百分点，就可以吸纳城镇新增就业170万人左右[1]。“十三五”时期，如果服务业就业吸纳能力保持在当前GDP吸纳就业能力的水平上（150万~170万人），服务业年均增长9%，每年吸纳的就业将至少达到1000万人，这将有效吸纳农业转移人口、制造业转型升级中释放出来的劳动力以及每年的新增劳动力，到2020年服务业就业人员有望达到4亿人，占总就业人员比重达到50%。

（三）形成中等收入群体倍增的新格局

从国际经验看，服务业快速发展将大大促进中等收入群体发展和壮大。例如，

[1] 李克强.关于当前经济形势和重点经济工作的报告［N］.学习时报，2015年11月19日.

20 世纪 40 年代到 70 年代的 30 年间，伴随服务业主导格局的形成，美国白领阶层的规模扩大了 5 倍[1]。当前，我国中等收入群体比重估计只有 25% 左右。随着服务业吸纳就业和创造收入的能力不断提升，“十三五”中等收入群体比重可能达到 35%~40%。主要途径包括：

一方面，提高劳动者报酬占比。由于服务业是人力资本密集型产业，服务业的劳动者报酬占比普遍要高于工业。初步测算表明，“十三五”时期，如果我国服务业占比能够提高 10 个百分点左右，劳动者报酬有可能提高 3.8 个百分点，即从 2013 年的 45.6% 提高到 2020 年的 49.4%，达到 50% 左右。这将扭转我国劳动者报酬不断下降的趋势，实质性优化国民收入分配格局。

另一方面，提高农民收入，缩小城乡差距。初步测算表明，我国第三产业占比每提高 1 个百分点，城乡收入差距就缩小 0.014 个百分点。“十三五”时期，如果服务业占比提高 10 个百分点，城乡收入差距有望缩小 0.14 个百分点。

（四）促进绿色转型、实现绿色增长

“十三五”时期，随着服务业主导格局的逐步形成，我国有望扭转高能耗、高污染、高排放的格局，形成绿色增长和绿色转型的新常态。

一方面，在缓解资源约束上，初步测算表明，如果第三产业占比从 46.1% 提高到 55%（三次产业结构为 10 ∶ 35 ∶ 55），以 2012 年 GDP 总量估算，能耗总量将从 36.17 亿吨标准煤下降到 27.65 亿吨标准煤。如果 GDP 到 2020 年翻一番，产业结构调整带来的能源消耗下降幅度将更为可观。

另一方面，在缓解减排压力上，初步估算表明，如果第三产业占比从 46.1% 提高到 55%（三次产业结构为 10 ∶ 35 ∶ 55），以 2012 年 GDP 总量估算，二氧化硫排放总量将从 2117.6 万吨下降到 1731.41 万吨，减幅达到 18.23%。如果考虑到 GDP 总量的不断提高，产业结构调整带来的二氧化硫减排效应将更为明显[2]。

三、以结构性改革破解服务业发展的结构性矛盾

抓住我国经济转型升级的大趋势，到 2020 年我国基本形成服务业主导的经济结构是有条件、有可能的，但也对结构性改革提出了新的要求。《大纲》就加快服务业发展，提出了“深化改革，创建服务业发展良好环境”和“扩大开放，培

[1] [2] 迟福林 . 转型抉择——中国经济转型升级的趋势挑战 [M] . 北京：中国经济出版社，2015.

育服务业国际竞争新优势”两方面的重大任务。

（一）放开服务业市场

我国服务业发展不缺市场需求、不缺资金，关键在于市场开放，重点在于激活社会资本。当前，服务业市场开放相对滞后，带来“三低一高”的后果，即服务业市场化程度较低、服务业对外开放的程度较低、服务型经济质量较低和服务价格偏高。“十三五”时期能否在经济转型升级上取得决定性成果，调动全社会的力量把服务业“蛋糕”做大，主要取决于服务业市场的开放进程。

1. 着力破除服务业领域行政垄断与市场垄断。在服务业领域全面实施企业投资负面清单管理，使各类资本能够平等进入负面清单之外的服务行业和领域。研发、物流、销售、信息等生产性服务业对社会资本全面开放，在以电力、电信、石油、民航、邮政等为重点的垄断行业，进一步破除各种形式的行政垄断。健全城市公用事业特许经营制度，积极引导社会资本参与。加快以教育、医疗、健康、养老等为重点的生活性服务业市场对社会资本开放。对垄断行业、城市公用事业、公共服务等领域的行政垄断行为进行界定，清理不合理的行政法规。

同时，加快服务业领域投资便利化改革。在全面实施“三证合一”，推行“一证一号”的基础上，借鉴发达国家经验，研究实施企业自主登记制度。

2. 放开服务业领域市场价格。修订《政府定价目录》，明确界定竞争性领域的服务业。凡竞争性领域的服务业，政府原则上不进行价格限制，全面放开价格管制。区分垄断与非垄断行业，建立不同的价格形成机制。对自然垄断环节的服务业，仍实行政府定价；对竞争性环节的服务业，政府全面放开价格控制，引入竞争机制，实行企业自主定价，推动服务企业在竞争中形成价格。区分基本公共服务与非基本公共服务，实行不同的定价机制。

3. 加快服务业发展的政策调整。调整服务业与工业用地政策，对列入国家鼓励类的服务业在供地安排上给予倾斜，采取过渡式的办法，逐步缩小服务业与工业用地价格差距，最终实现工业与服务业“同地同价”。抓紧落实国家关于服务业发展的价格政策，在全国范围内加快推进工商业水、电、气“同网同价”，服务业与工业平等使用水、电、气等资源要素。把实现服务业体制内外人才政策平等作为实施国家创新驱动战略的重要举措，实现服务业体制内外人才政策平等，鼓励和支持事业单位人才到社会科研机构就业。

4. 以政府购买服务为重点加快公共服务业市场开放。在传统事业单位体制下，政府购买公共服务发展相对滞后。2013 年我国政府采购规模占全国财政支出的比重为 11.7%，其中服务类仅占 9.4%[1]。而欧美发达国家政府采购规模占财政收入的比例为 30%~40%，服务类占采购总额的比重在 50% 以上。建议把形成公共服务多元供给主体、多元竞争主体作为“十三五”完善政府购买公共服务制度的基本目标，加快形成法治化、规范化、透明化的政府购买公共服务的体制机制安排，争取使政府采购规模占财政支出比重到 2020 年达到 15%~20%，服务类占政府采购总额比重提高到 30%~40%。在政府购买公共服务时，对体制内事业单位与公益性社会组织一视同仁，形成事业单位、社会组织、企业的多元供给主体的新格局。

（二）以服务贸易为重点推进“二次开放”

我国是服务贸易大国，但还不是服务贸易强国。全球服务贸易总额占世界贸易总额的比重为 20% 左右，2016 年我国服务贸易额首次突破 5 万亿元，服务贸易比重仅为 18%。在全球经济格局深刻变化和“一带一路”建设深入推进的大背景下，从服务贸易大国走向服务贸易强国，成为我国“十三五”形成开放型经济新格局的战略选择。“十三五”时期，我国开放结构将实现由货物贸易为主向服务贸易为重点的转型。预计到 2020 年，中国服务贸易规模有望超过 1 万亿美元，占贸易总额比重有可能超过 20%，初步形成对外开放的新格局。

1. 以“一带一路”为总抓手，扩大自由贸易网络。从现实需求看“一带一路”建设：一是以基础设施为依托；二是以服务贸易为重点；三是以建立自由贸易区网络为目标。因此，应当以“一带一路”为载体，在扩大基础设施建设和产能合作的基础上，推进沿线自由贸易区网络建设，构建不同类型的自由贸易形式，比如建立旅游经济圈、能源合作圈等。

2. 以服务贸易为重点，打造国内自贸区升级版。上海等自贸试验区在扩大开放中起了重要作用，有效带动了服务贸易。为更好地发挥自贸试验区先行先试功能，国务院又在服务业发展较快的沿海、沿边和内陆地区增设数个侧重点不同的自由贸易试验区，扩大了自贸区范围。

3. 以尽快建立中欧自贸区为重点，推进双边、多边自贸区建设。中欧作为世界两大经济体，相比于中欧经济总量占世界经济总量的 1/3，双方贸易总量在全球贸易总量中的占比仅为 1.5% 左右，中欧经贸合作还有巨大的拓展空间。如果能够建立中欧自贸区，形成中欧一体化的服务业大市场，估计当年中欧服务贸易总额

[1] 财政部国库司. 2014 年全国政府采购简要情况［EB/OL］. 财政部官网，2015 年 11 月 30 日 .

将达到 2000 亿 ~2200 亿欧元，为中欧双方经济转型和经济增长注入强大动力。从英国脱欧及中欧投资谈判协定的进展看，“十三五”时期有条件同步推进中欧投资协定谈判和中欧自贸区谈判，力争到 2020 年建立中欧自贸区。

（三）以结构性改革破解服务业发展面临的结构性矛盾

改革开放以来，我国形成的一整套政策与体制安排，带有激励工业发展、抑制服务业发展的突出特征，走向服务业主导的经济转型升级面临着结构性矛盾的重大挑战。

1. 改革中央地方财税关系，改变地方政府对重化工业的过度依赖。合理界定中央地方职责分工，实现各级政府支出责任与财力相匹配。以形成有效的地方治理为目标改革中央地方财税关系，探索通过消费税、房地产税、资源税等改革赋予地方政府稳定税源，形成健全的地方税体系，由此实质性改变竞争性地方政府模式，使地方政府摆脱对重化工业的过度依赖。加快税制改革，降低服务业企业税负水平。

2. 形成有利于服务业发展的金融结构。大力发展城市社区银行等中小银行，构建为中小微企业和创业创新服务的银行体系。扩大财政支持的中小企业贷款担保基金，建立中小微企业贷款风险补偿和融资性担保风险补偿机制，帮助中小企业降低融资成本。规范发展互联网金融等新业态，鼓励和支持互联网金融机构利用大数据、云计算等提高运营效率，降低企业融资成本，创新产品和服务。进一步改革完善资本市场，加大利用资本市场为创新型企业融资的力度。

3. 以发展职业教育为重点加快调整教育结构。“十三五”时期，要把发展现代职业教育放到更加突出的位置，实质性降低社会资本进入中等职业与高等职业教育领域的门槛。简化设立职业教育学院的审批，在土地使用、财政支持、政府购买公共服务、人才培训等方面给予民办职业教育机构和公办机构同等的地位和待遇，为服务业提供急需人才。

（四）推进政府监管转型，为服务经济发展提供良好环境

服务经济的发展对政府监管改革提出了迫切要求。当前的监管体系，更重于产品监管，在服务监管上还缺乏经验。尤其是服务经济中的新业态、新模式层出不穷，对监管提出了严峻挑战。

1. 把尊重服务经济发展规律作为基本出发点。“大、智、云、移、物”所带来的新技术、新产业、新业态、新模式层出不穷，新经济在盈利模式、组织管理机制等方面有着与传统经济相当大的不同。如果仍用传统的监管方式，有可能抑

制新经济的发展，同时也很难防范新经济中可能隐藏的风险。适应服务业发展趋势，监管改革的关键是，尊重服务经济发展规律，严守创新的风险底线，在保证底线的基础上鼓励创新发展。

2. 推进行政审批与监管的分离。行政审批权下放仍有空间，监管转型还不到位，“谁审批、谁监管”的传统思维方式值得斟酌。为此，建议以审批权与监管权相分离为原则，深化政府监管体制改革，一些需要保留审批事项的部门，应当成为科学规范、有效的审批部门，使行政审批与市场监管机构严格分开。

3. 适应发展趋势，提高服务经济监管的专业性。第一，完善专业性监管，逐步使专业性监管机构不再行使审批权。第二，完善综合性监管，在更多领域采取综合性监管，形成宽职能的监管队伍。第三，提高监管的专业性。大数据技术发展为实施有效的监管提供了重要的技术基础，需要充分利用大数据技术创新监管方式，降低监管中的人力物力成本、提高监管的技术效能。

4. 充分发挥行业协会、商会的自律作用，形成服务领域综合治理体系。支持服务领域各行业企业在自愿的基础上联合建立各类商会、行业协会，以承接政府更大程度下放的行业管理职能，使其在行业自律、社会监督上有职有权。调动包括社会公众、媒体等多方面的力量加强市场监管。

推动中国服务与中国制造互促共进

中国社会科学院财经战略研究院　夏杰长

前不久，经国务院同意，发展改革委印发了《服务业创新发展大纲（2017—2025年）》。该文件对指导服务业创新发展、扩大服务业对外开放和深化服务业改革有着重要意义。文件提出的“推动中国服务与中国制造互促共进”，既为服务业发展特别是生产性服务业发展指明了方向，也为制造业发展找到了新思路，更是抓住了推进产业融合和产业升级的“牛鼻子”。本文将在认知生产性服务业与制造业关系的基础上，探讨生产性服务业与制造业互促共进的实现路径和政策措施。

一、生产性服务业是制造业转型升级的重要支撑

在当今的全球生产网络体系中，生产过程碎片化和专业化的趋势日益明显。随着产业迈向中高端水平，产业链的价值分布从制造环节向服务环节转移，产品研发、销售、维护等生产性服务活动比重越来越高。发达国家普遍存在“两个70%”的现象，即服务业产值占国内生产总值的70%，生产性服务业产值占整个服务业产值的70%。在世界500强企业中，56%的企业从事服务业。可以看出，生产性服务业的蓬勃发展是产业转型升级的重要支撑。

改革开放以来，我国凭借劳动力成本优势迅速成长为“世界制造工厂”，稳居世界制造业大国之首。但我国在国际分工体系中偏重于组装和制造环节，长期处于价值链的低端环节，而价值链上游（如研发、设计）和下游（如市场营销、品牌）等高端环节仍被发达国家所控制。这种格局如果继续下去，我们将面临在全球价值链分工中被“低端锁定”的风险。

当前，我国正处于工业化中后期。虽然对这一阶段制造业转型升级的路径选择，学术界还存在着争议。但笔者认为，通过大力发展生产性服务业推动制造业转型升级，以嵌入知识密集型服务要素提升制造业附加值并向生产价值链中高端迈进，是符合我国实际情况和工业化客观规律的必然选择。发展生产性服务业，

一方面，有利于带动就业扩大，服务业单位投资所创造的劳动就业岗位数约是重化工业的 2.5 倍；另一方面，有利于降低能源消耗、实现可持续发展，每创造 1 万元的 GDP，服务业能耗只是制造业的 25%。因此，应鼓励以产业转型升级需求为导向，进一步加快生产性服务业发展，支撑制造业提高竞争力，推动我国产业向价值链高端延伸。

二、服务业和制造业融合是全球产业发展的重要趋势

新一代信息、人工智能等技术不断突破、融合渗透和广泛应用，正引发服务业创新升级，并使产业边界日渐模糊、融合发展态势更加明显，对服务业和制造业互促共进提出了新的要求。

（一）服务业和制造业本质特征正在发生变化

随着全球价值链的深入发展，服务业和制造业已经表现出与以前明显不同的本质特征。一方面，制造业产品生产融入越来越多的服务作为中间投入要素，并且在产品消费过程中还要消费大量的互补性服务，制造业逐渐向服务化发展；另一方面，服务业制造化现象日渐明显，服务将摆脱过去的小生产方式而融入更多的工业化生产方式，从而提高规模经济效应和生产率，力求克服“鲍莫尔成本病”的问题。比如，一些在全球价值链上处于领导地位的服务企业，凭借其研发、设计、管理、销售渠道等优势，通过贴牌生产、连锁经营等方式嵌入制造企业，共同为消费者提供服务。又如，研发企业拥有自己的发明专利、设计机构拥有自主创新设计、物流公司拥有自己的网络等，这些企业利用自身在产业链高端的控制力，建立起自己的制造工厂。

（二）服务业与制造业之间界限日趋模糊

以二、三产业融合为例，随着服务业分工深化与服务创新，服务业领域不断拓宽，服务业与制造业实现融合发展的趋势日渐明显。生产性服务业和新兴服务业对制造业生产和价值链组织方式的渗透，主要体现在制造业服务化、服务业制造化、服务外包等模式驱动的全产业链创新发展上。在制造服务化程度最高的美国，制造与服务融合型企业占制造企业总数的 58%，通用电气“技术 + 管理 + 服务”模式创造的产值已经占到企业总产值的 2/3 以上。在产业边界被逐渐打破的同时，建立在细化分工基础上的服务业和制造业互促共进将成为产业发展的主旋律。

三、顺应产业融合趋势推动服务业和制造业互促共进的路径

从国际上看，制造业从生产型制造向服务型制造的转变，价值链由以制造为中心向以服务为中心的转变，已经成为产业转型升级的重要趋势。为顺应这一趋势，加快发展生产性服务业、推动制造业和服务业互促共进主要有如下路径：

（一）鼓励制造业分离发展服务业

按照做强做专制造业的要求，推动生产性服务环节专业化、社会化发展，培育生产性服务业企业快速发展，使生产性服务业发展成为支撑落实《中国制造2025》的重要推力。重点是如下几个方面：

一是在科技研发服务方面，鼓励大型生产制造企业依托自身研发中心、技术中心、重大产业技术平台等，组建专业化的服务企业，发展一批竞争能力较强、技术水平较高的科技研发服务企业，逐步构建社会化的科技创新服务体系。二是在现代物流服务方面，鼓励生产制造企业利用现有仓储能力和库房、运输车辆以及原材料等资产，投资组建物流配送公司，对企业生产资料和产品实行统一配送。三是在贸易营销服务方面，鼓励有条件的生产制造企业成立独立核算的贸易和营销企业，利用生产企业品牌优势，开展第三方贸易。四是在融资租赁服务方面，依托知名生产制造企业的品牌优势、渠道优势、资金优势，借助客户资源和营销网络，联合金融服务机构，共同为客户提供专业化的融资租赁等服务。五是在设计策划服务方面，鼓励功能完备、具有较强对外服务能力的大型制造企业集团，将设计、咨询、策划、广告、工业创意等环节分离，打造一批高附加值、高层次的设计策划企业。六是在专业配套服务方面，鼓励生产制造企业将售后服务、安装维护、物业管理、后勤保障和教育培训等内部配套服务剥离，整合资源，组建独立经营并能兼顾社会化服务的配套服务企业。

（二）推动制造业延伸产业链

不断强化研发设计、工程设计、运营管理、客户服务、维护维修、检验检测、售后服务、金融租赁等高端服务环节，在最终产品中增加更多的服务元素，实现产业链服务化，提升产品附加值。在制造企业服务化转型过程中，应善于提供整体解决方案。以装备制造业为例，除为客户提供自产主体设备外，还提供设备成套（包括系统设计、系统设备提供、系统安装调试）和工程承包（包括基础、厂房、外围设施建设）等，同时向客户提供专业化维修改造服务和远程设备状态管理服务，

对客户装置实施全过程、全方位、全天候的状态管理。

可以预见，服务型制造能力将成为决定制造企业竞争力的关键。推进服务型制造发展，当前要着力解决两个问题：一是加快形成“互联网＋生产服务体系”，把互联网全面融入研发设计、生产、流通、管理、人力资源开发、售后服务等各个环节，推动网络协同研发、现代化供应链管理、个性化定制、远程诊断和维护等基于互联网的服务功能创新。二是加快打造一批高端服务型制造基地，依托制造业发达地区及周边区域高端制造业的产业基础，着重拓展制造服务业领域，围绕高端制造业的产业特征，吸引相关产业链的企业集聚，提升制造业价值链。以装备制造业为例，围绕装备制造业集群发展起来的服务型制造基地（园区）要重点发展设备翻新再制造技术，建立回收服务体系，降低制造成本和消耗；同时着力吸引从事高端装备制造业研发设计和系统集成、设备成套与工程总包、安装调试、维修保养的企业入驻，辅以仓储物流、信息管理等服务。

从单纯生产物质产品，到产业链延伸、向服务综合方案商转型，或者走服务型制造道路，对中国传统制造企业是一个巨大的挑战，但也是必须跨越的“坎”。但也要看到，我们强调这种趋势，主张制造业服务化转型和走服务型制造道路，不是远离制造业或者“去制造化”，而是换一种思路发展制造业、提升制造业，打造中国制造的“升级版”，是要通过服务业和制造业的互促共进，形成“中国服务＋中国制造”的组合优势。

四、推进生产性服务业和制造业互促共进的政策建议

服务业和制造业互促共进的理论基础是产业融合。有效促进其融合互动、共生共长，必须打破传统产业界限，在管理模式、行政监管、市场准入、税收政策、公共环境构建、服务业集聚区建设等方面“推陈出新”，为服务业和制造业互促共进提供比较宽松的政策环境。

（一）树立制造业和服务业“双轮驱动”、融合发展的战略思路

顺应服务业和制造业的融合发展趋势，突破传统的产品定义与统计分类，不要过度纠缠于服务业和制造业差异，而是深刻认识到服务业和制造业日益增强的相似性和互补性，树立服务业和制造业融合发展的理念，坚持“双轮驱动”的战略思路。

（二）明确产业融合所衍生的交叉行业的市场准入规则

产业融合所产生的一些交叉行业，如电子商务、网络文化产业、物联网等，往往涉及多个监管部门。因此，需要协调监管部门，对市场准入、监管模式等各方面进行明确，减少行政管制、降低准入门槛，避免政府过度干预，构建支持产业融合带来的新业态、新模式与新服务快速发展的宽松政策环境。

（三）制定有利于产业融合发展的税收政策

产业融合因涉及不同行业，可能涉及不同的税收政策。因此，需要根据产业融合的发展趋势，积极制定并实施适用于生产性服务业专业性强、产业融合度高和各类交叉行业等特点的税收政策和税收优惠细则等。如电子商务的税收政策、网络支付的税收政策等。

（四）构建有利于产业融合的公共环境

因产业融合而产生的新兴服务业发展，需要相应的新基础设施供给和公共环境构建。比如：智能交通产业需要开放实时交通数据与地理信息数据；知识产权运营服务需要开放知识产权数据库；电信增值服务需要对大运营商的垄断地位进行规制等。因此，需要出台相关政策，为产业融合构建一个良好的公共环境。

（五）打造一批生产性服务业集聚区或功能园区

集聚发展是生产性服务业的重要特点和趋势。纵观国内外制造业发展经验，凡是生产性服务业发达、集群程度高的地区，其制造业也相对比较发达，竞争力比较强。真正的集聚发展是在地理上集中且有相互关联性的企业、专业化供应商、服务供应商、相关产业的厂商，相关研发机构和相关产业协会等构成的群体，是在某一特定领域中大量产业联系密切的企业以及相关支撑机构在空间上集聚，通过产生协同效应来获取竞争优势。走集聚发展道路，应尊重企业自主选择，不要拉郎配，政府意志不能代替市场行为；但也应发挥政府引导作用，加强服务业集聚区建设规划引导，重视对生产性服务业集聚区或功能园区公共信息平台、技术平台、重大通信基础设施的建设，建立集聚区标准与考核评价体系等。

服务业发展基础、面临形势及政策建议

国务院发展研究中心市场经济研究所　任兴洲　王微　刘涛

“十二五”时期，我国服务业发展“稳”的基础不断巩固，“进”的势头得到强化。“十三五”时期，是我国实现第一个百年奋斗目标的决胜阶段，也是统筹推进“五位一体”总体布局、协调推进“四个全面”战略布局的关键时期，要贯彻创新、协调、绿色、开放、共享的发展理念，推动服务业在更高平台上扩量增质，为经济新常态提供新的增长动力和创新要素支撑，进一步增进民生福祉，让人民群众有更多获得感。

一、“十二五”期间我国服务业发展的成就及主要问题

（一）服务业增加值和就业规模快速增长，已成为国民经济第一大产业

2015 年，我国服务业实现增加值 34.2 万亿元，相当于“十一五”末（2010 年）的 1.9 倍。继 2012 年服务业增加值占 GDP 比重（45.5%）首次超过第二产业、形成“三二一”的产业结构后，2015 年进一步上升到 50.2%，比“十一五”末提高 6 个百分点。截至 2015 年底，我国服务业就业规模已接近 3.3 亿人，比 2010 年增加 6507 万人，大大高于整个“十一五”时期的服务业就业增量。在 2011 年服务业就业人数占总就业人数的比重（35.7%）首次超过第一产业、成为吸纳就业主渠道的基础上，2015 年又上升至 42.4%，比“十一五”末增加 7.8 个百分点。

（二）服务创新持续加快，新兴行业和业态大量涌现

在物联网、云计算、大数据等现代信息技术的推动下，我国服务业的技术、管理、商业模式创新层出不穷。越来越多传统产业的企业开始线上线下互动融合，一些甚至转型成为供应链集成服务平台，整合标准化的服务要素和资源，形成了丰富多样的“互联网 +”跨界合作模式。各类即时通信应用也成为众多行业企业广泛使用的新平台，增强了消费者体验和参与度。

随着产业转型升级和居民消费升级步伐的加快，许多新的服务供给应运而生，

推动了网购、快递、节能环保、健康服务等新兴行业以及地理信息、跨境电商、互联网金融等新兴业态的兴起和快速成长。以网购为例，2010 年我国网络零售交易额仅有 5131 亿元，2013 年突破 1.8 万亿元，超过美国成为全球最大的网络零售市场，2015 年进一步升至 3.9 万亿元，相当于 2010 年的 7.5 倍多。网购的持续高速增长在创造消费新时点的同时，还带动了快递业的飞速发展。2015 年，我国快递业务量完成 206.7 亿件，是 2010 年的 8.8 倍，也稳居世界第一。

（三）服务贸易规模不断扩张，吸引外资和对外投资取得新突破

“十二五”期间，我国服务贸易总额先后超过英国、德国，跻身世界第二，成为促进外贸发展的重要增长点。2015 年，服务进出口额达到 7130 亿美元，比 2010 年增长近 1 倍，年均递增 14.5%，不仅高于同期货物贸易增速 8.6 个百分点，还超过同期世界服务贸易增速 10 个百分点，占世界服务进出口总额的比重也由 2010 年的 5% 上升到 2015 年的 7.7%。

2008 年国际金融危机以来，全球产业分工格局发生了深刻变化。一方面，国际产业转移更加注重对东道国市场需求的快速响应，与原有加工制造紧密联系的研发、采购、物流等生产性服务业，通过跨国直接投资等方式，加快向中国等新兴市场国家转移。另一方面，以中国为代表的新兴市场国家也在加快服务业对外投资布局，并逐渐成为对外投资的重要输出国。

（四）服务业领域体制改革提速，政策环境逐步向好

近年来，各级政府将服务业纳入政策优先领域，对促进服务业快速发展提供了有力支撑。开展全国范围的“营改增”试点、免征部分小微企业增值税和营业税，为整个行业发展注入了新动力。连续多次取消和下放行政审批事项，规范政府权力运行，降低了企业准入门槛。商事制度改革的全面实施，对不少服务行业的促进作用非常明显。利率市场化改革、大幅减少外汇干预、民营银行试点等，对于化解包括服务业在内的企业融资成本高、促进服务主体多元化发展也产生了积极效果。此外，上海、天津、广东、福建四大自贸区的互补对比试验，通过开放倒逼深层次改革，在扩大服务业开放、构筑对外投资服务促进体系、探索负面清单管理模式、加快金融制度创新方面取得了阶段性成果。

（五）服务业结构性失衡明显，有效供给能力不足

目前，我国服务业的结构层次依然较低。以物流业为例，在物流组织创新、技术创新的推动下，近年来欧美国家物流业结构出现重大变化，运输中介、设施运营等新兴物流行业快速发展，越来越成为物流业发展的新支柱。而在我国，交通运输业增加值占全部物流业增加值的比重仍高达60%以上，以多样化、专业化新兴物流服务为主导，以物流设施及要素服务为支撑的现代物流业结构有待进一步发育。

再有，服务业有效供给对经济转型升级的支撑作用不够。一方面，生产性、流通性服务业发展水平偏低，传统低成本优势不断弱化，新的比较优势有待培育发展。产业创新能力和核心竞争力不强，部分知识和技术高度密集的服务供给严重依赖进口。另一方面，部分居民服务业的发展还不适应居民消费结构升级的要求，高品质、多样化、便利化的服务供给不足，进一步凸显了服务供需之间的结构性矛盾。

（六）服务业劳动生产率显著低于第二产业，增幅明显放缓

“十二五”期间，我国服务业的劳动生产率持续提高，由2010年的17908元/人增长到2015年的21754元/人，但这一时期劳动生产率年均仅增长4%，低于第二产业6.6%的增幅。2015年服务业劳动生产率水平仅相当于第二产业的41.9%。如果从更长时期看，服务业劳动生产率的年均增速在1979—1990年为4%，1990—2000年提高至4.2%，2000—2010年大幅攀升到8%，而“十二五”并未延续这一势头，劳动生产率增幅出现较大回落。

（七）服务贸易逆差大幅增加，对外开放水平有待提高

近年来，我国服务贸易逆差额由2010年的219亿美元猛增至2014年的1599亿美元，2015年略微回落到1366亿美元。其中，旅游服务是我国服务贸易逆差的最大来源，其后依次是运输服务、专有权利使用费和特许费等。仅有咨询、建筑服务、计算机和信息服务等少数服务贸易保持顺差。

在新兴市场国家中，我国服务业开放处于中高水平，但与更高收入水平国家相比，我国服务业开放程度还有较大提升空间。但根据OECD公布的服务贸易限制指数（Services Trade Restrictiveness Index）[1]，我国服务贸易18个重点领域的得分均高于全部样本国家和OECD成员国的平均值。具体来看，建筑、工程服务的限制相对较少，而在速递、广播、电信、金融等部门还存在不同程度的限制。

[1] OECD服务贸易限制指数的值介于0和1之间，0表示完全开放、1代表完全封闭。计算这些数值是根据最惠国原则（不考虑优惠贸易协定），综合不同国家在对外资准入的限制、对人员流动的限制、竞争障碍、监管透明性、其他歧视性措施5个方面的信息计算得到的。2014年4月，OECD发布了最新的服务贸易限制指数，涵盖34个OECD成员国以及中国、巴西、印度、印度尼西亚、俄罗斯和南非6个新兴经济体总共40个国家，涉及18个服务贸易重点领域。

二、“十三五”时期服务业发展的新背景和新要求

“十三五”时期，我国经济社会发展将面临诸多深刻调整，对于服务业发展而言，既是挑战也是机遇，既有压力也蕴藏动力。

（一）新发展阶段对加快培育新增长点和形成新动力的内在要求

主动适应把握引领新常态，是“十三五”乃至更长时期我国经济发展的大逻辑。经济新常态不仅仅是经济增长速度的换挡，更体现在经济发展方式、发展动力、经济结构上的转型。也就是说，发展方式要从规模速度型的粗放增长转向质量效率型的集约增长，发展动力要从传统增长点转向新增长点，经济结构要从增量扩能为主转向调整存量、做优增量并存的深度调整，从而实现速度下台阶的同时质量上台阶。

据预测，“十三五”时期我国人均 GDP 将由目前的 11000 国际元提高到 14000 国际元以上，服务业将会迎来快速发展期。可见，“十三五”时期大力发展服务业，有利于为经济转型提供新动能，促进新常态下经济持续稳定发展。

（二）基本实现工业化、推动制造业转型升级迫切需要服务业的有力支撑

“十三五”时期，我国将加快向工业化后期过渡，基本完成工业化的历史任务。在这一过程中，实现工业由量的扩张到质的提升转变，推进“中国制造 2025”战略，迫切需要提高制造业附加值和竞争力，抢占全球产业链高端位置，而这一切都离不开服务业特别是生产性服务业的强有力支撑。

首先，随着工业内部不断分化，劳动密集型制造业、资源密集型重化工业的比重会持续下降，资本和技术密集型制造业比重将明显上升。这将对服务业需求结构产生重要影响，更加依赖商务服务、金融保险、技术研发等知识密集型生产性服务业。同时，小批量、多批次、差异化生产的趋势越发明显，也会对生产性服务业提出新的、更专业化的中间需求，从而推动形成以服务业为引领、服务业与制造业深度融合的发展新格局。

其次，在我国制造业低成本优势趋于弱化的情况下，必须尽快提升要素禀赋结构，形成新的更高层次的比较优势。这就需要大力发展研发、教育、金融、信息等服务业，依靠高水平的创新要素，为制造业转型升级、产业结构迈向中高端提供不竭动力。

另外，面对环境污染加重的严峻形势以及节能减排的国际承诺，还必须加快

推动制造业绿色转型。而提高能源利用效率、建立绿色循环低碳的生产方式，都迫切需要进一步加快高技术、节能环保等服务业发展。

（三）人口结构变化对服务业发展既有压力也是机遇

“十三五”时期，我国人口在继续保持低位增长的同时，结构性变化将更为显著。一方面，劳动年龄人口占比缓慢下降，老年人口比重加快上升。根据联合国的预测，到 2020 年，我国 15~64 岁年龄段人口仍有 10 亿以上，占总人口的 70.1%，不过，与 2015 年相比将净减少 1056 万人，占比也将下降 2.3 个百分点。与此同时，65 岁以上的老龄人口将接近 1.7 亿人，占总人口的比重达到 11.7%，比 2015 年上升 2.2 个百分点，届时全球每不到 4 个老年人中就有 1 个是中国人。另一方面，劳动力素质会进一步提高。预计到 2020 年，我国主要劳动年龄人口和新增劳动力的平均受教育年限分别达 11.2 年、13.5 年，比 2015 年分别提高 1.6 年、0.8 年；高等教育毛入学率达 40%，具有高等教育文化程度人口为 2 亿左右，这一数量相当于现在位居全球第五的巴西人口总数。

人口的结构性变化，将从需求和供给两个方面对我国服务业发展产生重大影响。其中，老龄化进程的加快，并伴随空巢家庭的增多，居民将更加重视生活质量，从而对现有的服务内容及提供方式提出新的要求。值得注意的是，老年人群实际上处于不断变化之中，“50 后”低龄老年人相对而言具有一定消费能力，更容易接受新的消费方式，有利于催生新的社会化服务需求，带动服务业结构调整升级。另外，在人口大国向人力资本强国转变的过程中，将更加注重优先投资于人，有利于扩大中高端人力资源的规模，从而为我国服务业发展提供持续的智力支持。

（四）新型城镇化快速推进将为服务业发展提供广阔空间

继 2011 年我国城镇化率突破 50% 之后，2015 年城镇化率上升到 56.1%，比改革开放初期提高 38 个百分点。但是，我国城镇化发展质量不高，户籍人口城镇化率刚过 40%，不仅远低于发达国家 80% 的平均水平，也低于人均收入与我国相近的发展中国家 60% 的平均水平，城镇化发展由速度型向质量型转变势在必行。为此，需要推进以人为核心的新型城镇化建设，更加重视公平共享、四化同步、集约高效、绿色低碳以及文化传承。

可以预见，到 2020 年，我国常住人口城镇化率将达到 60%，户籍人口城镇化率为 45% 左右，约有 1 亿农业转移人口和其他常住人口落户城镇。这一方面将会增加城镇基础设施、住宅、公共服务设施等大量投资需求，并加快创新要素集聚和知识传播扩散，对于发展流通、生产以及社会服务业将起到重要作用；另一方面，也将创造更多就业机会和扩大中等收入群体，促进消费结构升级和消费潜力释放，从而有利于居民服务业的发展。另外，随着未来五年“两横三纵”城镇化战略格局的形成，城市群集聚经济、人口的能力将明显增强，城市规模结构更趋完善，大中小城市和小城镇将实现合理分工、协调发展。这些都有利于增强大城市生产性、流通性服务业的发展能级，并充分借助城市群内城市之间的经济联系，促进服务业网络化发展。

（五）新一轮科技革命浪潮将为服务业创新发展奠定技术基础

随着新一轮科技革命的深入开展，科技创新呈现出学科交叉融合、边界日趋模糊、领域不断延伸的新趋势，原创成果转化及产业化应用的周期明显缩短、效率大幅提升。目前来看，无论是科技成果本身还是所影响的生产生活，都在发生着一场未知远大于已知的变革。

一方面，新一轮科技革命将成为包括服务业在内的整个经济转型升级的驱动力量。新技术替代旧技术、智能型技术替代劳动密集型技术的趋势明显，特别是移动互联网、云计算、大数据、物联网等信息技术的广泛普及和深度应用，将成为推动经济社会发展的基础架构和标配。这些新的信息技术以近乎零边际成本的方式生产并共享着商品和服务，不仅前所未有地重塑消费领域，还将颠覆传统产业的发展方式。在产业内部，互联网产业链将会进行更广泛的垂直整合；而在产业外部，互联网与传统产业的跨界融合将进一步加速。

另一方面，新一轮科技革命将使服务业分工继续深化，激发服务领域的持续创新。在服务内容、服务供给主体及提供方式等方面赋予新的内涵，将促使产业价值链分解出更多新的服务业态，商业模式、运作方式、管理方式上的更新迭代也将成为常态；与此同时，还会促进一大批新兴服务业的崛起和发展，带动服务业生产效率和竞争力的提升。

（六）培育国际竞争新优势、凸显中国影响力亟待弥补服务业短板

未来一段时间，经济全球化和区域经济一体化步伐将会加快，围绕人才、技术、品牌等知识性生产要素的争夺将更加激烈。我国长期依赖的比较优势，在国际分工和全球产业链中既会面临发达国家贸易保护主义的打压，同时也会被其他新兴市场国家所切割。为应对这种“前后夹击”的双重挑战，就要加快培育形成国际竞争新优势，在体现资源配置实力和创新能力的服务业领域抢占发展制高点，赢得大国竞争中的战略主动。同时，随着各种标准更高的双边和区域贸易投资协定谈判的深入推进，需要我国实施更加积极主动的开放战略，统筹服务业国内发展和对外开放，在扩大开放中壮大服务业，在服务业发展中提升开放水平，锻造经济的持续竞争优势。

此外，随着综合国力的增强，中国因素的全球影响将会更加凸显，中国的发展经验、文化和价值观也将受到更大关注。中国将成为决定国际形势走向的重要变量，有条件提出更多全球治理主张并担当建设性的领导作用。世界与中国的互动进入新阶段，相互适应需要迈上新台阶。这也需要全面提升服务业发展水平，为"中国制造"走出去注入服务含量，为全方位、系统地参与全球治理贡献高质量的智力资源，为提供与自身发展实力相符的全球公共服务奠定基础。

三、"十三五"时期推动我国服务业发展的政策建议

（一）有针对性地推动不同类型服务业的发展

第一，以提升生产率水平为重心，促进流通服务业发展稳中提质。推动流通方式创新和产业融合发展，提高流通服务业的信息化、智能化水平。培育和壮大各类流通主体，降低流通成本，提高流通效率。第二，以产业转型升级需求为导向，进一步提升生产服务业发展水平和竞争能力。紧扣产业价值链的核心环节，加强生产服务业的技术、管理和商业模式创新。支持生产服务领域的创业和中小企业快速成长，发展新兴生产服务业态。第三，顺应居民消费结构升级和消费观念转变，促进居民服务业健康发展。进一步丰富服务内容、创新服务方式、增进服务体验，更好地满足居民多层次服务消费的便利性。第四，在加大政府财政投入力度的同时，鼓励民间资本进入，实现社会服务业多元化稳步发展。合理界定公共服务职能和公益性质，推动社会服务领域公共服务与市场化服务并行发展。

（二）推进服务业供给侧改革创新

第一，进一步放开服务业市场准入。在自由贸易试验区建设的基础上，加快复制和推广负面清单的准入管理模式，为各类服务业市场主体创造公开、平等、规范的准入制度。对现有的各类行政审批统一建章立制，优化审批流程、缩短审批时限，降低服务业市场主体的制度性交易成本。在准入条件上，减少或降低经济性要求，完善安全、环保、技术等方面的要求。第二，加快转变服务业监管方式。切实扭转以检代管、以罚代管的局面，着力促进监管方式和手段的改革创新。全面规范和监督自由裁量权，加强监管执法部门的信息共享和联合执法，加大对服务业市场主体经营行为的监管，建立守信激励和失信惩戒机制。强化社会化监

管。第三，切实营造鼓励创新、宽容失败的体制环境。鼓励创投引导资金更多向创新型服务企业初创成长的“前端”倾斜。同时，促进新兴服务行业和业态的知识产权保护与运用。建立统一的知识产权行政管理和执法体制，依法严厉打击各类侵权行为。鼓励和支持服务业市场主体健全技术资料与商业秘密管理制度，建立和完善知识产权交易市场，大力发展知识产权中介服务，加快数字版权保护技术的研发，推进服务内容、商业模式创新知识产权保护的制度化进程。第四，着力培育和发展多样化的服务主体。鼓励和引导适合行业特性的服务主体加快发展。深化服务领域的国有企业和事业单位改革，以有效竞争为目标导向，形成兼顾规模经济和竞争活力的市场格局。

（三）进一步完善服务业发展的政策体系

第一，加大服务业人力资本投资。扭转“重设备不重人”的政策导向，适应服务业企业“轻资产”的特点，推动资源要素向激励人才的方向倾斜。完善人才培养和激励机制，创新校企联合培养人才模式，支持科研人员兼职和离岗创业，建立高校、科研院所与企业创业创新人才双向流动的长效机制。探索实施人才培训福利计划，鼓励应用型、技能型、复合型人才脱颖而出。积极吸引海外高层次服务业人才和创新科研团队，尽快完善引进人才在居留和出入境、落户、税收、医疗等方面的政策，加快高层次人才集聚。第二，完善有利于服务业发展的税收政策。增强税收中性，推动增值税立法。优化服务贸易出口退税方式，适当扩大期末留抵退税政策和出口服务零税率的适用范围，提高我国服务贸易的竞争力。延长企业所得税税前弥补亏损的年限，加大企业在研发投入、员工培训、技术改造等方面的税收激励，进一步鼓励新兴服务行业和业态投资。第三，创新多样化的金融服务。在服务实体经济的同时，实现金融业的良性发展。鼓励商业银行按照风险可控、商业可持续原则，开发适合服务业特点的金融产品和服务。第四，扩大服务业对内对外开放。大力清除隐形市场壁垒，鼓励各类服务要素跨地区自由流动。进一步优化服务贸易结构，适当扩大新兴生产性服务要素进口，充分发挥技术和知识溢出效应，改善服务业供给结构；借助自由贸易试验区打造更高层次的服务出口产业集群，为中国制造走出去提供服务支持。借鉴国际上高水平自贸协定的经验，在互惠互利基础上推动我国与贸易伙伴国之间的贸易投资自由化和便利化，提升国际服务业产业转移层次，鼓励更多有实力的服务业企业拓展海外市场。第五，进一步改善服务业基础设施。继续加强综合交通运输体系、城市公用服务设施等方面的建设力度，全面推进“三网融合”相关技术发展及应用，推进下一代互联网规模化商用，进一步提高城乡宽带网络普及水平和接入能力。健全现代商品流通和物流服务体系，推动全国骨干流通网络建设和城市物流配送体系建设。

（四）强化服务业发展的保障措施

第一，构建公平共享、竞争有序的服务业发展环境。引入公平竞争机制，防止服务市场上的垄断行为，为消费者提供更多的服务选择。加强对新兴服务行业和业态的安全、技术、服务等标准制定，更好地引导服务创新的市场化及产业化。大力运用互联网、大数据等技术手段，加快服务领域的诚信体系建设，加强市场监督和消费者保护。第二，健全服务业和服务贸易统计制度。进一步研究和完善统计调查方法和指标体系，改进现行服务行业增加值的核算办法、基础数据采集方法以及服务业统计工作的组织实施。积极研究和参与国际贸易增加值统计改革。完善服务业主管部门、统计部门和主要行业协会的信息沟通机制，健全服务业发展监测体系，及时准确地反映最新动向和发展趋势。

创新是促进服务业发展的关键

上海市人民政府发展研究中心　周振华

服务业发展，作为一种重大结构性转换，可能会面临鲍莫尔称之为服务部门"成本病"的瓶颈制约，即服务业比重居高而劳动生产率较低，导致经济增长收敛于较低水平。服务业发展中的创新驱动，将给服务生产与消费带来一系列重大变化，有些甚至是突破性的变革，是克服和解决服务部门"成本病"，提高服务部门比较劳动生产率的主要途径和手段。因此，人们越来越重视服务创新本身以及服务创新对其他产业部门创新的重要推动作用，服务创新的重要性得到越来越多的认同，并被上升到经济发展战略的层次上加以认识。自20世纪90年代以来，发达国家普遍加大了服务的R&D投入，服务业研发活动和投资急剧增长。与此同时，服务业投入中无形资产比重增长迅速，更多地投向数据库及信息数据、研发、培训、品牌、机构等方面。当前，我国服务业迅速发展，但不能只看服务业比重的提高，更要关注服务创新驱动，使其成为促进服务业发展的关键。

服务创新是一种"供应商技术主导型"的创新，不能简单地用制造业创新的技术方法来观察和衡量，而要全面认识和深入理解其内涵及特性。尽管现代信息技术运用从根本上解决了服务活动最为依赖的信息、知识处理与传递问题，从而引起一系列服务方式变化，但并没有由此而改变服务基本特性，即服务是一种标准、一种概念、一种过程。服务在本质上作为一个过程，而且是一个众多外部与内部行为者交互作用的"合作生产"过程，更多的是一个非标准化的、较大随机性的"合作生产"过程，内在规定了现代信息技术运用主导的服务创新，具有不同于一般实物产品及其技术创新的独特性质。

当服务创新发生时，既是产品的改变，同时也是过程的改变，很难在产品创新和过程创新中划出一条明显的界限。因此，服务创新作为一种过程性活动，很大程度上是一种"概念化创新"，其更多是一种需求方现象，其顾客导向性及其互动性非常明显。特别在那些不具有明显有形特性或容易被竞争者产品替代的服务中，服务提供者与顾客间的界面就显得更为重要。若没有客户的参与，或客户不满意，服务创新都很难完成。这种基于顾客导向及互动的服务创新，关键在于形成服务企业与顾客之间的合作创新界面。任何一种新服务的概念创新，势必要求服务提供者和服务接受者交互作用方式的改变，构建新的交互界面。也就是，服务提供者与顾客之间交流和相互作用的界面，已成为服务创新的一个主要来源，并演变为整个服务业创新的普遍现象。为此，必须是通过对市场需求的扫描和分析来发现与挖掘创新来源，特别是掌握潜在顾客是谁、在哪里，并与顾客进行有效的交流与沟通，针对顾客的偏好和需求采取适当的交流方式，更多投资于顾客关系建设，不断开发新的顾客交互作用方式。那些脱离市场变化、顾客要求以及竞争者行为，只是简单“批发”、套用服务新概念，或凭主观想象力和所谓“创意”提出服务新概念，以及过度开发新服务概念，并不表现为服务创新的内部与外部交互作用的复杂过程，难以取得应有的成效。

由于服务生产与消费的特殊性，服务企业的员工大多是直接面对顾客的，因此“服务传递系统”的核心要素是企业员工的能力与作用。服务企业的员工可以根据自己的专业知识和经验，通过与顾客的紧密接触而主动发现新问题、激发产生大量创新思想并付诸实施，实际上扮演着“内部企业家”的角色，在服务创新过程中具有独特关键的作用，是一种有价值的内部驱动力。由于服务创新过程通常是一个松散连续的过程，所以要通过合适的组织安排、管理和协调，同时给予员工适度的自主权，确保企业员工有效地发挥作用，完成工作并开发和提供创新服务产品。同时，经理和员工以正式与非正式的方式参与到交互作用之中，形成一个集体性、非系统性的创新过程。所谓的组织创新无非是为了提供创新性服务和提高服务效率而改变其组织结构或者设计新的组织结构，以便增强员工的业务能力和技巧，更好地发挥员工的创造性。与此同时，这也取决于顾客的能力。因为创新服务的流动，会受到顾客使用新服务能力的限制。总之，与顾客交互作用及顾客的能力对创新的成功有重要影响。正如有关专家所指出的，推动创新首要的是对市场的关注，以及通过教育和帮助加强用户参与。

另外，制度环境的变化对服务企业创新活动的影响，通常比制造企业更大。服务创新环境的改善，将促进服务创新过程的系统一体化与扩展的网络化，进而促进创新效率提升。

以新的技术机会（现代信息技术运用）为基础的服务创新，同时又作为一种需求方现象，决定了其创新过程更具复杂性，主要体现在实施过程的灵活性上，并由此带来服务创新形式及其成果的多样性，或是新服务产品的创新、新知识和信息的产生、新的解决方案和新途径；或是服务员工的新行为方式、新的组织形式、新的市场创造等。因此，服务创新的新颖度范围很广泛，不仅包括全新服务的重大创新、引入新服务的创始业务和模仿创新等明显变化，也包括现有服务扩展、服务改进、服务风格和形式变化等程度较小、渐进性的变化。但我们同时要看到，尽管服务创新范围较为宽广，但很多服务创新是根据顾客需求及本企业特点开发的，经常是针对客户问题的一种解决方案和办法，具有较强的针对性和特殊性，甚至这种变化只是偶然性的随机现象而不是持久的可重复变化，因此除了通用性较强的新型服务模式或新型业态外，大部分服务创新具有较强的异质性，难以在整个部门内得以扩散。这就决定了服务企业为应对激烈竞争环境必须不断更新和改进服务概念或服务提交系统，从而使服务创新成为服务运营管理的核心。

服务创新模式作为一种基于服务创新活动的抽象范式，具有相对稳定的共性。一般来说，具有创新意识的服务企业通常会把创新目标纳入正式的战略规划中，并形成针对创新活动的管理概念。与此相配合，自觉遵循外部制度环境和社会一般规则、惯例的演变规律和趋势，包括政治环境、管制规则等变化，按照其服务专业（如法律、医疗、金融、交通）中的一般性知识、基本方法和行为准则，针对市场需求作出积极反应，对竞争者的服务创新进行学习与模仿、再创新，充分利用相关管理部门的激励机制（如公共部门购买服务）及其提供的服务（如知识传播以及培训等），通过对组织的变革以及新市场的开发、运作和传递过程的改进而促使创新发生。然而，置于一定时空之中的服务创新会呈现出不同类型，是动态变化的，特别是在新的环境条件下，服务创新模式具有明显的发展取向性。

服务创新在内容结构上可分为两类：根本创新和附加创新。前者是对核心服务进行重大创新，使整个服务的性质、特征和功能都发生变化，形成了顾客以前无法获得的服务或新的服务传递系统；后者只是外围服务发生变化，是对已有服务的改进。目前，在服务信息化和服务标准化日益推进的情况下，通过附加服务创新不断走向根本服务创新的动态服务创新模式越来越普遍化，成为一个重要发展取向。从附加服务创新不断走向根本服务创新的关键，在于提高技术化与标准化水平，两者缺一不可。如果只是提高标准化水平而缺乏技术激活或技术水平低下，那么就难以形成新的服务，不过是在相关的服务范围内通过市场细分而增加服务创新内容而已。如果只是提高技术化水平而服务标准化水平低下，虽然可能形成新的“自助服务”类型，但往往导致服务质量不稳定，事实上也会使技术运用受到较大限制。因此，只有同时增大技术化倾向与提高标准化水平并使这两种“力”

的合成驱动，才能走向根本服务创新，即不仅有根据不同类型客户和复杂的适用领域而设计出与竞争对手不同的服务产品的专门化创新，而且有引入新的流程创新或对原有流程根本性改进的创新，还有引入一些市场尚未定义的新服务、非差异化的功能性创新等，改变过去长期滞留于外围服务创新从而呈现附加创新较强、根本创新较弱的局面。

其次，有组织的战略创新模式也正成为一个重要发展取向。过去，有相当部分服务企业虽然有创新的意识和意愿，但缺乏明确的促进创新的战略引领，大都依赖作为个体的员工及其经验积累进行自发性的服务创新。由于缺乏战略和管理的指引，往往导致整个创新过程存在一定的混乱和低效率，并且存在不能完成整个创新过程的风险。现在，越来越多的服务企业认识到采取“有组织的战略创新模式”的重要性和必要性，开始从战略和管理上对创新活动进行调节和引导，从而使服务创新活动变得越来越系统化和正式化。在这个相当系统的创新模式中，战略和管理起着主导作用，特别是作为创新活动指导框架的战略，不仅使管理层可以进行科学决策，也使所有员工都参与到该战略活动中，激发员工的创新灵感。从某种意义上讲，遵循这种模式的创新过程会成为一种均衡的“企业家创新过程”。与此相适应，企业内部组织结构是有充分弹性的，更注重创新过程中的学习和知识积累，采取有效措施来促进隐性知识的解码和可复制性，在所有部门中实现知识共享，以促进服务创新的开展。

尽管服务与实物产品有很大的不同，但从满足消费者多样化与综合化需求来讲，企业对服务与实物产品的提供可以说是一个连续谱或连续体。因此随着消费需求多样化与综合化的发展，服务与产品组合式创新模式也日益成为一种发展取向。这种创新模式以消费者需求为驱动力，通过提供多种产品与服务的组合来设计一套完整的服务与解决方案，重点考虑的是其产品与服务的组合适合整个解决方案链条中的哪一个环节，甚至要跨越整个产业链来寻找解决用户主要问题的答案。为此，它必须通过有效的市场调查，深入研究消费者以便确定和理解其消费需求，然后尽情发挥想象力，通过融合不同商品与服务以满足其需求，并借助于信息网络和信息化手段，通过与产品供应商和维修服务商等建立紧密的合作关系，实行跨企业、跨产业的产品与服务的组合。显然，这与仅从企业角度出发简单捆绑自身所能提供产品或服务的销售策略有着本质的区别。它在更大范围内打破原来的产业链体系，重构新的价值创造网络，创造出更多新服务和服务消费方式。因为，它不仅仅增强提供产品和服务的能力，使消费者能够获得物美价廉的产品和服务，还包括为消费者提供解决方案的创新体验，并且将其融入人们生活方式的能力。

在信息化大力支撑下，服务网络创新模式也正在不断兴起，特别是在旅游业和某些金融集团中经常采取这一创新模式。这种服务网络创新模式是由很多服务企业联合形成一个共同的网络企业来进行创新，是服务企业将创新活动及其与行为者和轨道的关系置于专业化创新组织中的模式。这一网络企业实质上是一个专业化创新组织，原则上应设有自己专门的 R&D 部门，代表网络中的成员企业进行创新。它从事的服务创新是以网络成员企业（即客户）需求为导向的，为其所用的，或者诱发成员企业的创新，所以只与成员企业发生相互作用，而不是直接面向顾客或供应商的。这种服务网络创新模式代表着服务创新的一个发展方向，具有较大的潜力。

从未来发展要求看，可持续服务创新模式也将成为一种发展取向。服务的生产与消费也是建立在相应物质条件基础上的，许多服务的生产、传递同样伴随相应物质消耗，不少服务消费也要借助于相应的物质消耗。随着生态环境保护意识的增强，人们越来越认识到服务生产与消费中生态环境保护的必要性和重要性，进一步提出了可持续服务创新（Service Innovation for Sustainability，SIS）的理念，主要是指运用可持续发展的观点来指导企业的服务经营活动，在服务开发设计和服务生产过程中要综合考虑企业利益、社会利益和环境利益，强调在保护环境质量的前提下提供最大限度满足顾客需求的服务。为此，在服务的开发设计与生产上综合考虑环境的因素，尽量提供符合消费者需求的“绿色服务”；通过新的服务方式，如电子传递的方式等，尽量减少服务传递给消费者的过程中涉及的不同种类和数量的实物消耗；通过提高质量或延长效应的服务来满足消费者的连续需求，从而减少消费对环境的影响；通过一种激励机制提供产品共享服务来提高产品的利用率，达到保护环境的目的；针对某些特殊产品由于其特殊性能及消费者的不当使用或低效使用所造成的环境影响，为消费者提供一种“全程服务”的解决方案；在确保不降低服务标准的前提下，尽可能实施再使用和循环使用以实现物质耗费减量化；在服务过程中，尽量采用对环境污染少或可以再生利用的物品作为某些物品的替代物等。

坚持质量至上推动服务业优质高效发展

质检总局质量管理司　黄国梁

《服务业创新发展大纲（2017—2025年）》（以下简称《大纲》）规划了未来一个时期我国服务业总体发展路径。服务业的快速发展，有利于推动产业升级、结构优化和经济转型，促进经济持续健康稳定增长，打造中国服务品牌，提高服务经济发展质量，将为实现"两个一百年"的奋斗目标提供新动力。

一、质量是现代服务业发展的核心竞争力

（一）服务业比重扩大是现代经济发展的重要标志

自20世纪80年代开始，全球产业结构呈现出"工业经济"向"服务经济"转型的大趋势。特别是进入新世纪以来，在全球范围内出现了服务业加速发展的新态势。目前发达国家服务业增加值占GDP的比重已经接近或超过70%。据世界银行统计，2014年发达国家服务业增加值占GDP的比重已达73.9%。如，英国服务业增加值比重从1995年的68.5%提高到2015年的79.2%；美国从1997年的74.7%提高到2014年的78.0%。中等收入国家和发展中国家的服务业增加值占GDP的比重从1995年的46.8%提高到2015年的57.4%。如，印度从46.3%提高到52.6%；中国从33.7%提高到50.5%。在全球范围内，服务业活动正成为越来越多国家社会财富的主要创造者和引领全球经济发展的主要推动者。

（二）服务业发展是产业转型升级的有效动力

服务业依托信息技术和现代管理理念而发展，以人力资本为基本要素，和谐、绿色、可持续，效率更高，为新常态下产业转型升级提供了新动力。一方面，生产性服务业对制造业迈向中高端具有促进作用。在全球价值链中，发达国家依靠研发设计、商务服务、市场营销等领先优势，主导着全球生产网络和产品价值链，提高了产业发展质量和资源配置效率，获取了超额的经济效益。以金融、综合研究和科学技术、软件和信息服务业为核心的现代生产性服务业能向制造业输送资

金、技术、知识等高端生产要素。制造业企业发展基于产品的增值服务或以服务为导向的解决方案，可以增加产品的差异化优势，全面提升客户体验，实现集成集约发展。目前，我国制造业产业在全球产业链分工中仍然处于中低端，发展生产性服务业是促进我国经济提质增效升级的突破口。另一方面，生活性服务业能够更好对接服务消费升级，保障就业和改善民生。当前，随着人均可支配收入提高和中等收入人群规模扩大，人民群众的生活消费方式由生存型、传统型、物质型向发展型、现代型、质量型转变。信息网络技术不断突破拓展了服务消费新渠道，新型城镇化等国家重大战略实施扩展了服务消费新空间。积极培育新业态、新模式，推动生活性服务业向标准化、精细化和高品质发展，全面提升生活性服务业质量和效益，能为经济发展新常态下扩大消费需求、拉动经济增长、转变发展方式、促进社会和谐提供有力支撑，并输入持续动力。

（三）服务业增长体现出质量竞争的显著特征

服务具有无形性、异质性、不可分割性、易逝性等诸多特性，它必须在买卖双方达成一致的数量与质量认知后方可成交。人们购买服务是为了改善生活质量，既注重可靠性，也注重服务过程的感受。因此，服务业中的交易需在合意的质量水平下方能顺利达成，质量对服务业的影响比质量对制造业经济的影响更直观。从这个意义上来看，服务经济本质上是质量经济，如果质量发展跟不上，只有量的增长而缺乏质的提升，服务经济将不可持续。调查显示，我国大量服务企业尚未建立起基础的质量管理体系，质量方法工具的应用率也远远低于制造业企业，服务业一线从业人员质量意识不强，不利于我国服务业的健康发展。服务业的特性需要我们从行业发展业态和实际出发，更新服务质量理念，创新服务质量管理，提升服务质量水平。《大纲》从宏观和微观层面，凝聚了我国服务质量管理的新理念、新方法，必将有力推动服务业优质高效发展。

（四）提升服务质量是增强服务业竞争力的通行做法

服务质量是一个综合反映服务业整体状况的经济技术指标。以质量提升推动服务业发展是发达国家的通行做法。美国是世界上较早大规模运用顾客满意度指数（CSI）模型监测服务质量的国家，其连续多年对交通运输、健康服务、餐饮住宿等重点服务行业进行满意度测评，测评结果与上市公司所在行业发展呈现出较高一致性，得到广泛认可和采信，被称为产业发展的晴雨表。欧盟重视运用标准手段建立统一市场，提升整体服务业竞争力。2006 年欧盟颁布的《关于内部市场服务业指令的第 2006/123/EC 号欧洲议会和理事会指令》，对服务质量提出大量要求，鼓励服务提供者“拟定自己的质量宪章或由共同体层面的专业团体拟定质量宪章或品质标签”。日本在“新经济增长战略”中制定了一系列旨在使服务业提高质量和生产率的强化措施，主要包括鼓励在传统上依靠经验和感觉进行管理的服务业采用科学管理方法，建立服务业认证制度，使服务质量信息能传递给消费者等。可以说，随着世界各国进入服务业主导阶段，提升服务质量已成为普遍共识。

二、我国服务业质量和效率亟待大幅提升

向服务业转型的结构性变革是新常态下中国经济面临的重大课题，服务经济将与全球化、城镇化、工业化、信息化一道，成为不可逆转的客观发展趋势。近年来，我国服务业发展势头迅猛。2013年，服务业增加值比重达到46.1%，首次超过第二产业，2016年达到了51.6%。我国服务业质量在不断地上升，保持着稳中有升、稳中向好的发展态势。但是结构不尽合理，有效供给不足、质量水平不高、竞争力不强等问题还比较突出。主要表现在以下几个方面：

（一）服务业整体发展水平不高

一是附加值率比较低。研究显示，美国、法国、德国、日本等发达国家的服务业附加值率基本上达到60%以上，而我国服务业某些行业附加值率的最高水平（2010年）只有55%，最低的不到10%。二是全员劳动生产率不高。2008年我国服务业全员劳动生产率为27.30万元/人，远低于欧洲各国、美国和日本，与韩国持平，高于俄罗斯。分行业来看，运输、仓储和通信行业全员劳动生产率不到日本的1/3，金融中介行业全员劳动生产率刚到荷兰的1/3，房地产、租赁及商务活动行业全员劳动生产率不到法国的1/5。三是品牌竞争力不强。在福布斯发布的全球最具价值品牌100强中，我国服务业品牌入榜数及入榜品牌价值占比均明显低于美国，特别是批发和零售业，交通运输、仓储和邮政业，住宿和餐饮业，与美国存在较大差距。以检验检测为例，我国3万余家检验检测机构品牌影响较小，检验检测能力不足，呈现小、散、弱的状态。在我国的外资检验检测机构有187家，虽仅占机构数量的0.6%，但市场份额接近7.6%。由于品牌和质量管理水平的劣势，我国检验检测机构与外资机构的差距极为明显。

（二）服务业质量问题比较突出

服务质量安全事件时有发生，投诉率居高不下，严重损害人民群众的切身利益，受到全社会的广泛关注。数据显示，2015年服务业万人投诉量为2.4，同比上

升 15.38%，再创历史新高。在各类服务投诉中，远程购物、移动电话服务、经营性互联网服务等领域处于投诉量前列。电子商务、移动通信等相关领域投诉量也快速增长，这在很大程度上会影响公众对新兴业态发展的信心，制约行业的可持续发展。

（三）服务企业质量基础薄弱

整体上看，我国大部分服务业企业以中小企业为主，产业集中度低，难以形成规模效应，企业质量意识与管理整体较为薄弱。企业关注更多的是生存问题而非质量提升，质量发展的原动力不足。批发零售、教育医疗等行业受覆盖半径所限，形成天然区域垄断，难以进行充分的质量竞争。由于标准缺失或标准执行不严，部分企业通过降低甚至放弃标准要求来谋取短期市场竞争优势，扰乱了正常市场秩序。企业缺乏提升质量的压力和动力，导致优质服务供给不足与低端服务低质低价、恶性竞争问题并存。

（四）服务贸易竞争力不强

一方面，我国服务对外贸易逆差规模巨大。自 1992 年以来，我国服务贸易长期处于逆差状态。2016 年我国服务贸易逆差总额达到 2601 亿美元，贸易逆差主要集中在交通运输、仓储和邮政业以及旅游业。另一方面，我国服务贸易国际竞争力较弱。研究显示，我国服务贸易竞争力指数远小于制造业贸易竞争力指数。从中国服务走出去的具体领域来看，我国服务贸易出口主要集中在租赁和商务服务业、批发和零售等劳动密集型服务业，而信息传输、计算机服务和软件业等知识密集型服务业规模较小，竞争力不强。

三、从供给侧入手提升服务业质量

服务业存在的质量问题，既与服务业发展的历史阶段有关，也与我国服务业质量治理体系不健全有关。当前，创新、人才、文化等已经成为制约我国服务质量提升的关键因素，实施《大纲》，要在关键要素上下功夫、求突破。

（一）要大力推动服务方式创新，制定标准使其规范发展

创新是时代的主题。大力发展服务业，提升服务质量也离不开创新。一方面，提升高端生产性服务业竞争力需要创新。据估算，在现代产业链中，生产所创造的价值占整体价值的 1/3，服务占 2/3。我国很多产业只是占据了“微笑曲线”中间低附加值的加工组装环节，尚未形成完整的产业链条和价值链条。要改变这种不利局面，必须依靠创新。另一方面，增加优质生活性服务供给需要创新。当前，我国面临着高品质、高附加值的金融保险、教育文化、医疗保健、旅游养老等服务供给不足；一些传统服务行业顾客满意度不高，大量消费需求流向“海外”的问题。开发符合消费升级需求的新产品、新服务，增加优质服务供给都离不开创新。服务应围绕顾客显性、隐性需求，创新服务方式，并通过标准化使其规范发展。实施《大纲》，要着力改变服务业领域创新投入不足的现状，引导企业重视技术创新、管理创新、服务创新、模式创新，强化服务质量提升的科技支撑。

（二）要重视开展职业培训，提高从业人员职业道德

在服务提供过程中，从业人员的服务技能、服务意识和质量素养直接决定了服务供给的质量，最终影响顾客感知和评价。近年来，我国服务行业基础设施条件有了极大改善，提升从业人员素养成为服务质量提升的当务之急。2015 年公共服务质量监测结果显示，对于资源投入依赖程度较高的行业，其满意度相对较高，如公用设施服务、市容市貌、安全监管服务等；对于人员素养依赖程度较高的行业，其满意度相对较低，如环境治理、行政便民服务、医疗卫生等。从国外来看，服务业发达国家一般都重视人才培养。例如，日本设置了服务业创新支持资金，重点资助全行业通用的人才培育基础设施建设；韩国在《质量管理基础计划》中，特别提出要“培养服务领域的质量人力资源”。现代服务业态更多为专业化、智力型服务，对人员职业和道德素养的要求更高。传统服务业，特别是劳动密集型服务业要加强人员职业技能教育和专业知识培训。

（三）要充分发挥质量技术基础的支撑保障

国家质量技术基础（National Quality Infrastructure，NQI），包括计量、标准、认证认可、检验检测。它在提升服务业质量、保障和改善民生等方面发挥着重要的基础作用。在医疗卫生领域，癌症病人的放射治疗，要求患者所受剂量的不确定度在 5% 以内，精准的量化服务可以保障患者的剂量准确和放疗安全。除了计量和标准，认证也是保证服务质量、传递质量信息的重要工具。新加坡、韩国、香港、澳门等纷纷实施了服务之星、优质服务标识、诚信店等服务认证制度，国家“十三五”规划也提出“建立中国优质服务承诺标识与管理制度”，引领优质服务发展。抓好服务业质量技术基础建设，是实施《大纲》的重要切入点。

（四）要强化质量意识建设，培育先进质量文化

质量文化既是一种价值追求，也是一种行为规范。作为一种价值追求，先进质量文化是精益求精的“工匠精神”在服务业领域的拓展和深化。不论是让病人免于疾病之苦的医生，还是让餐桌美食姿态万千的雕刻师，乃至让城市环境更整洁的清洁工，无不需要“工匠精神”的专注、坚持和细腻。服务的提供是一个互动过程，如果缺少信任，服务过程就不会顺利，服务质量会打折扣，服务成本就会很高。《大纲》把加强社会信用体系建设作为重要任务来抓，通过完善奖惩机制，塑造服务质量文化，推动服务业健康发展。

四、推动服务业优质高效发展

面向未来，“服务经济”与“质量时代”将在我国形成历史性交汇。《大纲》明确提出，要坚持“市场主导，质量至上”，健全服务质量治理和促进体系，打造以标准质量品牌为核心的竞争优势。要把握大势，遵循规律，大力推动服务经济时代的改革创新，切实抓好质量标准品牌建设，不断强化服务业发展的新动能、新支撑。

（一）坚持质量至上理念

2014 年 12 月，习近平总书记首次提出“要坚持质量至上”的表述后，得到全社会的高度认同与积极响应，认为是新时期党中央和国务院对质量工作的高度凝结，是新常态下发展战略的重大理念创新。在全社会树立“质量至上”的理念，有助于体现服务业发展的价值导向，反映社会文明的价值追求，彰显中华民族精益求精、追求卓越的质量向往，必将引领未来中国经济破解发展难题，推动产业升级，改善民生福祉，增强发展动力。它是《大纲》的指南针与导航仪，也应当成为我国发展服务业的基本导向。

（二）实施以质取胜战略

促进服务业优质高效发展，是推进质量强国建设的应有之义。各地各部门都应该从战略上看待质量、谋划质量，把质量摆在中心位置、突出位置。要认真落实《大纲》以及推进质量强国建设关于服务业质量工作的部署和安排，结合本地服务业现状，深入开展质量强省、强市、强县活动，实施政府质量工作考核，真正把推动发展的立足点转到提高质量和效益上来。要牢固树立大质量的观念，凝聚部门合力，加大质量投入，实施服务质量提升工程，着力构建宏观管理、行业监管、社会共治、企业主体有机结合的质量发展新格局。

（三）增强企业内在活力

服务企业要在未来的竞争中立于不败之地，就要牢固树立诚实守信、持续改进、创新发展、追求卓越的质量精神，坚持科技创新与质量提升双轮驱动，围绕市场需求变化，推动流程再造与组织结构优化，大力发展网络化、连锁化、品牌化经营，促进线上线下互动发展，逐步向产业链、价值链中高端迈进。要牢牢抓住产业变革以及跨界融合发展的新机遇，广泛运用互联网、大数据、云计算等现代信息技术，推动业态创新、管理创新、服务创新。要大力推广优秀服务模式，提升管理水平，拓展服务维度，延伸服务链条。要把人才作为第一资源，加大培养力度，制定职业技能终身培训制度，持续提高从业人员质量素养与职业技能，不断增强企业提质增效的内生动力。

（四）树立市场质量导向

制度安排是市场运行的基石。要打破服务业“监管、主办、采购”相互交织的利益链条，推动形成以质定价、优质优价的竞争规则，建立质量与利润正向挂钩机制。要积极推广企业服务质量和标准自我声明公开和社会监督制度，探索建立优质服务承诺标识与管理体系，引领市场科学理性消费。要大力实施服务质量满意度提升行动，建立健全符合行业特点的服务质量测评体系。要稳步实施服务质量标杆引领计划，培育一批服务质量标杆企业。要实施品牌价值提升行动，创建一批高价值服务品牌，支持一批具有民族地域特色的服务品牌建设。要健全质量监督检查结果公开、质量安全事故强制报告、严重失信服务主体强制退出等制度。

（五）推进社会质量共治

共建、共治、共享、共赢是现代质量治理理念的核心体现。要加快构建责任清晰、多元参与、依法监管的服务质量治理和促进体系，培育形成以质取胜、优胜劣汰、激励相容的良性发展机制。要健全消费者维权机制，畅通投诉举报渠道，降低维权成本。要按照政府购买服务的方式，加大服务质量随机抽查力度，健全服务质量风险监测机制，完善质量安全举报核查与协同处理制度。要推广服务质量社会监督员制度，鼓励第三方服务质量调查，加强行业自律和服务。要发挥新闻媒体舆论引导与监督作用，客观发布质量问题信息。

（六）完善质量发展基础

基础不牢，地动山摇。要建立跨部门、跨区域、跨行业的计量、标准、检验检测、认证认可服务信息平台，推行质量技术基础“一站式”服务。要开展服务标准化提升行动，健全服务标准规范体系。要开展服务质量监测能力提升行动，建设集监测、采信、分析、发布于一体的质量信息服务体系，建立行业质量安全数据库，有效防范服务质量安全风险。要引导高等院校、科研院所积极开展服务质量研究，不断推出优秀理论成果。要完善配套法律法规，加快推动质量促进立法，健全消费者权益保护制度。

（七）强化国际质量合作

合作共赢是当今时代的鲜明特征，开放包容是服务质量的核心要素。要深入推进服务领域对外开放，促进国内外企业同台竞技、你追我赶、竞合发展。要大力引入国外先进服务理念和技术，开展高水平人才国际交流，提升改造传统服务业，发展服务新兴业态。要鼓励优势服务企业走出去，以优质高效的服务，展示中华文明厚重绵长的历史底蕴，在崛起中蓄积由内而外的强大民族感召力。

质量发展是立业之本、转型之要。要唱响优质高效发展的主旋律，大力推进现代质量治理和促进体系建设，提升服务业质量标准品牌水平，塑造中国服务品牌，打造服务强国，为实现中华民族的伟大复兴而共同奋斗。

机构研究篇

全球服务业发展趋势
和中国在国际产业分工中的合理定位

麦肯锡课题组

一、全球视角下的服务业发展格局

（一）从总体规模看，服务业发挥着越加重要的作用

在全球经济增长放缓的大背景下，服务业增加值占全球 GDP 比重逐年上升，2009 年以后全球平均份额已达到 70%。后金融危机时代，全球商品贸易增长缓慢，商品、服务和金融贸易占全球 GDP 比重从 53% 的峰值下降为 2014 年的 39%，但服务贸易仍然维持了相对稳定的增长。2014 年全球服务贸易总额 98006.9 亿美元，同比增长 4.4%，高于世界贸易 3.2% 的增长水平。

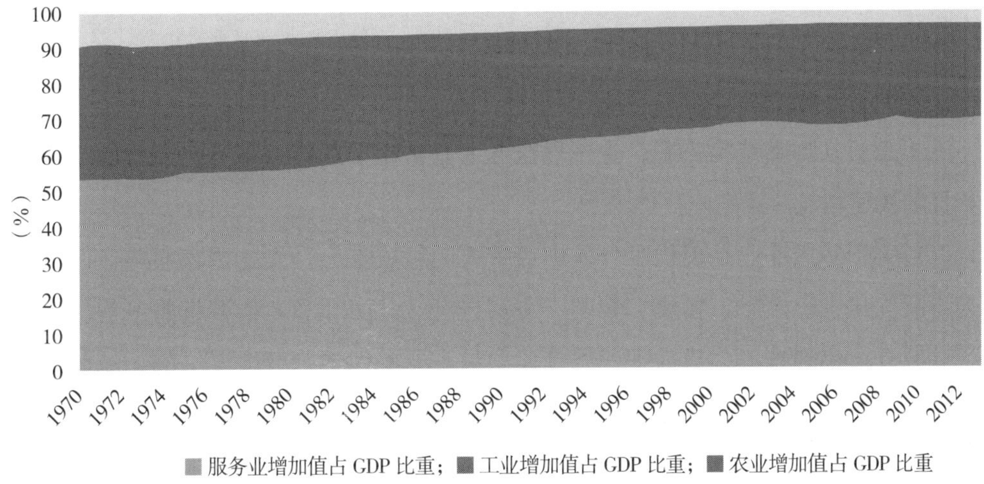

图 2-1　全球范围内服务业占 GDP 比重持续上升

资料来源：麦肯锡城市中国计划根据公开资料整理。

数据显示，2014 年美国、中国、德国、英国、法国、日本等居于全球服务贸易前六位的国家，占全球服务贸易的份额接近一半。据世界贸易组织（WTO）统计，2014 年中国服务贸易出口额与进口额的全球占比分别为 4.6% 和 8.1%，分别居全球第五位和第二位。

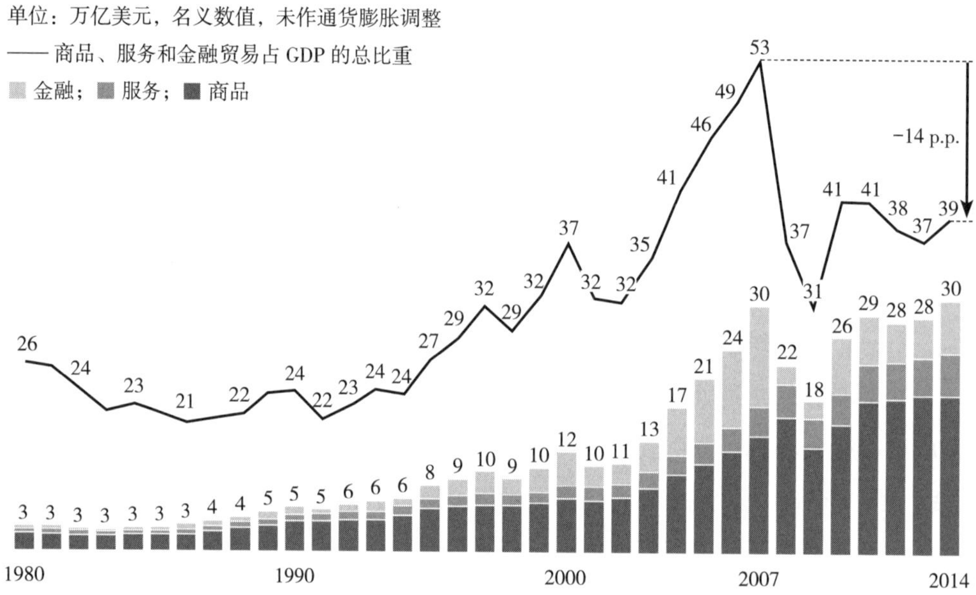

图 2-2　商品、服务和金融贸易流动规模（1980—2014 年）

资料来源：麦肯锡全球研究院根据 UNCTAD、IMF 和世界银行公开数据分析。

（二）从内部结构来看，生产性服务业是最重要的组成部分，新型数字化服务贡献快速增长

1. 生产性服务业是现代服务业中最重要的组成部分。发达国家服务业内部结构不断优化，以金融、物流、采购、咨询、设计、中介和专业咨询服务为主的生产性服务业迅速发展，成为现代服务业中最重要的组成部分。美国的物流服务、电信、软件、金融保险、科技服务等生产性服务业已占到了现代服务业总量的 60.9%。英国的金融保险、计算机服务、研发、物流、电信、商业服务等生产性服务业增加值已占到了现代服务业总量的 55%。在日本，商务服务、金融保险等生产性服务业增加值已占到了现代服务业总量的 60%。

表 2-1　美国各产业部门结构变化情况（以产业增加值计）

产业部门		1947年	1957年	1967年	1977年	1987年	1997年	2007年	2008年	2009年	2010年	2011年	2012年	2013年	2014年
第一产业		8.2	4.0	2.7	2.5	1.7	1.3	1.0	1.0	1.0	1.1	1.3	1.2	1.4	1.2
第二产业		33.0	36.0	33.3	30.7	26.0	22.6	21.5	21.0	19.7	19.8	20.0	20.0	20.0	20.0
第三产业（服务业）		59.0	60.2	64.0	66.6	72.4	76.0	77.6	77.9	79.2	79.0	78.6	78.9	78.6	78.6
在服务业中占比	流通服务	41.5	36.9	33.9	32.9	28.6	27.2	25.4	25.3	24.2	24.4	24.3	24.5	24.6	24.6
	生产服务	23.4	28.7	30.0	30.9	36.0	38.7	40.3	39.8	39.6	39.6	39.9	40.3	40.7	41.0
	私人服务	10.8	9.5	8.8	7.8	8.0	8.3	7.7	7.4	7.4	7.3	7.4	7.5	7.5	7.6
	社会服务	24.4	24.9	27.3	28.4	27.3	25.8	26.5	27.5	28.7	28.6	28.4	27.8	27.2	26.8

资料来源：上海经信委、上海科学技术情报研究所《2015 世界服务业发展动态》。

2. 传统服务业贡献度下降，数字化服务贡献快速增长。过去服务贸易往往是在人们通过周游世界传播专业技术时发生的。但现在金融服务、IT 支持、技术创新、工程设计和其他许多服务都可以通过数字化实现，数字化交易服务比过去 10 年翻了一番，2014 年达到 2.4 万亿美元，接近服务出口总额的 50%。

（三）从国别发展看，发达经济体服务业对全球的贡献更大，而新兴经济体正在加速追赶

2014 年，服务业增加值占 GDP 的比重，高收入国家为 74%，上中等收入国家为 57%，下中等收入国家为 52%，低收入国家为 48%。发达国家以服务业为主的产业结构长期保持稳定，对本国经济增长的贡献越来越大。

新兴经济体中服务业增速明显更高。例如，哥斯达黎加、印度、摩洛哥、菲律宾和南非等国家和地区，通过服务外包承接提供客户呼叫中心和技术援助服务给全球客户，获得了经济的高速增长。

（四）从流动格局来看，发达经济体依然占据主导地位，是主要的输出地，而新兴经济体则是主要的承接地

1. 从服务外包看，发达国家和地区是主要的服务外包输出地，在全球外包支出中，美国占了约 2/3，欧盟和日本占近 1/3，其他国家所占比例较小。亚洲是承接外包业务最多的地区，约占全球外包业务的 45%；印度是亚洲的外包中心，东欧是欧洲的外包中心，墨西哥是北美的外包中心。

2. 从跨国投资看，就吸引 FDI 情况看，全球服务业好于整体水平，发展中国家好于发达国家水平。根据 2015 年《世界投资报告》，2014 年全球 FDI 中服务业的份额达到 54.5%。新兴经济体在吸收和输出服务业 FDI 中所占的比重有所上升，2012—2014 年全球服务业 FDI 流向新兴经济体的部分占 60% 以上。

3. 从服务贸易流量看，最大的服务贸易交流出现在北美和西欧之间；其次是东北亚地区和北美，以及东欧和西欧之间。同时，全球服务贸易体现出高度集中的特征。2014 年服务贸易流动占全球服务贸易往来的比重，排名前 15 位的国家为 62%，排名在 15~35 的国家占据 23%，而余下的 13% 是其他所有国家的服务贸易流量。

（五）从价值链分工看，发达经济体占据上游地位，而新兴经济体的服务业则位于价值链的中下游

发达国家在知识、人才等方面比较优势显著，处在全球价值链分工的上游位置，新兴经济体服务业在全球价值链中的分工地位仍然远落后于发达国家。中国服务业整体和各细分行业 GVC 地位指数均较低。

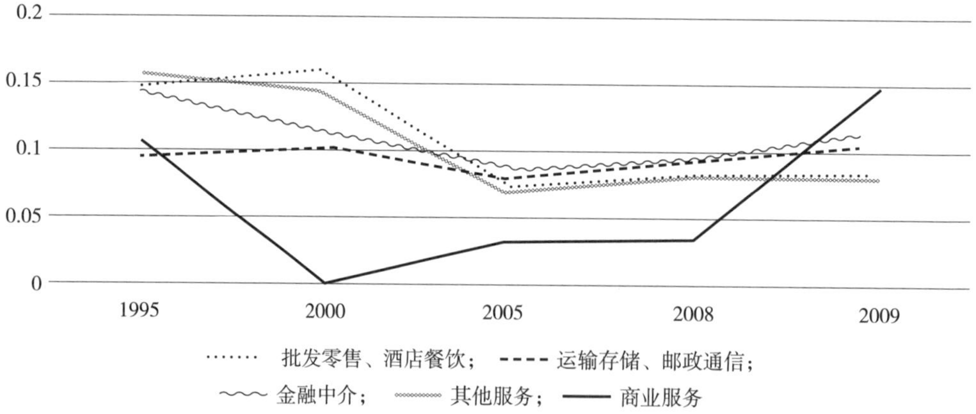

图 2-3　服务业各行业 GVC 地位指数变化

资料来源：根据 WTO-OECD 联合发布的 TIVA 数据计算得出。

表 2-2　十国服务业各行业 GVC 地位指数平均值和最高值

行业 年份	批发零售、酒店餐饮		运输存储、邮政通信		金融中介		商业服务		其他服务	
	平均值	最高值（国家）	平均值	最高值（国家）	平均值	最高值（国家）	平均值	最高值（国家）	平均值	最高值（国家）
2009	0.167	0.230 南非	0.172	0.245 日本	0.209	0.312 法国	0.176	0.234 南非	0.150	0.241 美国
2008	0.161	0.213 南非	0.159	0.234 日本	0.206	0.327 法国	0.158	0.219 法国	0.146	0.243 美国
2005	0.157	0.226 南非	0.156	0.248 日本	0.184	0.275 美国	0.161	0.235 日本	0.143	0.241 美国
2000	0.172	0.224 英国	0.162	0.236 日本	0.206	0.284 美国	0.169	0.234 日本	0.162	0.237 美国
1995	0.156	0.192 日本	0.150	0.230 美国	0.179	0.290 美国	0.155	0.227 日本	0.153	0.211 美国

资料来源：《我国服务业在全球价值链分工中的地位研究》，王厚双。

可以看出，各行业 GVC 地位指数最高的国家基本上集中在美国和日本两国，英国和法国在有些行业也表现突出。新兴经济体中只有南非在批发零售、酒店餐饮行业和商业服务行业表现突出。服务业比较优势仍然集中在发达国家。

1. 近 3/4 的跨国大企业在发达国家。全球范围内的大型企业是每个行业最具竞争力公司的典范。虽然新兴经济体在未来服务业中有较大发展空间，但目前 8000 家大型企业中有将近 3/4 在发达国家地区，占全球大企业合并收益的 76%。在全球大企业总部最集中的 25 个城市中，仅有 5 个位于新兴经济体。

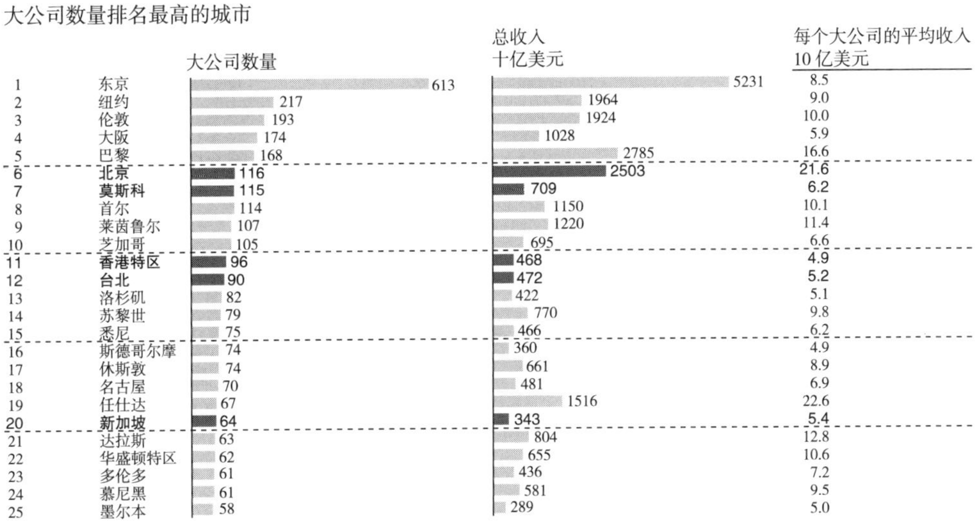

图 2-4　拥有最多大公司全球总部的前 25 个城市

资料来源：麦肯锡全球研究院。

2. 高附加值服务业集中在发达经济体的国际枢纽城市。国际大都市服务业高度集聚，服务业占 GDP 的比重超过 70%，生产性服务业占服务业的比重也超过 70%。其中纽约、伦敦、东京等城市服务业占 GDP 的比重超过 85%，服务业就业人数占总就业人数达到 70% 以上，尤其是中心城区服务业比重一般都在 90% 以上。从行业看，金融业、专业服务业等高附加值服务业占比大；从产业链环节看，集聚了研发设计、总部、销售、投融资等部门。

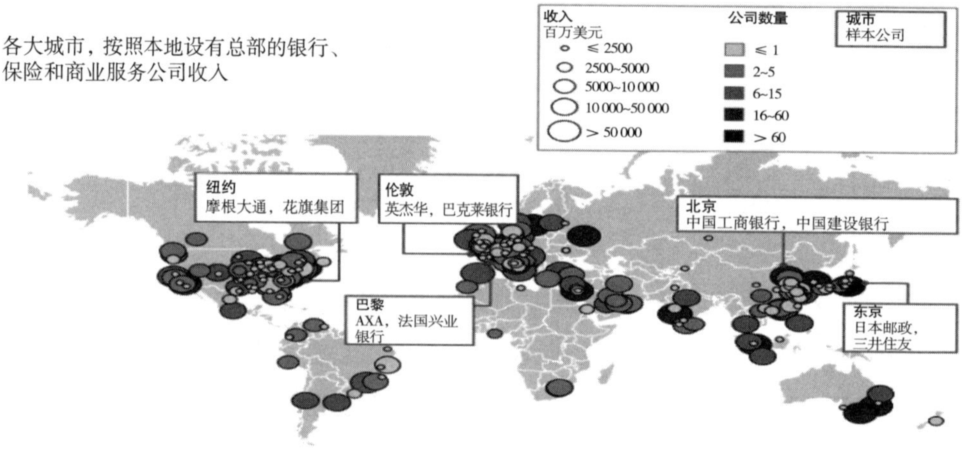

图 2-5　金融和商业服务集中在主要中心

资料来源：麦肯锡全球研究院。

3. 其他服务业态分布更加地方化。另外一些服务业的业态，包括医疗服务和基础设施服务，相对而言更地方化，其总部大量分布在全球各地的中等城市。零售和其他的服务业态的分布在两者之间，即地区性和全球性皆有。

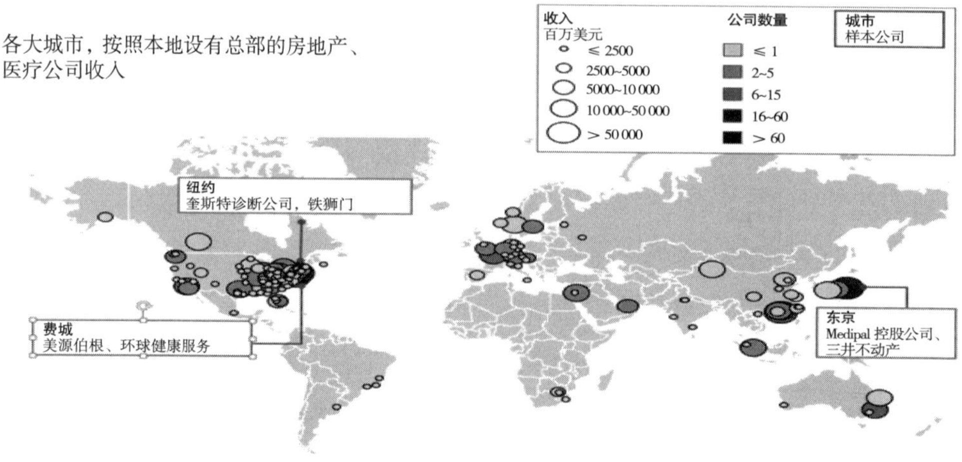

图 2-6　房地产和医疗公司分布

资料来源：麦肯锡全球研究院。

二、未来全球服务业发展的关键趋势

（一）从总体规模看，服务业在全球经济中的地位还将进一步提升，不同行业之间的整合程度也将不断深化

1. 预计未来 5~10 年，服务业将带来大规模的经济增长。经验表明，随着一国发展水平提升，服务业在本国经济中的地位越发重要，逐渐成为支撑经济发展的最重要力量。在中等收入国家，服务业几乎贡献了一半以上的经济增长与 80% 以上的就业增长。预计未来 5 年，服务业将带来 2 万亿美元的经济增长；未来 10 年，这个数字将达到 5 万亿 ~6 万亿美元。

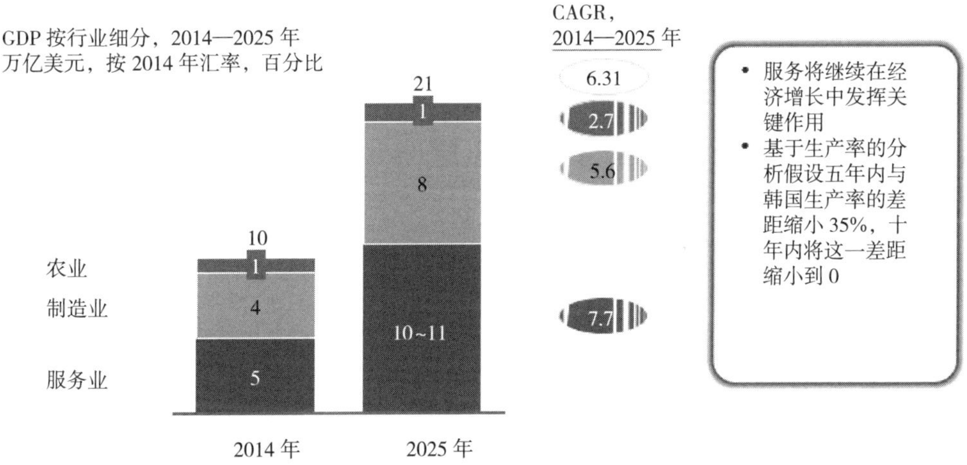

注：1. 基于全球洞察和麦肯锡全球研究院当前的预测。
2. 服务业占 GDP 比重：美国 78%，全球平均值 65%，韩国 59%。

图 2-7　未来服务业增长潜力预测

资料来源：麦肯锡全球研究院。

2. 信息技术与现代服务业加速融合，推动服务产品化。在信息技术支撑下，传统的产品开发、生产、交付的流程注入服务业发展模式中，现代服务业正朝着后台运营联合化、技术平台网络化、运作规程标准化、前台操作自助化的方向发展，整体上呈现“服务业产品化”趋势。

3. 现代服务业与制造业相互促进融合，推动服务型制造加快发展。制造业领域跨国公司的主营业务已经开始由制造向服务衍生和转移，服务在企业的销售额和利润中所占比重越来越高。德勤公司《基于全球服务业和零件管理调研》表明，在其调查的 80 家制造业公司中，服务收入占总销售收入的平均值超过 25%，有

19% 的制造业公司的服务收入超过总收入的 50%。

（二）从全球分工来看，高端服务业是未来国际产业转移的热点，新兴经济体将更多地参与服务业的国际转移

1. 高端服务业将会是未来产业转移的一个热点。服务业的转移趋势正从劳动、资本密集型服务业向知识密集型服务业转移发展。代表现代新知识、新技术的行业如金融、软件、电信、电子芯片设计、生物信息和法律服务等多个现代服务行业成为跨国公司转移的热点。

2. 新兴经济体承接服务业转移的步伐加快。发达国家的服务业开始呈现向发展中国家特别是印度、中国、爱尔兰、巴西等新兴经济体加快转移的趋势。在承接服务业离岸外包方面，发展中国家已占据主导，特别是印度，凭借其人力资源、语言、金融体制和政府支持等优势，承接外包独占鳌头。

3. 将有更多的大型服务企业设立在新兴国家和地区。MGI 研究表明，未来十年将有超出 45% 的世界 500 强企业会设立在新的地区，其中有超过 60% 的服务业企业。据麦肯锡预测，到 2025 年预计会新增 7000 个大型跨国服务业公司，其中 7/10 将出现在新的国家地区。

（三）从技术进步看，科技革命正在催生服务新业态，将为全球服务业的跨越式增长提供新机会

近年来，以物联网、互联网金融、众包、智能制造、共享经济、大数据和电子商务为代表的数字化业态与服务业深度融合，带来了商业模式的改变和商业价值的巨大提升。

1. 创新趋势之一——物联网发展推动全球服务业持续创新。物联网在工业、物流、能源、环境治理、城市建设等方面广泛应用，极大地提升了服务效率。

2. 创新趋势之二——互联网金融为金融业发展提供新动力。以“P2P 网贷”(peer to peer leading)“股权式众筹”为代表的互联网金融改变了传统的融资模式和金融服务方式。2009—2014 年，P2P 借贷市场年均增长率超过 150%。

3. 创新趋势之三——众包模式成为服务外包增长新引擎。近年来，众包在科学研究、产品研发、创新设计、文化创意等领域不断扩展。随着移动互联网普及，众包将发展为服务外包的一种主流模式。

4. 创新趋势之四——互联网智能制造是制造服务化新趋势。德国“工业 4.0”、美国“工业互联网”和“中国制造 2025”等重大国家战略，都是力求在智能制造方面引领世界先进水平。智能制造在企业层面已得到大量应用，是服务型制造的新方向。

5. 创新趋势之五——共享经济成为服务发展新模式。共享经济由虚拟资源领域切入到实体资源领域，具有平台化、网络化、社会化及充分利用闲置资源的特点。目前，全球共享经济产值约 146 亿美元，预计 2025 年全球共享经济产值可达 3733 亿美元。

6. 创新趋势之六——大数据、电子商务等新兴业态强劲增长。2014 年全球大数据服务市场规模达到 148.7 亿美元。电子商务市场增长快速，2014 年 B2C 电子商务全球销售额达到 14 710 亿美元，增长近 20%。

三、中国服务业发展的相对不足

（一）中国服务业持续增长，但发展水平仍然低于世界平均水平

中国服务业增加值占 GDP 比重逐年上升，2015 年突破 50%，成为国民经济的第一拉动力，2016 年进一步提高到 51.6%。但对比其他国家，中国服务业的市场占有率与其发展水平仍不相符。与其他国家相比，中国服务业比重仅相当于上世纪 70 年代初的日本、80 年代初的韩国和 90 年代末的印度。

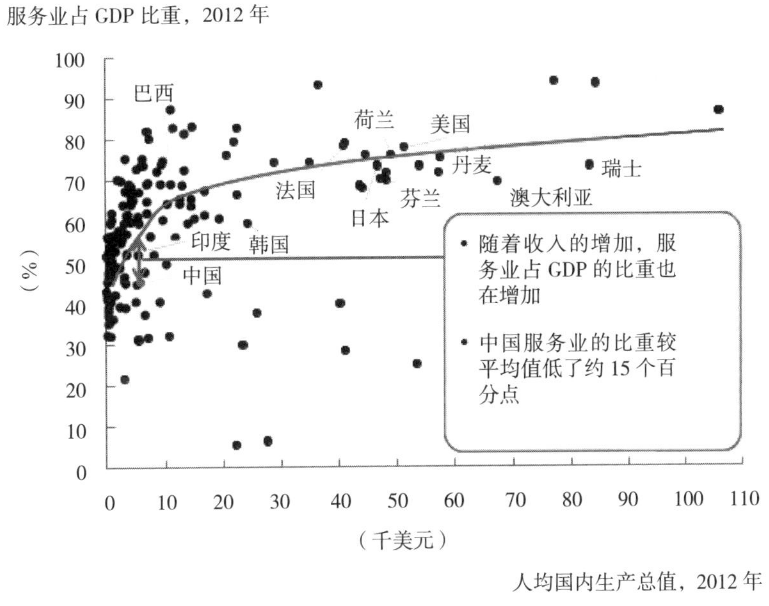

图 2-8　各国服务业增加值占 GDP 比重

资料来源：麦肯锡全球研究院、世界银行。

（二）中国服务贸易持续增长，但国际服务贸易逆差逐步扩大

从下图可以看出，近几年中国服务贸易逆差总额较大。

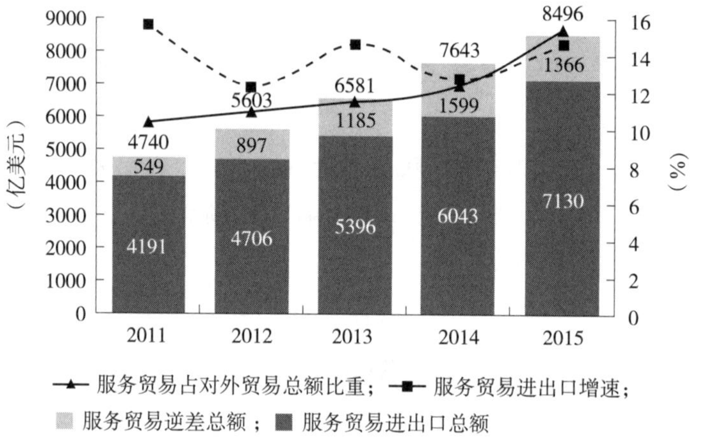

图 2-9　2011—2015 年中国服务贸易基本情况图

资料来源：麦肯锡城市中国计划根据商务部服贸司数据整理。

（三）中国服务行业在全球分工中仍处于价值链低端，国际竞争力相对低下

中国的服务业仍主要以生活性服务业为主，专业性强、附加值高的生产性服务业占比较低。2015 年，中国服务业对 GDP 贡献率约为 50%。其中，高附加值的生产性服务业占 14%，生活性服务业占 36%。在全球价值链中，中国服务业主要集中于劳动和资源密集型服务。服务规则和标准制定的核心权利仍然被发达经济体垄断。

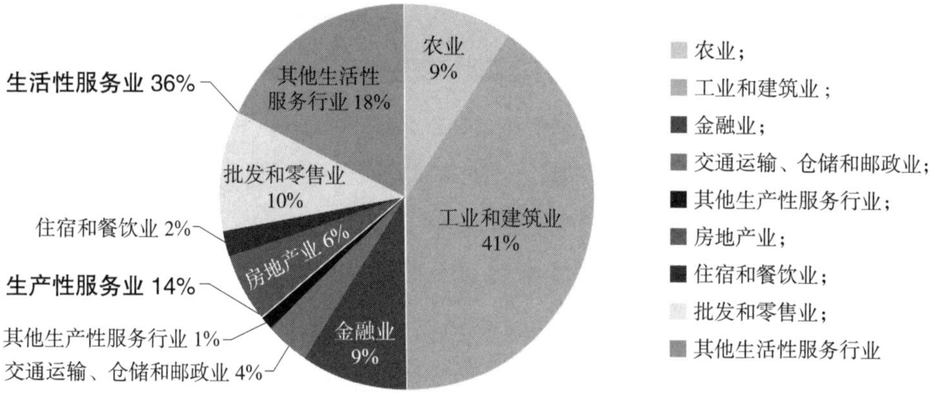

图 2-10　服务业细分行业占 GDP 比重

数据来源：城市中国计划根据国家统计局 2015 年国民经济统计数据整理而成。

（四）中国服务业的生产效率仍然较低

在同一服务行业，发达经济体生产效率显著更高。中国生活性服务业（批发零售贸易、酒店和餐饮）和生产性服务业（交通运输、金融中介、房地产和商业活动）的生产率仅为 OECD 国家的 15%~30%。

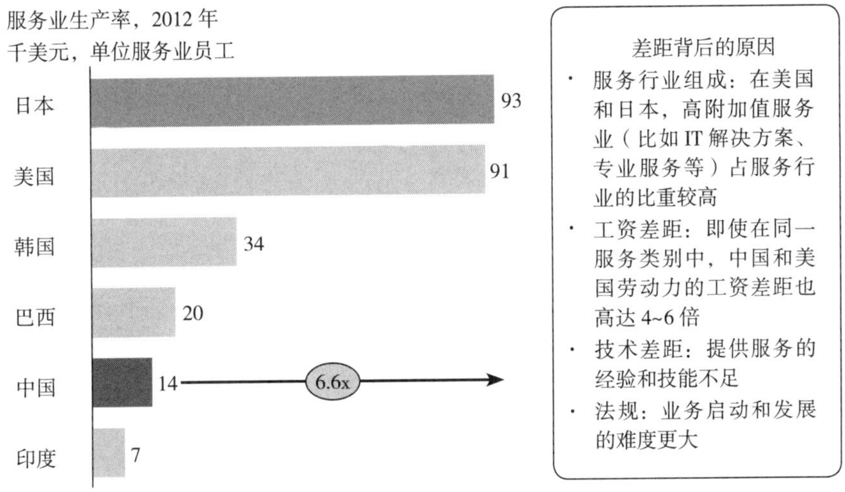

图 2-11　中国相对于其他国家的生产率差距（2013 年）

资料来源：麦肯锡全球研究院根据世界银行、CEIC、GGDC《十部门数据库》相关数据分析。

（五）中国服务业出口落后于 APEC 和 OECD 国家

美国服务业出口占比为 41%，主要行业有信息技术咨询、文化、交通和旅游、金融和保险。中国服务业出口比重明显低于发达经济体。

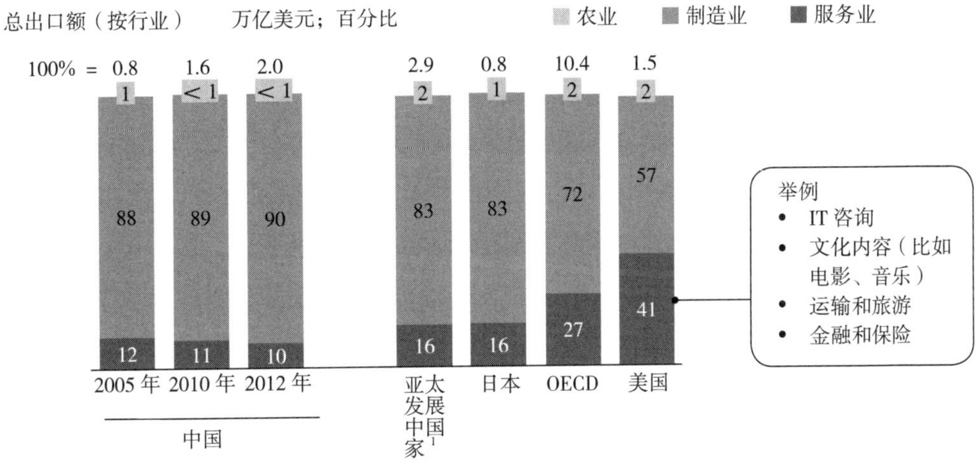

1. 亚太地区发展中国家，2013 年人均国民总收入低于 13000 美元（比如：印度尼西亚，马来西亚，泰国，越南）。

图 2-12　各国服务业出口比重

资料来源：麦肯锡根据世界发展指数、IMF 和 WTO 数据分析。

（六）部分行业服务质量落后于高收入国家

如，医疗服务增长较快，但在医生数量、三级医院区域分布等方面仍然落后于美国、德国、意大利等国家。交通运输服务质量仍有欠缺，飞机航班晚点率偏高影响乘客体验。金融服务结构有待优化，固定资产和存款是金融服务主要类型，但企业准流动利润和共同基金等可以激发市场活力的金融工具或产品仍显不足。

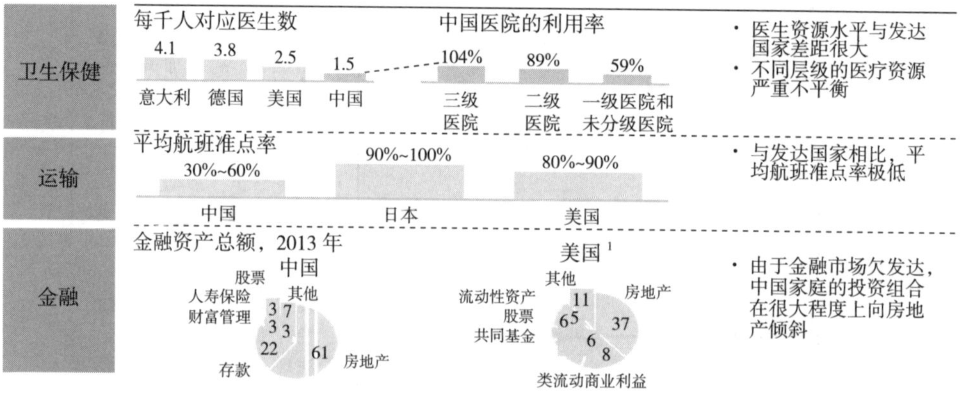

注：1. 商业利益：对私有企业的投资获利；类流动：退休资产；流动：货币市场工具、政府债券；其他：车辆、保险的现金价值；等等。

图 2-13　部分行业的服务质量落后于高收入国家

资料来源：麦肯锡全球研究院根据 NHFPC、PBOC、CICC 等公开资料分析。

四、中国服务业的比较优势

（一）13 亿消费者的庞大市场，为服务业快速发展提供了重要支撑

日益壮大且不断升级的本土需求，是中国服务业最重要的比较优势。从国际市场规模比较看，中国细分服务行业的经济规模甚至可以超过其他诸多国家的主导产业。

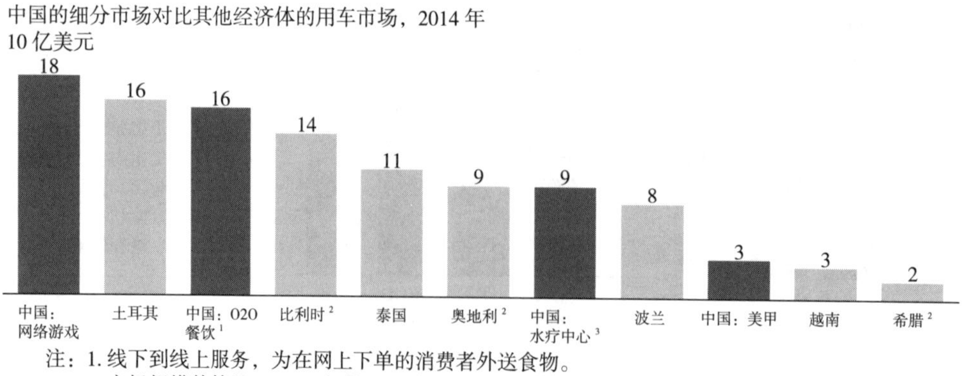

注：1. 线下到线上服务，为在网上下单的消费者外送食物。
2. 市场规模估算基于 2014 年使用量乘以 2013 年平均销售价格。
3. 包括水疗护理（面部和身体）和通过水疗渠道进行的产品销售。

图 2-14　细分领域的服务经济体量

资料来源：麦肯锡全球研究院。

（二）日益壮大的中等收入群体，为服务业发展不断注入新的动力

预计到2030年，全球新增的22亿中等收入群体中，将有8亿来自中国；这些新兴的中等收入群体对于高质量服务的消费能力和意愿都明显更强。

（三）发达国家服务业发展面临“天花板”约束，中国等主要新兴经济体发展空间和后发优势较大

发达国家自20世纪70年代至今，服务业一直处于较高水平，一些国家甚至出现了过度服务化的情况，进一步发展面临“天花板”。相比之下，中国的产业结构调整正在进行，仍有很大的潜力扩大服务业规模，服务业生产效率也有较大的提升空间。

（四）主要服务业企业成功把握了互联网时代的创新趋势，在部分领域形成了技术优势和独特商业模式

在新兴服务领域，特别是“互联网+”下的消费者服务业，中国企业已经掌握了国际领先的技术和商业模式优势，比较典型的包括在线支付和云计算技术及其搭建的互联网商业生态、社交和在线游戏业务模式、互联网约车服务模式等。

（五）长期以来积累的众多贸易伙伴和珍贵数据资源，为相关服务出口和对外合作提供了重要基础

中国货物贸易总额位居世界首位，积累了众多贸易伙伴和宝贵的数据资源，这将为中国服务业对外拓展提供重要保障。

五、中国服务业在全球价值链中的合理定位

（一）充分发挥市场规模和技术创新优势，使中国服务经济规模和比重达到国际先进水平

生产性和生活性服务业对于整体服务业的可持续发展均具有重要意义。在巨大的潜在需求支撑下，配合制度约束的逐步放开，以及不断强化的技术和商业模式的变革与创新，生活性服务业将在短期内迎来快速发展。预计2025年中国服务业增加值将增加5500亿元到1.4万亿元。

（二）培植引导生产性服务业专业化和高端化发展，显著提高服务贸易出口中生产性服务业的比重

对于生产性服务业的投入也必不可少，而且需要更大的耐心。在5~10年内，提高生产性服务业专业化和高端化水平，缩小与发达国家的差距，在长期实现中

国生产性服务业在全球价值链中地位的稳步上升。其中，应格外重视金融服务、专业服务、管理营销等附加值高、创新能力强、知识和资本密集的生产性服务业。

（三）利用“一带一路”建设契机，推动服务业国际化发展；提高在国际服务经济合作中的话语权和影响力

继续保持对国际投资、先进技术和管理经验的吸收和利用，吸引国际领先企业来华投资，推广和拓展优势技术和服务模式。积极参与国际服务领域规则和标准制定。抓住推进“一带一路”建设的重要机遇，推动服务业在沿线国家和地区的业务拓展。

（四）推动技术和服务模式创新，争取在服务业发展的新兴领域中处于世界前列

鼓励当前领先的互联网公司带动服务行业，特别是在金融、医疗、交通与通信等行业的革新。

释放服务业领域数字化的颠覆性潜能。在数字化领域，来自优化分析、远程监控、在线支付、数字化营销、消费者云存储和社区服务 6 方面的颠覆性机遇，预计将在 2025 年前为中国带来 800 亿 ~2700 亿美元的 GDP 增长。

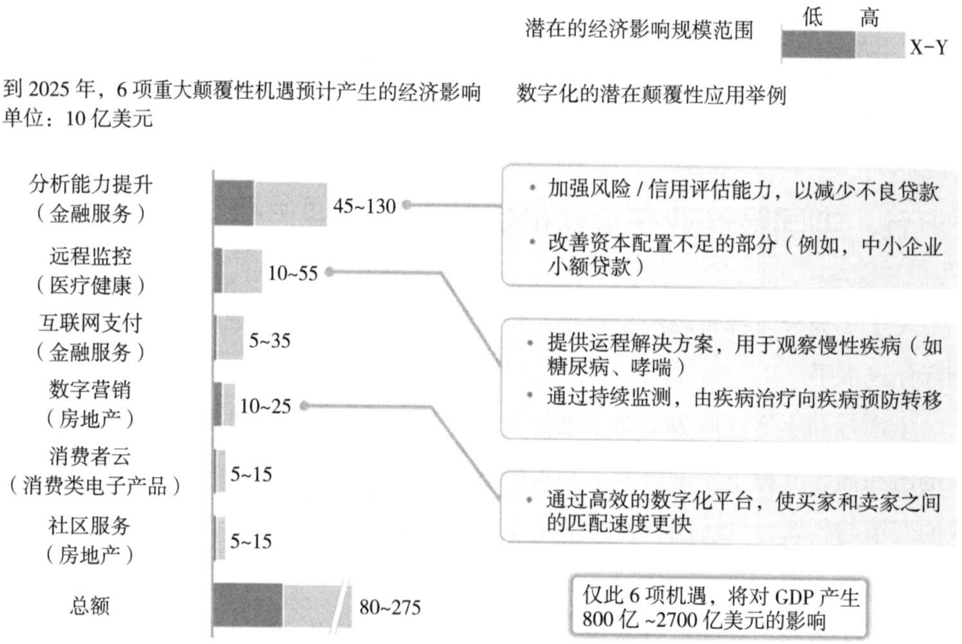

图 2-15　服务领域数字化的颠覆性潜能

资料来源：麦肯锡全球研究院。

充分发挥中国本土人口和用户的规模众多、贸易伙伴遍布全球以及数据与信息中心完善的突出优势，推动 O2O 服务、移动端交易、智慧物流、跨境服务贸易、大数据分析及应用等细分服务行业的快速发展。

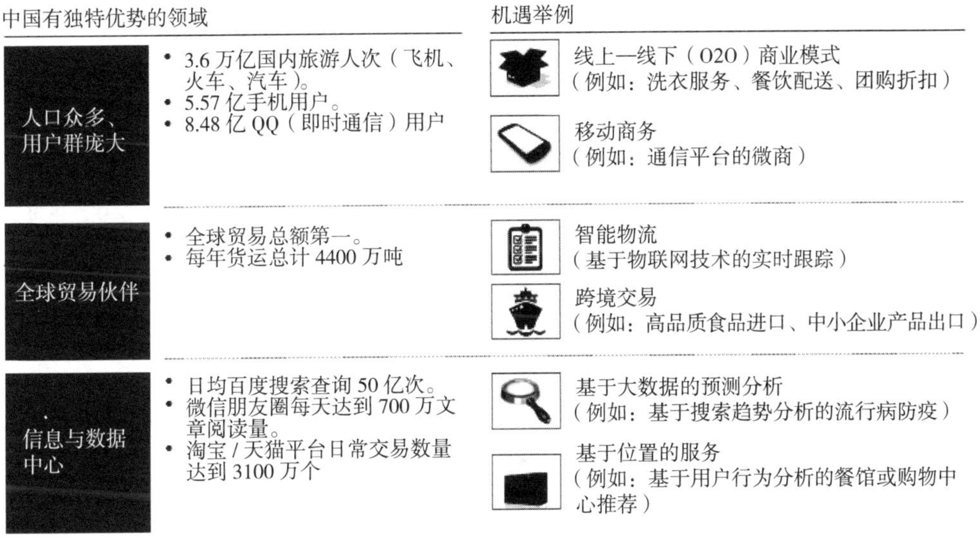

图 2-16　新兴服务行业的商业模式拓展

资料来源：麦肯锡全球研究院。

（五）未来 10 年，中国服务业实现跨越式发展的四个关键机会与配套制度变革

1. 基于比较优势的四大关键机会："互联网 +"、生产性服务、新兴消费群体与业务流程外包。一是在"互联网 +"背景下，充分释放数字经济巨大能量，促进消费者服务和商业解决方案领域内新兴互联网应用的涌现。二是重视生产性服务业，最大限度提高服务业和制造业之间的协同性，创造二者共同发展的良性循环。三是针对新兴消费群体，创新商业模式，在充分服务现有需求基础上，创造新兴消费需求。四是在业务流程外包方面，促进服务业升级，创造更多附加值以满足全球客户的需求。

机会领域		影响示例
1 “互联网 +”	• 释放数字的力量，支撑新的互联网应用，以供消费者和商业解决方案使用	麦肯锡全球研究院估计，从现在到 2025 年，新的互联网应用可以贡献 4 万亿 ~14 万亿元人民币（增长总量的 7%~22%）
2 制造服务	• 最大限度地提高服务业和制造业之间的协同作用，创造共同发展的良性循环	• 麦肯锡全球研究院估计，中国约 20% 的服务产出依赖于制造业，反之亦然 • 印度的例子：50% 的制造业工作机会已经转移到服务业和制造服务业
3 新的消费机会	• 进行服务业的模式创新，以满足不同阶层的需求，并产生增量消费	• 零售：麦肯锡全球研究院估计，网上消费总额的 39% 是“增量”消费。三线和四线城市受到的影响更大（占 57%） • 移动医疗：到 2020 年，中国有望占据全球移动医疗市场的约 30%（约 140 亿美元） • 旅游：到 2020 年，中国预计将产生 60 亿人次国内旅行；到 2023 年，中国游客预计占全球外国游客的 20%
4 业务流程外包（BPO）	• 利用中国的优势条件（例如：熟练劳动力、集群）从低附加值服务升级到高附加值服务，以满足全球客户的需求	• 到 2025 年，中国的 BPO 市场预计将是人民币 3360 亿元，每年同比增长 41%

图 2-17　行业融合推动中国服务业增长的四个切实机会

资料来源：麦肯锡全球研究院。

2. 推动制度改革，为服务业从落后变成领先创造必要条件。一是继续推动服务业领域市场化改革。一方面，逐步消除服务业领域的市场壁垒。扩大服务业市场开放，培育和形成多元化的服务业市场主体，营造服务业发展的良好环境，形成服务业市场公平竞争、平等竞争的基本格局。另一方面，切实推进公平准入，有效释放社会资本活力，在金融、电信、邮政等行业进一步放开市场准入，放宽教育、医疗、文化等行业对社会资本的限制。二是着力培养服务业发展所需要的劳动力技能。三是鼓励劳动力跨行业和跨地域的自由流动。四是尝试将政府部门公共数据开放给公众，以提高分析能力，更快地发现新的发展机会。

（课题组成员：华强森　徐一平　张英杰　张璐璐　张耕田）

服务业发展政策运用的国际经验

中国社会科学院财经战略研究院课题组

在发展服务业方面，各国既重视市场化运营，也重视政府产业政策的引导。国外的服务业政策主要体现为针对重点领域、进行重点支持、完善配套政策、结合区域发展四个层次。分析研究国外政策，对于推动我国服务业发展具有重要借鉴意义。

一、各国对服务业发展方向的政策引导

现代服务业是一个复杂的产业体系，其内部各个行业之间存在着巨大的差别。从国际经验看，许多国家都十分重视根据具体实际和发展需要对重点行业进行政策引导和扶持。

表 2-3 主要国家重点扶持发展的现代服务业领域

国家	优先发展的现代服务业
日本	卫生健康与福利事业、幼儿成长支持、旅游业、内容产业、商务服务和流通业
德国	ICT 相关服务、知识密集型服务业、利用技术和创新服务要素的混合服务业
芬兰	B2B 电子商务业、知识密集型服务业、公共部门服务业
澳大利亚	旅游业和知识密集型服务业
丹麦	设计服务业和创意产业
瑞典	设计服务业和创意产业
荷兰	创意服务业
挪威	设计服务业和旅游业
英国	创意服务业、高科技服务业、环保服务业
美国	金融服务业、研发、商务服务业、教育、医疗、电子商务、物流业、信息服务等
韩国	保健医疗、旅游、内容产业、教育、物流、软件、金融等

资料来源：Trends and issues in the evolving service innovation policy. 2008. Dr.JariKuusisto. Frontiers in service conference. USA，韩国是作者自行整理。

从表 2-3 可以看出，不同国家在重点支持的方向上明显不同。

（一）韩国促进服务业发展的导向政策

近十多年来，韩国以“扩大发展潜力、推动内需”为目标，2003 年提出实现服务业高附加值化的方针，2004 年撤销了阻碍服务业市场竞争力的 43 项政策限制，2005 年确定了文化、观光、休闲等 26 个服务业部门的发展计划，2006 年公布了“加强服务业竞争力推进计划”，2007 年制定了新的“增强服务业竞争力综合对策”。为促进融资租赁发展，韩国制定了《租赁业促进法案》。之后，又进一步实施了培育文化创意 / 传媒 /3D 产业、培育社会服务业、推动研发服务、推动海洋旅游休闲业等 5 项服务业先进化的具体方案，旨在培育朝阳服务领域、创造就业机会。

（二）亚洲其他国家促进服务业发展的导向政策

日本 2006 年颁布了“新经济成长战略”，改变了以往单一依靠制造业带动经济增长的思路，提出服务业与制造业双引擎共同带动日本经济实现可持续发展的新战略，重点发展商务服务、动漫创意、卫生健康、现代物流等现代服务业。为加快物流业发展，日本政府分别在 1997 年、2001 年、2005 年和 2009 年颁布《综合物流施政大纲》。之后，日本提出旅游业相关的政策促进体系，提出到 2020 年外国游客增加至 2500 万人次，更远的将来达到 3000 万人次，带来约 10 万亿日元收入和 56 万个就业机会。

印度 2006 年颁布《中小企业“十一五”规划建议》，强调大力发展现代服务业，通过广泛应用科技和信息技术、完善服务外包环境、人才培养、市场开拓等举措，促进知识密集型服务业发展，实现服务业价值链攀升。在具体行业方面，印度将重点放在了信息技术服务业、旅游业、传媒业、零售业。

（三）欧美国家促进服务业发展的导向政策

美国为抢占现代服务业制高点，积极制定一系列产业导向性政策。如，在信息服务领域方面，制定“国家信息基础结构行动计划”，提出建设信息高速公路，出台《全球电子商务选择性的税收政策》；在金融领域，出台金融服务业发展战略和法律、法规，颁布《金融服务现代化法案》；在旅游领域，推出《旅游促进法案》和《国家旅游和旅行战略》，提出建立一个专门负责海外市场促销的非营利机构；在规制政策方面，2000 年美国颁布了《有关竞争者之间进行合作的反托拉斯准则》，鼓励市场竞争。

加拿大也在促进服务业发展方面积极有所作为。如，为推动教育培训服务业发展，颁布了《信息、指南和咨询服务业政策》；为促进旅游业发展，提出《2009—2013 年旅游业发展战略》，重点加强高端旅游者培育、开展营销活动、提升品牌形象。

英国自20世纪80年代开始，重点支持金融业发展，1986年启动金融改革，2010年制定了“商业税收框架草案”，同年6月成立了英国创新投资基金，拨付相应比例资金支持金融服务业、生命科学和高端制造业的发展。进入21世纪之后，英国政府高度重视知识密集型服务业发展，提出创意伦敦战略，设立多项资助计划协助创意产业获取资金，高度重视创意产业出口。

欧盟重视传统优势服务业现代化。如，欧盟提出“2018年欧盟海运政策战略目标和建议”，描绘欧盟在海运领域保持领先地位的意愿与路径，提出不仅致力于保持航运相关要素的领先地位，而且通过制定船舶技术规范、安全要求，以及拥有海事管辖权、发达的仲裁制度等优势，设定较高的海运技术和制度门槛，以确保其竞争优势。同时，对一些新兴服务业也出台了支持政策。如，德国将展览业作为支柱产业加以扶持。

二、各国促进服务业发展的政策措施

促进服务业发展的政策性工具种类繁多。从政策举措上看，主要包括财税政策、人才政策、研发政策、规制政策等；从政策作用点看，主要包括供给、需求和市场三个层面。除此之外，还有两项政策也有重要意义。

（一）中小企业支持政策

各国都出台了支持中小企业发展的政策，具体支持措施包括对中小企业融资进行支持、对中小企业给予税收优惠等。如，美国政府1958年成立中小企业管理局（SBA），通过信用担保鼓励金融机构为中小企业提供资金支持，并在所得税纳税标准和方式上给予中小企业较大力度的优惠。德国允许从事服务行业的中小企业加速折旧，对新设小企业予以减免税，并设立了免税准备金制度，通过税收优惠鼓励中小企业扩大投资，还推行免税投资补助政策。巴西对中小企业的支持更为广泛，对营业额在12万至72万雷亚尔之间的小型企业和12万雷亚尔以下的微型企业免征企业所得税、社会保险金，建立政府信贷保障基金为中小企业购买资本货物提供优惠贷款。

（二）融合发展促进政策

在新一轮科技革命和产业变革的大背景下，产业融合发展的态势日益凸显，很多国家就产业融合提出了一系列政策计划。如，德国提出了“工业4.0”战略，美国提出了“工业互联网”战略，中国提出了“中国制造2025”。在具体支持措施方面，美国提出建设“国家制造业创新网络”，投资10亿美元推动数字化制造、新能源以及新材料应用等先进制造业创新发展。德国提出“高科技战略2020”，包括移动、能源、安全、通信、健康五个领域的十个项目，建立工业4.0工作组和平台。芬兰提出了“创新制造”概念，提出三大技术基础和三大主题。

三、各国促进服务业发展的政策措施：财政税收政策

各国在引导服务业发展方面，一般不能将财政资金直接运用到具体产业特别是竞争性产业中去，较多地是运用差别化的税收政策和间接财政手段。

（一）针对服务业的税收优惠政策

针对不同时期需要重点支持的行业，各国出台了相应的税收支持政策。对信息技术产业，美国通过因特网税收自由法案，暂缓对因特网接入和电子商务征税；加拿大规定对创业初期的企业按年2%税率征收企业所得税；英国规定对投资于信息服务业的企业减免公司所得税和增值税。对物流业，新加坡政府在税收优惠、财政贴息、专利权使用费等多方面给予支持；日本致力于通过财政激励等措施降低整体物流成本；法国允许物流中心采用“成本加计法”确定物流业应纳税所得额。对金融业，新加坡规定符合条件的金融机构和业务可享受免税待遇，部分收入和业务利润可享受优惠税率，新金融活动研发费用可进行进一步的费用扣除；美国对风险投资收益的60%免税；英国也制定了一系列促进金融业发展的税收政策。对新兴服务业，很多国家都给予了税收优惠，新加坡对新兴服务业给予5~10年的所得税优惠；韩国自20世纪90年代之后，对医疗保健服务和总统令规定的教育服务、与文化相关的商品及劳务等实行免征增值税。

（二）研究与开发方面的税收优惠政策

对研发活动的税收优惠，有两种不同的实施方案，即“所得税减免”和“应税收入抵扣”。美国规定企业研发活动超过3年平均水平的开支增加额可享受25%的税收抵免，抵免可以结转。加拿大通过税前支出扣除和税收抵免等措施对研发环节实行有效的税收优惠。新加坡对研发费用实行双倍扣除，对经批准的特许权使用费收入、技术服务费收入、向研究开发基金的拨款给予免税或减税。法国建立了鼓励企业研发的“科研税收补偿机制”，通过制定和实施优惠税收政策，将企业的研发服务和企业纳税环节有效结合，实行一种特殊的公共财政补偿机制。

（三）促进服务需求的财政税收政策

主要包括三个方面。一是通过政府采购促进新兴服务业发展。如，瑞典政府部门和公共部门加大了节能环保产业采购和投资的力度。二是通过各种手段促进服务消费。如，法国政府在全国范围内推行通用服务券，包括养老服务券、家政服务券等，并通过减免税费鼓励企业、个人积极购买服务券。三是通过税收抵免等办法促进特定服务行业发展。如，韩国通过扩大企业文化招待费适用范围，以振兴剧场文艺演出业。

（四）吸引服务业外商投资的优惠政策

各国纷纷利用税收优惠政策吸引外资投向服务业。如，韩国对“能够对高附加值制造业等发展提供巨大帮助”的 97 种服务业实行税收减免，前 7 年免交法人税、所得税和红利所得税，后 3 年减半征收。印度的信息行动计划规定，对软件采取零关税、零流通税、零服务税，并在全国范围内建立出口加工区、电子硬件技术园区和经济特区等，进入园区的企业享受各种优惠政策，如免缴进出口税、免征所得税等。

四、国外发展服务业的政策措施：发展环境支持政策

（一）服务标准化政策

国际标准化组织（ISO）和发达国家的标准化研究机构越来越重视服务标准化工作。ISO 提出“服务标准化指南”，指出各国在制定服务标准时应主要考虑服务组织、服务人员、顾客、合同、支付方式、服务的交付、服务结果等 12 个要素。在发达国家中，日本积极推行信息标准化，在国内推行 ISO 制定的开放型系统互联标准，积极鼓励发展“系统整体化”（SI）服务企业。

（二）制度环境政策

发展服务业关键是有良好的制度环境。日本在“新经济成长战略”中，提出免费或者补贴人力资源培训、鼓励信息技术对服务业领域的运用等。新加坡针对服务业开展定期法规审查制度，以确保其不妨碍服务业发展。韩国在“增强服务业竞争力综合对策”中，提出消除服务业与制造业的差别待遇，将服务业土地开发负担金降低到与制造业同等水平，各地政府与大企业联合在韩国主要城市相继设立了多个创造经济革新中心，为风险企业提供服务。为破除服务提供的“软硬件”障碍，大多数 OECD 国家积极鼓励 ICT 基础设施、互联网服务业有效竞争和广泛

应用、推动服务业的数字化进程。同时，各个国家加大了服务业领域的知识产权保护力度。

（三）人才支持政策

发达国家不遗余力地重视教育和人力资本投入，十分重视职业教育。相当多的高中毕业生甚至初中毕业生走上了职业教育道路，职业教育办学模式与学术教育截然不同，更加注重实训和针对性，让学生切实掌握基本的劳动技能和职业技能。从事现代服务业的大量中低层管理人才和操作型人才基本上要通过各种职业资格证书考试才能上岗，而从事现代服务业中高层管理人才则拥有较高学历，受过良好的高等教育。同时，各国还在海外人才引进方面提供了更多的政策支持。如，日本在出入境方面和居留制度方面，采取了延长技术人员居留期限、扩大国际相互承认信息处理技术人员资格的措施。

（四）服务业开放政策

各国都十分强调服务业开放的重要性。一方面，放宽服务业市场准入，鼓励市场竞争。如，OECD 国家通过的《服务业增长：促进就业、生产力和创新》强调，加快国内服务业市场改革，进一步放松市场规制，降低竞争性服务行业公有制比重，撤销服务业市场竞争的政策限制，处理不正当竞争行为，降低市场准入门槛等。韩国在“物流产业先进化方案”中提出要纠正大企业偏向旗下物流企业的垄断行为，自 2014 年开始还进一步开放了国内医疗、教育等社会服务领域。自 20 世纪 90 年代开始，日本也对民营企业开放了教育、医疗等公共服务领域。另一方面，鼓励多双边服务合作，促进服务贸易发展。如，美国加强对外谈判，扩大市场准入，通过签订税收协定促使其他国家开放服务市场，为其服务出口提供动力保障。英国对保险、邮政、金融及保健服务等领域实行服务出口“零税率”，规定外国旅游者及进入英国境内采购商品的外国商人可享受出口零税率并申请出口退税。

五、各国促进服务业发展的政策措施：区域规划与集聚区支持政策

各国高度重视服务业功能的集聚发展。在这方面，各国政府主要出台了三个方面的政策措施：

（一）将服务业发展与城市空间扩张进行协调

国外很多服务业集聚的城市，由于发展历史较长，空间布局需要进行调整，

而依托服务业集聚区的形成，可以对城市发展空间形成新的格局。许多运作成功的服务业集聚区，一个重要经验是重视集聚区发展与城市规划的协调。如，德国汉堡明确了“以港兴市”的城市转型基调后，制定了港口物流集聚区发展、经济发展和城市重建三个具有层次性的分阶段发展计划。在此过程中，涉及政府、企业、居民等各方面复杂的利益关系，需要制定较为周全的政策。

（二）将服务业空间布局与旧城改造结合起来

许多国家的文化创意产业集聚区建设都是与旧城改造和城市空间转化结合进行，甚至是为了挽救因传统工业衰落而转向萧条的城市中心发达区而发展起来的。还有一些城市将建设文化创意产业集聚区同建设创意城市相结合，或将建设文化创意产业集聚区同发展文化旅游结合起来，促进城市景观和空间结构从公共文化空间向文化经济空间转型，或从工业生产空间向文化消费空间转型，提升了城市的文化魅力、经济活力和可持续发展能力。如洛杉矶的好莱坞电影城。

（三）以服务业税收差异政策，促进区域均衡发展

以美国的佐治亚州为例，该州按照经济发展规划将全州划分为四类地区，对不同类地区出台有针对性的鼓励措施。对于投资于欠发达地区并雇用当地居民的服务企业，给予工资抵免、债券筹资免税等投资优惠。巴西政府为推动现代服务业发展，在特定区域设立免税商业中心，发展以信息技术、高科技为基础的产业和研究基地，吸引广大投资商兴办企业，向自由区内的企业提供优惠政策，以达到吸引投资，优化资源配置，创造就业机会的目的，形成以自由区为龙头的现代服务业发展良好格局。

六、各国促进服务业发展政策的经验启示

通过对各国服务业发展政策的分析可以看出，国外服务业发展政策的确有很多独到之处，值得借鉴。

（一）财税优惠具有较强的针对性与系统性

一是针对特定行业适时推出优惠政策，提高税收优惠政策的适用性与针对性。二是税收优惠政策具有系统性，避免某一环节税收优惠，在另一环节又被征收，确保税收优惠政策落到实处。三是根据服务行业不同特点采取不同形式的优惠。如马来西亚为促进旅游业发展，对宾馆、旅游等居住设施给予特殊加速折旧优惠。四是直接优惠与间接优惠相结合。各国对现代服务业税收优惠，既采用优惠税率、

税收减免等直接优惠方式，也采用费用扣除、税收抵免、加速折旧等间接优惠方式，且发达国家以间接优惠方式为主。

（二）财政政策注重需求侧与供给侧并重

各国在促进服务业发展的政策制定上，由偏重供给侧激励向同时关注需求侧的政策协同转变。在服务业需求侧政策方面所做的创新主要表现在，创新型服务的政府采购、运用税收手段推动服务需求发展、创新促进服务消费的政策工具等。

（三）注重服务业的科技创新

各国都采取了不同的税收政策促进技术创新，旨在降低研究与开发成本，提高社会、企业人力资源开发和技术创新积极性。对科技型中小企业而言，其融资渠道除风险投资外，不同层次的商业银行和政策担保、信用担保、集群互助担保等作用也十分重要。“创新券”等新型政策工具正被广泛应用于支持服务创新。荷兰是最早实行创新券政策的国家，2008 年至今已经发放了两万多张创新券。

（四）促进高风险服务业的稳健发展

金融等高风险服务业的稳定在一定意义上决定了总体经济的稳定。很多国家都对这些风险性服务业采取了减免税政策。如，韩国、马来西亚给予风险投资所得税上的减免优惠，英国规定在风险信托公司投资的个人可享受减税优惠。可见，各国都十分注重这些行业的发展，力图通过有利的税收政策，降低行业风险，畅通“投入—退出—再投入”渠道，为高风险服务业创建公平、轻松的环境。

（五）强调提高从业人员工作技能和劳动积极性

各国政策都不同程度强调了要对从业人员积极性进行保护和激励，加强从业人员技能培训。如，英国通过福利基金会，创建了针对科技创新人员的“热心工程”，提供资金支持一揽子旨在提升员工技能水平的计划。许多国家一方面积极通过就业保险法案、人力资源开发法案等保障服务业从业人员权利；另一方面降低较高的劳动税和提高低技术工作人员的薪资待遇。

（六）重视以低碳环保方式实现服务业可持续发展

各国政策制定者都极为关注产业发展过程中的能耗污染问题。英国推出《我们的未来——创建低碳经济》白皮书，提出了低碳发展之路。日本政府制定的《综合物流施政大纲》强调，为解决环保等问题，除了构筑具有国际竞争力的社会化高效物流体系外，还要考虑应对全球气候变化问题和解决大气污染问题的对策，如提高卡车运输效率、降低卡车废气排放量等。

（七）促进服务业对内对外开放

从整体看，降低服务业准入门槛，加快服务业对内对外开放已成为一种政策发展趋势。在对内开放方面，日本政府降低了公司设立门槛，减少公司经营活动限制，提高了并购对价形式灵活性，对民营企业开放了学校、医疗等公共服务领域。在对外开放方面，各国致力于推动服务贸易自由化。自 2012 年开始，以美国为首的发达国家，开始《服务贸易协定》（TISA）谈判，将一改“混合清单”开放模式，采用“负面清单”开放模式，这将使服务业开放进入一个新阶段。

（课题组成员：李勇坚）

服务业发展国际比较与趋势预测

国家信息中心经济预测部课题组

我国正处于全面建成小康社会的决胜阶段，肩负经济结构调整的历史性重任。从国际产业结构演进规律看，现代服务业占比不断提高和生活性服务业持续快速增长、生产性服务业推动传统工业转型升级是从中等收入国家迈向高收入国家的必由之路。在消费升级推动下，在国家政策支持下，在新产业、新业态和新商业模式引领下，服务业将成为新常态下中国经济发展的主要动力。结合对服务业发展国际经验的分析总结，课题组使用可计算一般均衡模型、投入产出模型、计量模型等定量工具，模拟预测未来我国宏观经济发展总体态势，并在此基础上预测分析服务业的发展趋势。

一、主要发达国家服务业发展经验

（一）发达国家服务业发展经历四个典型阶段

第一阶段，面向消费的生活服务时期。该阶段居民人均收入水平较低，主要需求是最基本的吃穿住用行，居民储蓄率很低。该时期，农业占据重要位置，服务业在国民经济中占据的地位较低，国民经济中三次产业呈现出“一、二、三”的特征。服务业尚不发达，不能提供高档次、多元化的消费选择。

第二阶段，商业、交通和通信发展时期。该阶段居民人均收入水平提高，除了满足最基本的吃穿住用行外，居民有了多余的储蓄，开始涉及商业休闲、外出旅游、购买代步交通工具等，电视机、冰箱等耐用商品迅速得到普及。同时，技术革新和大众化消费相互辉映，进一步推动了各个产业的发展。这一阶段开始进入工业化发展阶段，工业占据重要地位，农业地位逐渐弱化，服务业在国民经济中的地位提升，三次产业呈现出“二、一、三”的特征。

第三阶段，金融、保险和专业服务迅速发展时期。该阶段工业化进入后期，第二产业仍处于国民经济中的主导地位，但随着经济发展越发成熟，金融服务业日益兴起。迅速发展起来的服务业为年轻一代提供了更多的消费选择，在发展中国家普遍存在的消费攀比现象也促使新一代具有高消费倾向，国民经济中三次产业呈现出“二、三、一”的特征。

第四阶段，服务业全面提高和发展时期，该时期已完成工业化进程，第二产业比重开始下降，第三产业在国民经济中占据绝对主导地位，科学技术和信息产业发展成熟，成为了经济增长的主要驱动力，国民经济中三次产业呈现出“三、二、一”的特征。

（二）经济结构服务化程度不断提高

发达国家均经历了经济结构服务化进程，当前服务业增加值占 GDP 的比重一般在 70% 以上。1970 年美国服务业增加值占 GDP 比重为 61.2%，1990 年提升至 70.1%，2013 年达到 78.1%。1970 年英国服务业增加值占 GDP 比重为 55.1%，1990 年提升至 60.0%，1998 年为 71.1%，2014 年为 78.4%。1970 年德国服务业增加值占 GDP 比重仅为 48.2%，1972 年为 50.9%，1988 年达到 60.1%，2009 年为 71.5%，而后有所下降，2014 年为 69.0%。1970 年日本服务业增加值占 GDP 比重为 51.2%，1991 年提升至 60.3%，2003 年提升至 70.0%，2013 年达到 72.6%。

从美、英、德、日等国服务业发展的经验来看，经济结构服务化是各国的共同变动趋势。但由于发达国家经济结构较成熟，结构调整速度较慢，服务业比重提高较为迟缓，德国和日本服务业比重从 50% 提升到 60%，分别用了 16 年和 20 年。随着服务业增加值比重提高，服务业占 GDP 比重逐年上升的幅度逐渐收窄，达到 70% 以后基本出现停滞现象。

2015 年，我国服务业增加值比重首次超过 50%，虽然较以往有显著提升，但仍明显低于当前发达国家水平。对比该指标，我国目前服务经济发展水平仅相当于 20 世纪 70 年代初的日本和德国，接近 20 世纪 50 年代的美国和英国。

（三）就业吸纳能力高

总体来说，服务业相对工业具有较低的劳动生产率。随着居民收入上升，服务需求增加，较低的劳动生产率意味着服务业对劳动力就业的吸纳能力比工业强。以美、日两国为例，从就业结构看，美国服务业就业人数不断增加，在总劳动力中的比重不断上升，并最终居于首位。1900 年，美国服务业就业人口比例仅为 28.2%，1950 年这一比例升至 47.8%。而且，美国在 20 世纪 50 年代正式成为世界上第一个“服务经济”国家[1]，即第一个 50% 以上就业人口不从事食物、衣着、房屋、汽车或其他实物生产的国家。2010 年，美国服务业就业人口比例跃升至 81.2%[2]（参见表 2-4），高于服务业增加值占 GDP 的比重。

表 2-4　1900—2010 年美国三次产业从业人员占比（%）

年份	农业	工业	服务业
1900	33.7	38.1	28.2
1950	11.7	40.5	47.8
1960	6.3	38.8	54.9
2000	2.6	23.2	74.3
2010	1.6	16.7	81.2

近几年，日本服务业增加值占 GDP 比重保持在 70% 左右，但相对于制造业雇用人数不断下降，服务业雇用人数则呈现增长趋势，基本吸收了制造业裁减的劳动力，对日本经济稳定起到了重要作用。

（四）知识密集型服务业发展迅速

随着服务业增加值占 GDP 比重不断提高，传统服务业在服务业增加值中所占比重逐渐降低，生产性服务业比重不断提高。尤其是在工业化后期，经济面临转型，制造业升级越来越依靠生产性服务业的推动与融合发展，这也对生产性服务业的发展提出了更高要求。与此同时，工业化的完成和科学技术的发展和应用，改变了服务贸易的方式、内容和构成，服务贸易已不再局限于运输、工程建筑等传统领域，而延伸到新知识、新技术和数字处理等领域。

以美国为例，1930—2010 年服务业增长最快的部门是金融、保险、房地产租赁业；其次是其他服务业，包括科技服务业、公司企业管理、行政和废物管理服务、教育服务业、卫生保健和社会援助业、艺术、娱乐业、住宿和餐饮业等；下降最快的部门是批发零售业，其次是交通运输通信业（参见表 2-5）。从细分行业来看（参见表 2-6），批发零售、交通、娱乐、餐饮等为代表的传统服务业增加值占 GDP 比重从 1960 年的 41.7% 下降到 2010 年的 22.3%，减少了近一半，就业率也有所下降。

[1]　王庆国. 试析美国第三产业的发展及其与工业化的关系[J]. 经济研究导刊，2009，53（15）：167-168.

[2]　Bureau of the Census Historical Statistics of the United States colonial Times to 1970[Z]. 美国普查局网站 .http://www.census.gov/.

而以信息、金融、商业服务等产业为代表的现代服务业迅速崛起，增加值占GDP比重不断增加，从1960年的31.1%上升到2010年的47.2%，增加了16个百分点。以教育、医疗、社会救助为主的公益性服务业增加值占GDP比重也有明显上升趋势，从1960年的2.7%上升到2010年的8.7%，增加了近6个百分点，就业比重从7.7%上升到15.4%。

表2-5 美国1930—2000年服务业内部结构变化（百万美元）

年份	交通运输通信业	批发零售业	金融保险业	其他服务业
1930	7012	10628	2963	7889
1950	16700	40900	22000	21800
1980	311236	435365	420066	378764
2000	719219	1303879	1997687	2453959
2010	1034821	1674984	3021790	3952812

表2-6 1960—2010年美国服务业各行业增加值占总GDP的百分比（%）

类别	1960年	1970年	1980年	1990年	1995年	2000年	2005年	2010年
批发零售	14.5	14.5	13.8	12.9	13.3	13.1	12.3	11.4
交通、仓储	4.4	3.9	3.7	3.0	3.1	3.0	2.9	2.8
娱乐、住宿、餐饮	2.8	2.9	3.0	3.4	3.4	3.8	3.8	3.6
教育、医疗、社会救济	2.7	3.9	4.8	6.5	7.1	6.8	7.5	8.7
金融、保险、房地产租赁	14.2	14.7	16.0	18.1	19.0	20.1	20.6	21.1
专业和商业服务	4.3	5.0	6.2	8.9	9.3	11.2	11.6	12.1
信息产业	3.3	3.6	3.9	4.1	4.2	4.2	4.7	4.6
政府	13.2	15.2	13.7	13.9	13.4	12.2	12.5	13.4
其他服务	3.0	2.7	2.5	2.7	2.7	2.8	2.5	2.3

（五）存在多种发展模式

由于各国资源禀赋不同、经济社会发展的历史路径不同，服务业发展呈现多种发展模式。

一是以区域产业集聚和金融业为主导产业，带动整体服务业的协调发展模式，如美国和英国。美国现代服务业的发展已逐步形成了集聚性的发展模式，以都市区为基础，地区内形成劳动力、资金、信息集聚，以及拥有较好的交通网络系统，为各产业的发展提供了基础。随着城市化进程的发展，都市中心区中的一些制造业开始向外围转移，中心城区形成的“空腹地带”吸引了金融、科技中介服务、创意产业等知识型服务业的集中发展。形成良性循环的区域产业链是美国现代服务业得以发展的重要因素。在英国，金融业呈现“等级化、功能化、多极化”的空间布局特征，通过以点带面，多层次发展引领了大伦敦地区和英国经济的长期发展，较为完善的银行、证券市场体系，满足了各类中小型高科技企业的融资需求。

二是以制造业为核心，通过制造业与服务业的联动，带动国内服务业发展模式，如日本和德国。日、德两国服务业发展的核心策略均主要是与制造业相互支撑融合，共同构成经济发展双引擎，即在讲求效率、专业分工以及提升附加值的需求下，通过雄厚的制造业实力带动国内相关服务业的发展。

从发达国家的实践经验来看，发展现代服务业的重要性有以下几个方面：一是现代服务业产出快、产值大，能迅速提高社会生产力，创造出大部分的GDP，成为推动经济迅猛成长的强大动力。二是现代服务业能吸纳大量的剩余劳动力，保持就业率的平稳增长，在经济下行期间这个作用更为明显。三是现代服务业是知识密集型产业，打破了传统制造业的边际报酬递减规律，其规律是边际报酬递增，这主要体现在技术型和知识型的信息化服务业上。四是现代服务业的大力发展能促进产业结构的调整，提高国际竞争力。五是现代服务业与专业化、信息化、知识化同步，改变传统的生产经营模式，带来全球科学技术的迅猛发展，强化国际间的合作与知识科技的共享。六是现代服务业促进高科技发展的同时，也会带动社会对高素质人才的迫切需要，促使高素质人才培养教育的快速提升。

二、我国服务业未来发展趋势预测

（一）预测思路及方法

本研究按照总量预测与分部门预测相结合的思路对未来服务业 14 个子行业的发展走势开展系统预测，结合了自上而下与自下而上两种分析思路。

自上而下指从宏观经济总量发展、产业结构转型升级的战略高度角度对未来服务业发展进行定位，然后根据需求与供应的平衡关系、经济活动中的投入产出关系对 14 个服务业的发展进行测算，得到与宏观经济发展目标相一致的分行业发展预测结果。自下而上是指根据我国及未来十年的经济社会发展阶段性特征，充分认识经济新常态的特征和关于供给侧结构性改革的要求，对我国居民消费增长潜力及对服务业子行业的拉动作用、房地产行业走势、交通运输业发展方向以及生产性和生活性服务业发展趋势等进行认真分析，并据此对自上而下的平衡预测结果进行修正。最终经过若干次的综合研究和迭代测算，给出预测结果。

研究综合使用了动态可计算一般均衡模型、投入产出模型、计量模型等，可从三方面对上述总体研究思路进行解释：

第一，经济新常态下，我国迫切需要转换经济增长动力，加强全要素增长率提高对经济增长的贡献；迫切需要促进经济结构持续调整，逐步摆脱传统的高能耗支柱产业；迫切需要去除传统产业中的过剩产能以及房地产过剩产能等，使得拉动经济增长的最终需求转为以居民消费为主。这些方面发展都会对我国未来服务业发展走势产生至关重要的影响。按照从上至下的思路，根据已有研究，测算未来全要素增长率对经济增长的贡献、人口老龄化及人力资本提升这两个矛盾因素对冲对经济增长的影响、居民收入增长和消费倾向转变对经济增长的影响等核心经济增长动力源变化趋势，进而测算未来十年我国经济增长速度。

第二，将经济潜在增长率、全要素生产率的贡献、居民消费比重等预测结果输入国家信息中心可计算一般均衡（SICGE）模型，按照各种产品、要素市场供需平衡的原则，对未来的需求结构、产业结构、就业增长、收入水平开展平衡测算。这是个迭代计算的过程：首先给出最终需求的初值，然后测算满足最终需求的产业结构；生产过程产生的工资、资本回报、就业需求、资本需求会改变最终需求的初值和相应产品、要素的价格；调整后的最终需求会计算出新的产业结构，并开始迭代；最后通过价格调整实现所有产品和要素的供需平衡。其中，生产决策中，中间产品和要素投入决定于满足需求下的成本最小化原则；投资决策中，投资需求总额取决于当前资本存量和对未来期望回报率的判断，而在投资品组合的决策中遵循成本最小化原则；消费决策中，在消费预算总额约束下，以实现消费效用最大化为原则选择各类消费品；产品出口主要取决于产品在国际市场上的价格优势和偏好程度；同时，产品进口主要取决于国内市场需求、进口品与国内产品相比的可替代程度以及价格优势。

第三，根据对重点服务行业未来增长潜力的分析，对 CGE 模型预测的各服务业的增长水平进行调整，并经过迭代计算，最终得到未来 14 个服务业的发展预测结果。

（二）宏观经济及产业结构预测

在考虑资本、劳动力和全要素生产率的变化情况后，根据 CD 生产函数测算"十三五"期间，我国 GDP 年均增速为 6.5% 以上，资本积累依然是拉动经济增长的重要动力，全要素生产率对经济的贡献逐步提高，而劳动力对经济的贡献变为负数，但影响较小。"十四五"期间，我国 GDP 年均增速仍将在 6% 左右，在新一轮技术进步和创新驱动下，全要素生产率增速有望进一步提高，对经济增长的贡献逐步提高。

表 2-7　要素拉动及 GDP 预测

	劳动力对 GDP 的拉动（百分点）	资本存量对 GDP 的拉动	TFP 增速	GDP 增速
十三五	−0.001	4.18	2.3	6.5
2020—2025 年	−0.001	3.4	2.7	6

到 2020 年，我国名义 GDP 总量将突破 100 万亿元，按市场汇率计算，人均 GDP 将达到 1.39 万美元，接近高收入国家的门槛；按 2010 年不变价计算，2020 年我国实际 GDP 总量将达到 80.3 万亿元，可以实现较 2010 年翻番的预期目标。2025 年，名义 GDP 总量有望突破 150 万亿元。"十三五"时期，我国服务业年均增速将在 8.2% 左右；"十四五"时期，服务业年均增速在 7.5% 左右。以 2015 年不变价计算，2020 年服务业占 GDP 比重达到 54.3%，较 2015 年提高 3.8 个百分点，2025 年占比达到 57.8%，较 2020 年提高 3.5 个百分点。若考虑 14 个服务业行业各自的价格变动趋势，2020 年服务业比重有望提高到 56.8%，2025 年服务业比重提高到 61.0% 左右。

（三）服务业内部结构发展趋势预测

将 14 个行业中用于中间生产投入的部分拆分得到生产性服务业总的增加值，其余部分为生活性服务业增加值。据此测算，生产性服务业增加值占服务业总增加值的比重 2015 年为 51.7%，2020 年提高到 54%，2025 年将进一步提高。但随着工业化逐步结束，制造业升级逐步完成，生产性服务业增速会逐步放缓。

在生产性服务业方面，随着互联网信息技术快速发展，信息化与工业化融合发展将成为我国制造业产业升级的主要方向，信息传输、软件和信息技术服务业、科学研究和技术服务业将持续快速发展。随着国家对环境保护治理工作更加重视，水利、环境和公共设施管理业也将保持平稳较快增长状态。作为既服务工业发展，又为居民生活提供服务的金融业、租赁和商务服务业以及批发零售业，也将保持较快增长速度。与以上行业不同，房地产业、交通运输仓储和邮政业“十二五”时期年均增速将明显低于服务业平均增速。

在生活性服务业方面，老龄化比重上升和居民生活品质提升，使卫生和社会工作服务业，文化、体育和娱乐业和居民服务、修理和其他服务业成为未来居民生活消费中增长最快的部分。而住宿、餐饮、批发、零售等服务业增速平稳。

（课题组成员：张亚雄　张鹏　李继峰　袁剑琴　张晓兰　王硕）

释放生活性服务业发展新动力

国务院发展研究中心市场经济研究所课题组

生活性服务业是直接满足居民物质文化生活需要的服务行业的总称，包括零售、餐饮、住宿、文化体育、旅游、健康养老、教育培训、房地产服务及法律服务等。加快生活性服务业发展，提高生活性服务业的发展水平和质量，是有效满足人民群众多样化、个性化服务需求的现实需要，对于扩大消费需求、增进民生福祉、带动就业创业、实现经济提质增效升级具有重要意义。未来数年，加快我国生活性服务业发展需要聚焦发展重点，通过有效抓手进一步深化改革和扩大开放，释放发展新动力。

一、未来数年生活性服务业需要聚焦发展重点

（一）商贸服务

大力推动“互联网 + 流通”，加快实体商业创新转型，增强实体店体验式服务能力。促进互联网企业与实体商业合作，加强线上线下融合互动，提供差异化、特色化、便利化服务。完善社区商业业态配置，深化移动电子商务应用，建设“集成式”消费服务平台。统筹城乡商贸基础设施建设，畅通城乡双向流通渠道。扩大品牌产品和服务消费，推动绿色消费和安全消费，增加高端生活消费品进口。加强电子商务、商贸物流、农产品流通等重点领域的标准制修订和实施应用，培育大型商贸流通企业集团，鼓励中小流通企业走专业化、精细化道路。健全覆盖准入、监管、退出的全程管理机制。

（二）家庭服务

建立供给充分、服务便利、管理规范、覆盖城乡居民的家庭服务体系，鼓励各种资本投资创办家庭服务企业，促进有条件的家庭服务企业规模化、品牌化、网络化发展，在行业发展中发挥示范带动作用，积极扶持中小家庭服务企业。统筹社区内家庭服务业发展，推进智能化公共服务平台建设，将零散的家庭服务资

源进行线上线下整合，充实提升供需对接、信息咨询、服务监督等功能。完善家庭服务各业态服务标准，增强标准适用性。加强家庭服务业从业人员培训，提高职业素质、专业技能和服务水平，多渠道维护从业人员正当权益。

（三）旅游服务

推进全域旅游和“旅游 +”，完善提升旅游要素，着力构建以旅游为平台的复合型产业结构。扩大高品质、有创意的旅游产品和服务供给，大力发展乡村旅游、工业旅游、文化旅游、养老养生旅游，并与“互联网 +”相结合，在促进旅游中实现一、二、三产业融合发展。扎实推进旅游扶贫，让贫困和边疆地区共享旅游发展机遇和成果。以举办冬奥会为契机，大力推动冰雪旅游发展。稳步推进国家公园体制试点建设，统筹旅游资源保护和开发，实现发展中保护、保护中发展。与更多国家开展多种形式的旅游合作，推进旅游签证便利化，保障旅游安全和消费者权益。

（四）文化体育服务

大力提升文化服务内涵和品质，引导文化资源向城乡基层倾斜，构建多层次文化消费市场体系，为群众提供优质高效、普遍均等的公共文化服务。充分利用高新技术延伸和拓展文化产业链条，不断创新文化的生产方式与表现形式，培育发展新兴文化业态，维护网络文化安全，促进中华文化走出去。提高群众体育健身和消费意识，培育壮大健身休闲、竞赛表演、中介培训、场馆服务等体育服务业，加快发展普及性广、关注度高、市场空间大的运动项目，打造一批有吸引力的国际性、区域性品牌赛事。促进冰雪运动繁荣发展，形成新的体育消费热点。推动体育与文化创意、设计服务等融合发展。

（五）健康养老服务

加快形成多元化办医格局，加大对社会办医的支持和监管力度，满足人民群众多样化医疗服务需求。建立覆盖全生命周期、惠及全民、业态丰富、结构合理的智慧健康服务体系，大力提升医疗护理、健康检测、康复护理、中医保健、健康咨询、健康保险等服务保障能力和水平，培育健康服务产业集群。推进医疗机构与养老机构加强合作。加快建立覆盖城乡的社会养老服务体系，促进基本养老服务均等化。鼓励和引导社会力量参与兴办养老服务机构和居家养老服务，加强养老护理人才队伍建设，以老年人需求为导向，发展智慧化养老服务新模式。探索养教结合新形式，积极支持老有所为。

（六）教育培训服务

大力发展多层次、多形式的教育培训服务业，打破行业壁垒，延伸产业链条，推进教育培训服务机构规模化、特色化发展，培育一批具有较强影响力的教育培训服务品牌。积极扩大教育培训服务领域开放。以社区为中心，整合引入各类教育培训资源，丰富社区教育活动内容，为社区居民提供职业技能、青少年教育、养老保健等方面优质服务，建立健全数字化教育培训网络，促进数字资源合作共建和开放共享。建立上下贯通、左右衔接的现代职业教育体系，创新人才培养模式，鼓励应用型、技术技能型人才脱颖而出。

（七）房地产服务

构建以政府为主提供基本保障、以市场为主满足多层次需求的住房供应体系，保持房地产市场平稳运行。积极发展住房租赁市场，鼓励发展以住房租赁为主营业务的专业化企业。将棚户区改造与城市更新、产业转型升级有机结合，积极推行棚户区改造货币化安置。促进房地产评估、房地产经纪、土地评估和登记代理机构规模化、专业化发展，加强中介行业诚信自律建设。大力发展旅游地产、养老地产、文化地产等新业态。加快推进住宅产业现代化，提高建筑节能标准，提升住宅综合品质。推广新建住宅街区制，建立市场化、专业化的社区物业管理机制。

（八）法律服务

发展民生领域法律服务业，全面推进覆盖城乡的公共法律服务体系建设，整合司法行政相关职能，为广大群众提供专业化、便利化、均等化的公共法律服务，推进法律服务在线咨询、网上化解矛盾纠纷等信息平台建设，大力提升法律咨询、辩护、代理、公证、司法鉴定等服务水平，加强对农民工、下岗失业人员、妇女、未成年人、老年人、残疾人等特定群体法律援助，实现法律援助申请快捷化、审查简便化、服务零距离，切实维护其合法权益。加强律师等法律人才和法律服务队伍建设，规范法律服务秩序和服务行为，完善法律服务执业权利保障机制。

二、推动生活性服务业进一步深化改革和扩大开放

（一）调整和规范市场准入

持续推进简政放权、放管结合、优化服务改革，继续削减餐饮、家庭服务、旅游服务等生活性服务业前置审批和不必要证照，降低制度性交易成本。对确需保留的审批项目和行政许可，应明确审批程序、流程、条件和时限，建立全国统

一规范的审批制度，避免简单下放形成新一轮地方保护。加强工商登记以及相关管理部门电子政务系统建设并实行全国联网，尽快建立覆盖全国的“证照互认制度”，允许分支机构异地备案后直接使用。逐步实施全国统一市场准入负面清单制度，合理降低在文化、教育、医疗等领域的进入门槛，继续推动垄断性服务行业体制改革，着力增加和改善服务供给。

（二）转变政府监管方式

建立分工明确、权责统一、协同高效的生活性服务业管理体制，创新和完善事中事后监管，充分运用大数据等技术，提升监管能力。统一监管标准，促进监管与执法分离，减少监管执法人员自由裁量权，促进各地、各部门监管执法部门之间信息共享和联合执法，避免多头执法、重复监管和一事多罚。建立健全监管信息记录制度和违法违规企业黑名单制度，对守法合规经营企业和对进入黑名单企业进行差别化监管制度，加大对违法违规企业的处罚力度。营造线上线下互动创新和平等竞争的市场环境。充分发挥行业协会、征信机构、金融保险等中介服务组织的功能，建立社会化监管机制。在资质检查、标准实施、经营行为记录、信用评估等方面发挥社会监督作用，促进生活性服务业企业自觉规范经营行为。

（三）健全相关法律法规

将“互联网 +”背景下生活性服务业领域新出现的滥用行政权力和市场支配地位排挤、限制竞争等行为纳入法律约束范围。完善电子商务相关法律，对电子商务与网络零售、信息及交易安全、大数据应用、电子发票等内容进行必要规范，修订不适应互联网及电子商务发展的法律法规，明确和强化平台型电子商务企业主体责任。落实并强化法律法规的执行，加强统一市场建设，鼓励地方在探索创新的基础上，在立法权限范围内先行先试。进一步加强消费者保护立法，特别是加强健康养老服务、房地产服务、法律服务等领域的消费者安全和正当权益保护。

（四）完善标准体系

全面推进生活性服务业标准化建设，发挥政府、行业协会和企业三方联动作用，创新标准形成机制，鼓励在企业最佳实践的基础上形成行业认同并为行业提供指导的各类标准，逐步扩大标准覆盖面，形成较为完备的行业规范、标准体系，着力增强标准的适用性，将基础性、通用性和安全性标准上升为国家标准，以技术法规形式颁布并强制实施；对于操作性、规程性和事实性标准，以行业标准形式进行推广和实施。强化标准监督和实施。除国家标准外，强化行业协会在标准实施过程中的监督作用和大型企业的引导作用，通过宣传引导、对标评估、最佳实践示范等途径，促进各类标准的行业应用和跨区域应用。

（五）加快推进信用体系建设

加强各类信用信息服务平台建设。不断拓展各类信息记录的广度和深度，不断丰富各级信用平台服务功能，激励企业规范化经营，提高服务质量。建立面向第三方信用服务机构的信用信息采集、共享与使用机制。积极推动第三方支付、移动支付、供应链管理等领域的信用手段创新。

（六）扩大对内对外开放

推动统一开放、竞争有序的市场体系建设。加快推进自贸区战略，大幅减少服务贸易限制，扩大生活性服务业的开放领域和范围，吸引更多外资进入健康养老、教育培训、文化体育等生活性服务业领域，发挥外资企业在品牌、技术、管理等方面的优势，带动行业整体发展水平提高，增加优质商品和服务供给，丰富居民生活，提高生活性服务业的国际化发展水平。鼓励和支持有实力、有品牌的企业走出去，开拓国际市场。

（七）建立健全统计监测体系

加强生活性服务业产业规模、业态结构、从业人员等方面的统计，进一步改进现行服务行业增加值的核算办法、基础数据采集方法等。加强常规统计，特别是针对近年来快速发展并已占服务业增加值较大比重的“其他服务业”进行分解细化，提高生活性服务业统计数据质量。另外，建立健全服务业主管部门、统计部门和主要行业协会的信息沟通机制，及时有效地反映生活性服务业发展动向。

三、推动生活性服务业发展需要明确有效抓手

（一）区域先行示范

针对不同区域发展基础和比较优势，支持东部地区生活性服务业率先创新转型，提升现代化、国际化发展水平，发挥引领和示范带动作用。支持有条件的地方建设具有全球影响力的国际消费中心。推动中西部地区和东北地区立足区位、资源和产业优势，加强相关基础设施和服务体系建设，探索区域分工合作和协调联动的有效机制，逐步缩小生活性服务业的区域发展差距。

（二）行业试点试验

针对生活性服务业不同行业特点，有针对性地选择重点行业进行试点试验。在商贸服务领域实施大数据应用试点，转变政府监管方式，建立政府与社会紧密

互动的大数据平台。探索在商贸、家庭服务等行业推动建立以交易信息等为基础的企业信用评价机制，支持建立第三方信用评价机制。探索在教育培训、法律服务、房地产服务等领域开展品牌培育行动，推广优质服务承诺标识与管理制度。实施社区综合服务便民网络工程，建设“15 分钟便民生活圈”和智慧生活示范社区，降低生活性服务业企业制度性交易成本。实施旅游消费和旅游投资促进计划，扩大对内对外开放，改善旅游消费环境，培育新的消费热点。

（课题组成员：王微　刘涛）

生产性服务业发展的主要方向与重点领域

中国社会科学院财经战略研究院课题组

生产性服务业涉及一二产业的多个环节，具有专业性强、创新活跃、产业融合度高、带动作用显著等特点。促进生产性服务业向专业化和价值链高端延伸，是构建现代产业体系的重要支撑，是建设服务业强国的必由之路。

一、发展生产性服务业的主要方向

（一）服务业与制造业互动融合发展

随着服务业分工深化与服务创新，服务业领域不断拓宽，服务业与制造业之间界限日趋模糊，推进两者的互动融合发展日益重要。

推动制造业延伸产业链，实现服务化经营。加快制造与服务的协同发展，推进商业模式创新和业态创新，推动生产型制造向服务型制造转变，促进企业由提供产品为中心向提供服务为中心转变，推广以“客户为中心”的制造服务业发展模式。鼓励制造企业发展集成服务。支持有条件的企业由提供设备向提供系统集成总承包服务、由提供产品向提供整体解决方案转型。加快基于智能制造的个性化定制服务、柔性制造、全生命周期管理、网络精准营销等新型制造服务化模式推广应用。加强制造业服务化发展的标准和规范建设。支持装备制造企业和其他大型骨干企业采用一体化模式开展总集成总承包服务。

推动制造业分离发展服务业，实现生产性服务环节专业化、社会化发展。支持制造企业将生产流程中的非核心但具有比较优势的服务环节从原企业分离出来，如原料采购、研发设计、咨询管理、物流运输、品牌运营、产品销售、设备安装、售后维修、检验检测等，设立独立生产性服务法人机构，向社会提供第三方专业化生产服务，壮大第三方服务主体。鼓励制造企业将不具备比较优势的薄弱服务环节进行外包，向社会释放服务需求，促进第三方生产性服务市场发展。

推动制造业和生产性服务业在园区内融合发展。加快产业园区发展转型，积极试点园区制造业和生产性服务业一体化发展的体制机制，大力推进“产城融合、园城互动”发展模式，通过融合发展提升园区可持续发展能力。促进园区内的企业基于业务流程合作，主动实现为上下游客户提供生产性服务和服务性生产，协同创造价值。

推动服务外包高端发展，创新服务外包模式。把握全球服务外包发展新趋势，积极承接国际离岸服务外包业务，提高服务外包层级。鼓励服务模块化外包，不断创新服务外包模式。引导社会资本积极发展信息技术外包、业务流程外包和知识流程外包服务业务，为产业转型升级提供支撑。支持企业购买专业化服务，构建数字化服务平台，实现包括产品设计、工艺流程、生产规划、生产制造和售后服务在内的全过程管理。

（二）生产性服务业与农业深度融合

实现传统农业迈向农业现代化，不能仅在种植业上下功夫，还要特别关注农业产前、产后等属于生产性服务业的问题。发展服务农业的生产性服务业，健全农业产业化服务体系，是实现农业现代化、低碳化和可持续发展的重要手段。要建立起高效、高附加值的现代化农业，就必须有与之匹配的农业生产性服务业体系，包括农村金融、农业科技、涉农物流、动植物疫病防控、农产品质量安全监管、农村劳动力培训、农机租赁等，以现代服务业促进农业现代化。

我国既有的农业服务体系比较薄弱，不符合现代农业的要求，突出表现在：传统农业服务提供商提供的服务水平较低，农户交易成本高、交易风险大；龙头企业由于综合服务体系不足，规模化、专业化程度低，自身发展面临瓶颈，无法有效带动农户；服务要素与资源主要聚集在城市，特别是大中城市，城市专业化服务提供商面对分散的农业服务需求和低效回报，缺乏提供服务的积极性。为了改变这种状况，有些地方政府运用“政府推动、市场牵动、龙头带动”的手段，探索“城市延伸、农村靠拢、专业组织衔接”的农业与城市服务业融合发展的创新模式，取得了初步效果。

政府推动，就是以政策措施形成“双向推力”，积极推动城市服务提供商向农村提供金融、物流、营销、信息、技术推广等专业服务，同时推动农村生产要素向龙头企业（专业化合作组织）集中，提高农业生产组织化经营程度。市场牵动是指用收入的提高引导农民放弃目前分散经营的生产方式，走向组织化、规模化；用成本的降低和质量的提高来吸引专业化组织购买城市专业化服务，形成城市服务商和专业化组织的主动对接。龙头带动，是指政府积极扶持龙头企业（专业化合作组织），使龙头企业成为连接城市专业化服务和农户的纽带。

（三）加快形成“互联网+”生产服务体系

牢牢把握“互联网+”背景下由数字化时代进入智能化时代的变化趋势，注重“互联网+”在生产性服务领域的渗透，把互联网全面融入到研发设计、生产、流通、管理、人力资源开发、售后服务等各个环节，发展数字化设计、网络协同研发、现代化供应链管理、个性化定制、在线检测、远程诊断和维护等基于互联网和信息技术的服务功能创新，加快形成“互联网+”生产服务体系，促进生产模式和组织方式变革，形成网络化、智能化、服务化、协同化的产业发展新形态。

支持“互联网+”在农业领域的创新应用。发展农作物良种繁育、农业生产动态监测、环境监控等信息技术服务，提高农业生产的信息化水平。运用互联网、大数据等信息技术，推动农特产品供需双方的直接对接，助推农业实现个性化生产与集约化生产相结合。鼓励利用移动互联网、大数据、云计算、物联网等新一代信息技术，与农业跨界融合，实时提供农业生产信息及技术指导，实现农业生产的精准化与智慧化。鼓励以“互联网+”促进农村一、二、三产业之间的融合渗透和交叉重组，实现一体化经营，带动农村经济集约化发展。推进基于互联网、物联网的农产品质量溯源体系建设。

推动“互联网+”协同制造。推进制造过程数据化、网络化、智能化、一体化，依托移动互联网终端等智能设备实现产供销一体化整合。引进机器人、智能控制技术、互联网技术等，实现从自动化工厂到智能化工厂的转型。推进工业互联网发展。深化制造企业与互联网企业的战略合作，制定制造业与互联网融合发展的实施方案和路线图。积极发展基于互联网的协同创新模式，加快完善重点领域的产业链协同创新体系。支持建设一批网络化协同制造平台。建设完善重点行业和领域的“工业云”公共服务平台、大数据中心，推动软件与服务、设计与制造资源、关键技术与标准的开放共享。鼓励云制造、云设计等新模式创新发展，支持建设中小企业云制造平台。积极推进工业大数据应用。

通过互联网促进能源系统扁平化，推进能源生产与消费模式革命，提高能源利用效率，推动节能减排。加强分布式能源网络建设，提高可再生能源占比，促进能源利用结构优化。加快发电设施、用电设施和电网智能化改造，提高电力系统的安全性、稳定性和可靠性。

二、发展生产性服务业的重点领域

（一）科技服务业

积极开展研发服务，加强新材料、新产品、新工艺的研发和推广应用。加快建立以创新中心为核心载体、以企业为主体、以公共服务平台为重要支撑的创新网络。积极培育市场化新型研发组织、研发中介和研发服务外包新业态。发展多层次的技术（产权）交易市场体系，支持技术交易机构探索基于互联网的在线技术交易模式，推动技术交易市场做大做强。鼓励技术转移机构创新服务模式，为企业提供跨领域、跨区域、全过程的技术转移集成服务。加快发展检测检验认证服务。鼓励发展第三方检验检测认证服务。开拓“互联网+”等服务认证领域。加强计量、检测技术、检测装备研发等基础能力建设，发展面向设计开发、生产制造、售后服务全过程的观测、分析、测试、检验、标准、认证等服务。构建统一的检验检测认证监管制度，完善检验检测认证机构资质认定办法，积极参与制定国际检验检测标准，开展检验检测认证结果和技术能力国际互认。积极发展知识产权代理、法律、信息、咨询、培训服务等知识产权服务业。提升知识产权分析评议、运营实施、评估交易、保护维权、投融资等服务水平，构建知识产权服务体系链。

（二）现代物流业

提升物流信息化、智能化、精准化水平。推进物流大数据发展，打造智慧物流平台。加快传统物流业转型升级，推进关键技术装备的研发应用，推广自动识别、数据交换、卫星定位、智能交通等物流信息技术在物流智能化管理方面的应用，提供智慧物流一体化解决方案。加强核心技术开发，发展连锁配送等现代经营方式。完善社会化、专业化的物流服务体系，大力发展第三方物流。鼓励制造企业分离外包物流业务，促进企业内部物流需求社会化。优化制造业、商贸业集聚区物流资源配置，构建中小微企业公共物流服务平台，提供社会化物流服务。支持从制造企业内部剥离出来的物流企业发挥专业化、精益化服务优势，积极为社会提供公共物流服务。鼓励物流企业功能整合和业务创新，不断提升专业化服务水平，积极发展定制化物流服务，满足日益增长的个性化物流需求。优化物流基础设施布局。推进综合交通运输体系建设。在城市社区和村镇布局建设共同配送末端网点，优化城市商业区和大型社区物流基础设施的布局建设，形成层级合理、规模适当、需求匹配的物流仓储配送网络。进一步完善应急物流基础设施。合理布局冷链物流设施。优化城市配送网络，打造城市共同配送信息平台，鼓励统一配送和共同配送。推动城市配送车辆标准化、标识化，建立健全配送车辆运力调控机制，完善配送车辆便利通行措施。健全农村物流服务体系。加强产销衔接，扩大农超对接规模，加快农产品批发和零售市场改造升级，拓展农产品加工服务。促进物流业绿色发展，鼓励采用低能耗、低排放运输工具和节能型绿色仓储设施，推广采用节能环保的技术，降低物流业的能耗和污染物排放水平，加快建立绿色物流评估标准和认证体系。

（三）信息服务业

着力培育基于移动互联网、云计算、大数据、物联网等新技术的信息服务。鼓励互联网骨干企业开放平台资源，加强行业云服务平台建设，支持行业信息系统向云平台迁移。推进物联网感知设施规划布局，发展物联网开环应用。推进大数据产业快速发展。加快推动数据资源共享开放和开发应用，助力产业转型升级和社会治理创新。统筹布局建设国家大数据平台、数据中心等基础设施。出台政府机构数据开放管理规定，加快政府数据开放共享，推进政府和公共信息资源开放共享，支持公众和小微企业充分挖掘信息资源的商业价值，促进互联网应用创新。提升“三农”网络化服务水平。加快农村互联网基础设施建设，推进信息进村入户。鼓励通过移动互联网为农民提供政策、市场、科技、保险等生产生活信息服务。支持互联网企业与农业生产经营主体合作，综合利用大数据、云计算等技术，建立农业信息监测体系，为灾害预警、耕地质量监测、重大动植物疫情防控、市场波动预测、经营科学决策等提供服务。大力发展下一代信息技术服务，积极推进第五代移动通信（5G）和超宽带关键技术研究，启动5G商用。超前布局下一代互联网，全面向互联网协议第6版（IPv6）演进升级。

（四）金融服务业

力促金融服务实体经济发展。推动科技金融创新，建立适应创新链需求的科技金融服务体系，探索投贷结合等创新模式，建立科技与资本高效对接的信用激励、风险补偿机制，提高融资可得性。促进投资贸易便利化。进一步扩大跨境人民币业务市场参与主体范围，引导金融机构推广和创新跨境人民币结算产品，帮助企业利用贸易融资、境外借款、对外担保等工具实现走出去。支持开展信用贷款、融资租赁、质押担保等金融产品和服务创新。推进普惠金融发展，有效提高金融服务可及性。深化农村金融改革，坚持以服务农村、农业、农民为宗旨，支持农村经济建设。试点中小微企业信用担保风险补偿机制。提高小微企业和农户贷款覆盖率。提高小微企业信用保险和贷款保证保险覆盖率。鼓励各金融机构利用云计算、移动互联网、大数据等技术手段，在更广泛地区提供便利的存贷款、支付结算、信用中介平台等金融服务，拓宽普惠金融服务范围，为实体经济发展提供有效支撑。大力推动直接融资发展，鼓励发展创业投资基金、风险投资基金和股权投资。推动信托机构、小额贷款公司、典当行等金融机构规范发展。积极稳妥推进场外交易市场建设，积极探索基础设施创新融资方式，推动 PPP 模式发展。规范互联网金融发展。完善绿色金融的政策支持体系，引导金融机构加快绿色产品创新、引导投资者“绿化”投资组合，促进信息共享和深化部门合作，形成碳排放交易等金融机制和交易手段。加快社会征信体系建设，推进各类信用信息平台无缝对接，打破信息孤岛。

（五）节能环保服务业

完善节能环保服务体系。大力发展节能减排投融资、能源审计、清洁生产审核、工程咨询、节能环保产品认证、节能评估等第三方节能环保服务体系。规范引导相关企业协同开展城市及产业废弃物的资源化处理。全面推行循环生产方式，促进企业、园区、行业之间链接共生、原料互供、资源共享。完善污染物监测及信息发布系统，形成覆盖主要环境要素的资源环境承载能力动态监测网络，实现生态环境数据互联互通和开放共享。创新节能环保服务模式。推广合同能源管理。探索节能量市场化交易，建立健全用能权、用水权、排污权、碳排放权初始分配制度，建立相关交易市场体系。推行环境污染第三方治理，以合同能源管理、合同环境管理、合同节水管理、第三方治理模式等创新模式，推动专业化节能减排行业快速发展。发展节能减排投融资、清洁生产审核及咨询等节能环保服务。

（六）商务服务业

提升商务咨询服务专业化、规模化、网络化水平。加大品牌培育力度，鼓励积极开拓国内外市场。大力发展战略规划、营销策划、市场调查、管理咨询等咨询服务。积极发展电子网络、数字出版、数字传输、动漫游戏、新型广告装备制造业等新兴广告产业，以及资产评估、会计、审计、法律、税务、勘察设计、工程咨询等专业咨询服务。根据市场多元化需求，整合优势资源，增加有效供给，推动会议展览服务业健康发展。发展信息技术咨询服务，开展咨询设计、集成实施、运行维护、测试评估、应用系统解决方案和信息安全服务。开展多种形式的国际合作，推动商务咨询服务国际化发展。积极发展品牌服务，引导企业树立追求卓越的企业价值理念，推动企业从经营产品向经营品牌转变。充分发挥行业中介组织的专业优势，广泛开展信息、咨询、交流、培训等各类活动，为企业开展品牌建设提供服务。有序发展品牌第三方评价，推动形成具有中国特色的品牌价值评价机制。

（七）标准服务业

积极推动标准服务业有序发展。加大生产性服务业标准的推广应用力度，深化国家级服务业标准化试点。建立与国际接轨的生产性服务业标准体系，提高国际化水平。依托行业协会和中介组织加强对制造业服务化标准的制定，加快推进生产性服务业的国家标准化进程。积极开展国际认证工作，推动服务标准的国际化。加快研究制定新兴产业急需的各项技术标准，支持新兴产业安全标准、评价标准的研究和验证，积极参与国际标准的制修订。

（八）人力资源服务业

培育人力资源服务业主体。支持通过兼并、收购、重组、联盟、融资等方式，重点培育一批有核心产品、成长性好、竞争力强的人力资源服务企业集团，发挥大型人力资源服务机构的综合性服务功能。引导人力资源服务企业细化专业分工，向价值链高端延伸，重点鼓励人力资源外包、高级人才寻访、人才测评、人力资源管理咨询等新业态快速发展。统筹利用高等院校、科研院所、职业院校、社会培训机构和企业等各类培训资源，强化生产性服务业所需的创新型、应用型、复合型、技术技能型人才开发培训，鼓励各类人力资源服务机构提供专业化、规范化、标准化的优质高效人力资源服务，提升劳动者素质和人力资源配置效率。

（课题组成员：夏杰长　李勇坚）

产业融合发展的方向、障碍和对策建议

国家发展改革委产业经济与技术经济研究所课题组

当今世界，产业融合已经成为产业发展新趋势，也是世界新技术革命和产业结构升级新潮流。“十三五”是我国全面建成小康社会的决胜阶段，促进产业融合发展，对于推进农业现代化、实施制造强国战略和实现服务业优质高效发展，具有重要性和紧迫性。

一、产业融合的概念和边界

二十世纪七八十年代以来，随着信息技术的快速发展和经济服务化趋势的不断深化，计算机业、电信业、广播电视业和出版业之间率先形成明显的产业融合现象，引起了学术界的关注和研究。产业融合的界定最早是从技术融合角度出发，认为产业融合始于产业之间的技术关联。随着实践发展，产业融合的研究逐步从技术视角扩展和转换到产品、产业视角。欧盟委员会认为，产业融合不仅仅是一个技术问题，更是涉及服务以及商业模式乃至社会运作的一种崭新方式，包括了技术、产业、服务和市场三个层次。国内学者厉无畏等认为，产业融合是指不同产业或同一产业的不同行业，通过相互渗透、相互交叉，最终融为一体，逐步形成新产业的动态发展过程，其特征在于融合的结果出现了新的产业或新的增长点。

我们认为，产业融合是指由于技术创新与扩散、管制放松、市场需求变化和商业模式创新等原因，不同产业或同一产业不同行业之间相互渗透、相互交叉，最终逐步形成新产业的动态发展过程。产业融合往往带来产业关系的链条化、网络化和集群化，引发产业空间布局的重构，是加快发展方式转变的重要途径，也是提高产业生产率和附加值的重要选择。

二、产业融合发展的方向

当前经济服务化、服务产业化迅速推进，加速产业融合进程，对发展方式转变的主导作用正在显著增强。服务业与农业、制造业融合，以及服务业内部融合，日益成为产业融合的重点方向。

（一）促进服务业与农业融合发展

加快发展农业生产性服务业。农业生产性服务业是服务业与农业融合发展的重要载体，促进服务业与农业融合发展，必须大力发展农业生产性服务业。要加强农业公益性服务，创新农业公共服务供给机制。鼓励政府主导、以科技服务为重点的公共农业生产性服务机构拓展服务领域。完善对农业产业化龙头企业、农民专业合作社和农产品行业协会、现代农业产业联盟等行业组织的支持政策。鼓励发展经营性农业生产性服务业，鼓励科技人员创办或领办经营性农技服务组织，支持新型农业经营主体向新型农业服务主体转型，推进农业生产性服务外包。引导农民经纪人和农业中介服务组织规范化、标准化、品牌化发展。鼓励发展生产、生活、生态有机结合的“三生”农业。鼓励供销社、信用社、邮政系统和农村集体经济组织向农业生产性服务供应商转型。

鼓励平台经济增强引领带动服务业与农业融合发展的能力。鼓励平台型企业与农产品优势、特色产区和农业产业化基地合作，探索营销渠道创新带动农业现代化新路径。鼓励搭建全国性或区域性农产品电子商务平台。建设区域农业主导产业专家服务系统，提供乡村旅游、农业物联网、产品供求和价格、公共营销、农技推广等服务。支持建设农村创业孵化平台。加强对农村产权流转和要素交易市场建设的支持。稳妥扩大发展农村合作金融、互助保险的改革试验。鼓励搭建城乡融资租赁服务平台。

（二）推进服务业与制造业深度融合

支持制造企业与服务企业双向高水平融合。支持优势制造企业向服务型企业转型，有条件的制造企业由提供设备向提供系统集成总承包服务、由提供产品向提供整体解决方案转型。鼓励研发设计、电子商务、云计算、物联网等服务型企业，依托新技术新平台，加快向制造业领域渗透，引导制造业转型发展。支持技术服务业加快发展，优先支持工业设计与传统制造业融合发展。

培育壮大服务业与制造业融合发展新业态。鼓励制造企业分离发展服务业，培育壮大面向制造业的研发设计、现代物流、信息技术、节能环保、商务咨询、人力资源和品牌管理等专业化生产性服务业。推动软件系统设计、工业设计、工业装备创新、定制化设计等发展。发展供应链管理服务、网络化协作制造型服务、信息增值服务等，推动服务外包专业化、规模化、品牌化发展。创新发展以消费者为中心，以个性化定制、柔性化生产和社会化协同为主要特征的智能服务网络。

鼓励制造业园区转型发展服务业。积极推进相关体制机制创新，引导园区加强生产性服务功能区建设，完善综合性服务体系。加强对行业协会、产业联盟、产业公共平台和产业公地建设的支持。加强技术转移和产业化服务体系建设。建设区域生产性服务业综合体系。发展现代销售体系。

（三）鼓励服务业内部跨界融合

培育服务业融合发展新格局。加大对服务业新技术、新产业、新业态、新模式的支持。鼓励建设健康养老、医疗旅游、生态休闲等服务业融合发展综合体。促进金融与文化、科技、物流等深度融合。鼓励服务业企业发展国外服务业网络资源、高端营销促销渠道。设立服务贸易风险补偿基金。

打造服务业融合发展新载体。鼓励服务业集聚集群集约发展，促进服务业集聚区、功能区转型升级。鼓励服务贸易功能区、服务外包集聚区、服务业开放发展试验区等提质增效升级。

推进服务业与信息化融合发展。实施“互联网＋产业”“互联网＋流通”行动，重点推进互联网与现代农业、智能制造、智慧能源、人工智能等融合发展。推进服务业数字化、网络化、智能化，引导大数据、云计算、移动互联网、物联网技术向商贸、物流、健康、医疗、旅游、教育等服务业领域渗透。通过带动众创、众包、众筹、众扶等方式，发挥对小微企业发展和创业创新的带动作用。

三、现阶段我国产业融合发展的主要障碍分析

总体而言，我国产业融合发展还处于初级阶段，发展潜力尚待进一步释放，与适应把握引领经济发展新常态的要求相比，还存在很大差距。

（一）传统思维定式难以突破

部分企业或政府部门对产业融合发展的意义、趋势和重要性认识不足，仍然习惯于传统的产业分治思维。产业发展中重硬件轻软件、重基础设施轻人力资本

和服务能力的倾向明显。许多企业难以找到推进产业融合发展的切入点和关键点，缺乏以用户为中心的发展理念，不重视通过服务业与农业、制造业、其他服务业的融合发展，增强产业（产品）的文化内涵和消费体验，提升附加值。

（二）行政垄断等管理体制障碍

产业融合以产业生态系统的开放性为前提。当前行业管理体制改革滞后，部门分割及行政垄断较为严重，严重限制了资源、要素的跨界流动和优化组合，增加了推进产业融合发展的难度。区域封锁、地区分割不仅阻碍了全国统一市场的形成，还影响了区域之间的分工协作和企业的聚集集约发展，容易形成“只扎堆、无融合”的现象。部分行业管理体制分割明显，多头管理严重，政策协调难度较大，产业融合发展成本较高。

（三）准入限制多和监管模式落后

新产品、新业态面临的市场准入限制仍然较多，工商注册便利化程度亟待提高。部分地方政府对产业发展的管理仍以土地指标和行政性直接干预为主，管制型政府的特征较浓。前置性审批较多，事中事后监管薄弱。服务业跨界融合的监管模式比较落后，放管服尚未有机结合。顺应产业融合发展的趋势和要求，推动政府向学习型、创新型、服务型政府转变任务较重。

（四）政策创新不足

推进产业融合发展涉及许多资源、要素的流动和整合，涉及市场开放、资质认定、人才引进等问题，需要根据产业融合发展的需求，提供富有针对性的引导。当前一些政策较为笼统、导向不鲜明，难以落地或缺乏有效性。土地政策上，一些老工业基地或城市郊区由于开发较早，大量工业用地被传统企业占用，城市规划设置的土地性质和容积率等规划参数未能及时调整，如产业园区的研发等非工业用地指标控制在7%~10%，不利于工业用地的二次开发和产业升级。一些发展潜力大的产业融合发展项目，由于用地需求得不到满足，只能放弃落户。

（五）复合型人才缺乏

相对于农业、工业和服务业各自分治发展，推进产业融合对发挥产业领军人才的带动作用、提高从业人员素质提出了更高要求。但人才供给不足仍是制约产业融合发展的短板，主要表现为：领军型人才、复合型人才和高素质从业人员严重不足，现行教育和人才培养模式不适应产业融合发展的需求，存量人才资源流动不畅更加剧了产业融合的人才瓶颈。

四、促进产业融合发展的对策建议

充分调动社会各方面的积极性和创造性，统筹促进产品创新、技术创新、业态创新、模式创新和管理创新，尽快形成多元化、多层次、多形式、多渠道的产业融合发展新格局。

（一）构建顺应产业融合发展要求的制度和政策环境

进一步放松产业融合规制。加快对垄断性行业的改革步伐，建立科学合理的准入条件，打破金融保险、电信通信、铁路运输、信息等服务业进入壁垒。搭建产业融合的信息交流平台，促进政府部门之间甚至利益相关者之间信息交流和共享合作。完善产业融合的监管体系，重点加强事中事后监管和跨界融合全程协同监管。积极推进行业协会（商会）管理体制改革，发挥行业组织在产业融合发展中的推动作用。把健全知识产权保护制度和加强社会信用体系建设放在突出地位，积极营造有利于产业深度融合发展的社会环境。

（二）将发挥企业的主体作用与完善产业融合的利益联结机制结合起来

鼓励企业通过跨行业企业集团、战略联盟、合资企业和其他企业协议等组织形式实现融合，推进要素资源重新组合和产业升级换代。发挥领军企业参与产业融合的示范带动作用，培育一批主业突出、核心竞争力强的大型企业集团。支持中小企业通过行业协会、企业联盟、协作配套等方式开展合作，推进产业融合发展。在领军企业或产业链核心企业和一般企业之间、新型经营主体与传统经营主体之间建立激励相容机制，激发不同经营主体、利益主体参与产业融合的主动性、积极性和创造性。为参与产业融合的农户、小微企业或非组织化经营主体搭建更为广阔的平台，带动其更好地增强参与产业融合发展的能力、分享产业融合发展的成果。

（三）夯实产业融合创新的技术基础

围绕产业间跨界融合所需的公共技术，构筑综合性立体化的产业融合技术支撑平台。近期重点强化云计算、大数据、工业互联网等新技术前瞻性研究，着力突破智能机器操作系统等关键软硬件技术。加大对企业技术创新的支持力度，综合运用相关支持基金（资金），引导企业加大研发投入。探索大数据、云计算、移动互联网向制造、服务生产、消费领域的广泛渗透。推动信息网络基础设施升级，加快推进光纤宽带、4G 网络的部署升级，建立宽带普遍服务长效机制。

（四）强化财税、土地等扶持政策

加大财政支持和税收减免力度，通过以奖代补等方式重点支持科技含量高、带动力强的产业融合项目发展。转变扶持方式，由单一“奖励”调整为“项目补贴、贷款贴息、税收减免、土地优惠、奖励配套”等多种方式。通过在增值税、营业税、关税和所得税等方面给予融合相关主体相应的减抵免政策。盘活存量用地，提高土地利用率，支持利用工业、仓储用房、传统商业街存量房产等土地资源兴办现代服务业。经依法批准，研究对提高自有工业用地容积率用于自营生产性服务业的工业企业，可按新用途办理相关手续。

（五）优化产业融合的金融政策

加强政府引导，实现政府资金由支持单个企业向支持基地建设、优化产业投资环境转变。多渠道吸引社会资金，鼓励天使投资、风险投资和股权投资等机构主动参与、介入产业融合。建设产业融合金融公共信息服务平台，探索设立产业融合项目融资登记中心。支持和引导符合条件的企业在国内外资本市场上市。

（六）加强产业融合的高端人才队伍建设

以大制造、大服务的思维，培养具有融合战略观、跨行业驾驭能力、多业务水平的人才。改革人才培养模式，建立企业与高等院校联合培养人才的机制。面向市场需求，积极调整学科和专业设置，培养掌握专门技术和专业知识的复合型人才。鼓励国内外专业培训机构定向培训产业融合发展紧缺的各类人才。加强对国外高端人才的引进。从信息、交通、居住、生活等各方面创造适宜人才发展和建功立业的环境。探索对高端人才实行培养培训费用加计扣除政策。加快体制机制创新，突破现有的人才管理评价制度。

（课题组成员：姜长云　王佳元　郭怀英　洪群联）

世界服务贸易发展态势及中国的对策

商务部国际贸易经济合作研究院课题组

一、全球服务贸易发展基本特征与新趋势

随着服务全球化深入发展，贸易和投资重心加快向服务业转移，世界各主要国家纷纷把服务业和服务贸易作为拉动经济增长、促进就业、调整经济结构的重要手段。深入分析全球服务贸易发展特征与新趋势，对加快我国服务贸易和服务业发展具有重要意义。

（一）阶段性特征明显

1980年，世界贸易组织（WTO）开始公布服务贸易统计数据。截至目前，全球服务贸易发展大致可划分为三个阶段。

第一阶段是1980—1994年，其特征表现为服务贸易快速增长。全球服务贸易出口由3000多亿美元增至1万亿美元以上，年均增长7.63%，明显快于货物贸易。1986年“乌拉圭回合”谈判后的十年间，服务贸易年均增速提高至10%以上。

第二阶段是1995—2008年，其特征表现为服务贸易稳定增长。1994年《服务贸易总协定》（GATS）正式签署后，服务贸易发展进入新时期，服务贸易与货物贸易增速交替领先。全球服务贸易年均增长9.71%，略低于货物贸易。此间，全球服务贸易出口增长2.8倍，规模扩大到约4万亿美元。

第三阶段是自2009年至今，其特征表现为服务贸易规模继续扩张。国际金融危机发生后，全球货物和服务贸易大幅下降，2009年后开始恢复性增长，服务贸易年均增速显著快于货物贸易，出口规模增至约5万亿美元。

（二）国际金融危机以来的新趋势

2008年国际金融危机发生后，全球各主要经济体积极行动起来，加强宏观经济政策协调，纷纷表示反对贸易保护主义，全球经济和贸易缓慢复苏，全球服务贸易发展呈现出新特点。

全球服务贸易相对地位稳中有升。2008 年国际金融危机之后，全球服务贸易和货物贸易在重创之后进入复苏期，增速出现不同程度的波动，但服务贸易发展波动小于货物贸易。2015 年，全球服务贸易出口和进口占比分别提升至 22.37% 和 21.57%，这也表明服务贸易在全球贸易中的地位趋于上升。

新兴服务贸易增长快于传统服务贸易。根据 WTO 统计，2009—2015 年新兴服务贸易出口快于传统服务贸易出口。通信、计算机和信息服务、金融、保险、咨询等服务贸易出口年均增长均超过了总服务出口增速，成为驱动服务贸易发展的新动力。传统服务贸易领域中，旅游服务出口增长较快，占比趋于提高。

不同地区和国家服务贸易增速差距较大。从区域来看，1980 年以来亚洲服务贸易始终保持较快发展，欧洲和北美洲经历早期较快增长后发展趋缓，而非洲和南美洲服务贸易仅在 1996—2008 年间保持较快增长。从国别来看，近年来发展中国家服务贸易增速明显快于发达国家，但发达国家服务贸易竞争力较强，服务贸易顺差呈现扩大趋势，全球服务贸易不平衡加剧。

（三）发达国家服务贸易发展经验

美、德、英、日等国发展服务贸易的经验为我国提供了重要的启示与借鉴。

一是确立“服务先行”出口策略，将服务贸易发展上升到国家战略层面。

二是夯实服务产业基础，有步骤、分层次地开放国内服务市场，在开放中实行适度保护。

三是完善的法律体系和完备的服务贸易管理体制。发达国家在服务业和服务贸易都已形成了完善的法律体系。同时，从贸易政策制定、服务贸易管理，发达国家均建立了完善的、分工明确的服务业和服务贸易管理机构，并形成了有效协调。

四是完善服务出口促进体系和政策，重视双边、区域和多边服务贸易谈判，减低贸易伙伴服务贸易壁垒，拓展海外服务贸易市场。

五是加快服务贸易人才培养。服务业的特质决定了人是其发展的关键要素。发达国家十分注重服务贸易人才的培养、引进和职业培训，培育多层次人才，为服务贸易发展提供智力支撑。

六是重视并不断改进服务贸易统计体系。完善的服务贸易统计体系是一国制定服务贸易政策、开展服务贸易谈判的基础，各国对服务贸易统计非常重视，其统计制度具有法制化、统计队伍专业化、统计方法科学化并切合本国实际发展需求等特点。

二、国际服务贸易新规则的主要内容和特征

相比 GATS 达成的服务贸易自由化规则，正在谈判中的新一代服务贸易规则力推高标准，积极推进更高水平和更全面的服务贸易自由化，纳入了更多的二十一世纪新议题，将服务贸易自由化措施从边境前延伸到边境后。

（一）基本规则标准更高

采用负面清单模式进行开放承诺。总体上讲，GATS 采取的是正面清单模式进行服务业开放承诺，新一代服务贸易规则积极推动负面清单方式进行开放。在负面清单模式下，对于随着技术或经济发展新出现的服务门类、服务业态或服务模式，都将自动开放。尽管正面清单模式和负面清单模式都能积极促进服务贸易自由化，但相比正面清单，负面清单承诺模式更具透明度、稳定性等优势，蕴含高标准的服务贸易自由化。

服务贸易内容更加丰富和具体。GATS 正文中只是对服务贸易基本规则进行了解释，文本中并没有针对专门的服务设立章节，仅对空运服务、金融服务、电信服务、海运服务等以附件的形式出现。而 TPP 正文中，专门的服务贸易就有五章，分别是跨境服务贸易、金融服务、商务人员临时入境、电信和电子商务。除了专门的章节对金融、电信、电子商务三个重点服务领域开放作出详细规定外，同时以附件形式将专业服务和快递服务作出明确规定。

核心义务条款指向高标准的开放。以当地存在为例，与 GATS 不同的是，TPP 当地存在规定：任何缔约方不得要求另一缔约方的服务提供者在其领土内设立或维持办事处或任何形式的企业或成为居民，作为跨境提供服务的条件。从原则上禁止各方提出“当地存在”要求，这就意味着服务提供商可以不设立办公室、分支机构或成为居民，而为东道国境内提供跨境服务。

（二）重点服务贸易领域规则标准显著提升

电信服务。新一代服务贸易规则中在电信领域中的核心内容不外以下几个：一是要求及时合理的网络“互联”。目的是限制缔约方主要电信服务商在物理设施或运营安排上阻止竞争对手的接入。二是要求公平分配稀缺电信资源。旨在保证缔约方监管机构不会在频率、号段和通路等稀缺电信资源的分配上为本地服务商提供优惠准入。三是要求监管机构公平独立。四是要求监管中的技术中立原则，即不得强制要求服务商使用特定的技术标准，服务商也不应因使用新的技术标准

而受到歧视。

金融服务。新一代金融服务贸易规则大幅扩大了市场准入，实施高度的金融自由化和去监管化。一是在金融服务章节采取“负面清单”的承诺方式。二是扩展金融服务的定义范围。TPP 专门将电子支付纳入管辖范畴，而服务贸易协定（TISA）谈判几乎将整个金融部门都列入金融附件中。三是引入禁止自由化水平倒退的机制。TISA 试图在金融服务附件中引入“冻结条款”和“棘轮条款”。“冻结条款”要求各缔约方锁定当前的自由化水平（即将来不能增加新的限制措施），“棘轮条款”则使得未来任何以自主方式实现的金融服务贸易自由化措施都要自动纳入 TISA 承诺。四是放宽对新型金融服务的准入。

电子商务规则。新一代规则致力于确立以下几个新的原则：一是禁止对电子传输征收关税。二是禁止要求企业开放源代码。即不得以转移或共享软件源代码作为允许其他缔约方企业在境内提供与之相关的服务的前提条件。三是确保数据自由流动。四是禁止基础设施本地化要求。即规定不能将使用本地计算或存储设施作为允许服务商进入市场的前提条件。五是推进数字贸易便利化。例如鼓励无纸化贸易、电子认证和电子签名等。六是开展网上消费者保护。例如要求实施并保持针对网上诈骗和商业欺诈行为的消费者保护法。

（三）相关的综合性规则不断提高标准或被纳入

知识产权规则。提高知识产权保护标准，增强刑事执法力度。TPP 将相关保护期延长，同时增加了对于地理标识、生物制品、互联网领域的保护要求。对于执法程序，TPP 要求缔约方增强对知识产权违反行为的刑事执法力度。

政策采购。TPP 的政府采购门槛较世界贸易组织《政府采购协定》（GPA）更低，将涵盖更多的政府采购范围，对一国的影响和约束范围更大。

监管一致性。TPP 明确要求标准统一和兼容，提高透明度，取消过多的检测和认证，就食品安全、药品监管、信息技术产业标准等特定领域进行合作，实现成员之间市场“无缝”和“高效”对接。

竞争政策和国有企业。TPP 在竞争政策方面，要求国有企业成为真正的市场主体，承担更多的信息披露义务，包括公布管理层人员官方身份、接受财政资助、贷款信贷及担保等详细信息，规范国有企业参与政府采购、获得补贴和贷款等行为，不能享受过度保护。

环境和劳工标准。TPP 制定了严格、详细的环境法实施原则与程序，要求提高环境政策决策、实施和执行的透明度。同时 TPP 对劳动条款提出了严格的标准，要求按照国际劳工组织公约的规定，确保缔约方保障劳工结社自由、保障集体谈判薪酬权利、废除强制劳动、禁止童工、消除就业歧视等，禁止以较低的劳工标准谋求贸易投资方面不公平的竞争优势。

三、我国服务贸易发展现状与趋势

（一）我国服务贸易发展环境不断优化

近年来，我国服务贸易政策的稳定性、系统性、透明度不断提高，服务贸易发展环境不断优化。

服务贸易管理体制日趋完善。2015 年 1 月，国务院颁布了《关于加快发展服务贸易的若干意见》，促进中国服务贸易发展的系统、全面、开放和科学的规划体系逐步建立。2015 年 8 月，国务院建立服务贸易发展部际联席会议制度，服务贸易工作部门间协调机制化建设取得重要进展。

重点服务领域政策不断创新。近年来，我国政府在文化、电子商务、旅游、运输等领域不断创新支持服务贸易的政策措施，积极扩大服务业开放，对服务贸易发展起到了较好促进作用。

促进平台影响日益增强。中国（北京）国际服务贸易交易会、中国（上海）国际技术进出口交易会等一批国际服务贸易展会运转良好，为促进中外企业开展服务贸易交流合作发挥了积极的作用。包括上海在内的四个自由贸易试验区正成为服务贸易发展的重要高地，在进一步扩大服务业对外开放、发展服务贸易方面示范效应显著。

服务贸易创新试点稳步推开。2016 年 2 月，国务院决定在上海、海南、深圳等 10 个省市和 5 个国家级新区开展为期两年的服务贸易创新发展试点。服务贸易创新发展试点将以扩大服务业开放为重点，逐步建立起符合服务业特点的监管体系与营商环境，为其他地区进一步扩大服务业开放，促进服务贸易发展提供经验借鉴。

（二）我国服务贸易发展形势特点

据世界贸易组织（WTO）统计，2015 年我国服务贸易总额位居世界第二位，仅次于美国，服务出口额与进口额分别位居全球第五位和第二位。2015 年，我国服务业增加值占比已上升至 56.9%，服务业吸收外资金额占我国实际利用外资总额的 67.6%。我国已逐步进入以服务业为主导的新发展阶段，服务贸易在国民经济和社会发展中的战略性地位进一步凸显，我国在世界服务贸易中的大国地位进一步巩固。

服务贸易成为对外贸易新的增长点。根据商务部的统计，2010—2015年，我国服务贸易进出口总额从3624亿美元增长至7130亿美元，年均增长14.5%。我国服务贸易在对外贸易总额（货物和服务进出口额之和）中的比重不断提高，由2010年的10.9%上升至2015年的15.3%。在货物贸易下行压力不断加大的背景下，服务贸易已成为我国对外贸易新的增长点。

服务贸易成为我国经济转型升级的推动力。“十二五”以来，我国金融服务、计算机和信息服务、通信服务、咨询、专有权利使用费和特许费等高附加值服务快速发展，进出口年均增长率均高于同期服务进出口总额增幅。高附加值服务贸易的发展有效提高了我国产业链的整体竞争力，延伸了参与国际分工的价值链条，成为推动经济转型升级、实现对外贸易新常态的重要推动力。

服务贸易发展仍存在不少问题。如产业基础仍然较为薄弱、服务贸易结构不尽合理、服务贸易发展区域不平衡、服务贸易逆差逐年扩大、服务贸易政策支持力度较弱等。

（三）我国服务贸易发展趋势与前景

“十三五”时期，我国服务贸易发展面临难得的历史机遇，加强供给侧结构性改革将优化服务贸易行业结构，新一轮服务业扩大开放将拓展服务贸易发展空间，信息技术的蓬勃发展将丰富服务贸易提供手段，服务贸易将迎来快速发展的阶段。预计“十三五”期间，我国服务贸易仍将有望保持10%以上的年均增速，到2020年，服务进出口额将超过1万亿美元，占我国对外贸易比重超过16%，全球占比逐年提高。服务贸易在开放型经济发展中的战略地位进一步提升，逐步实现由服务贸易大国迈向服务贸易强国的目标。

四、我国促进服务贸易发展的思路与对策

（一）明确服务贸易发展战略导向

进一步提高服务贸易在国民经济发展全局中的战略地位的认识，牢牢树立服务贸易优先发展意识。积极营造有利于服务贸易加快发展的体制机制、政策环境和社会舆论环境，努力形成新常态下经济贸易发展新亮点和新示范。以增强服务贸易出口能力为重点，促进服务贸易进出口平衡发展。

（二）全面提升服务产业开放合作水平

把服务业利用外资作为深化服务业开放的主战场。把推动服务业走出去作为带动服务出口的重要引擎。把自贸试验区打造成为深化服务业开放的先导力量。把建立自由贸易区作为深化服务业开放的重要渠道。把建立完善服务业开放风险预警、救济和摩擦应对机制放在突出位置。

（三）全面提升服务贸易国际竞争力

在服务出口主体方面，强化重点服务出口企业联系与支持。培育一批影响力大、竞争力强的跨国服务贸易企业和一批独具特色、善于创新的中小服务贸易企业。重点打造若干具有国际核心竞争力的跨国公司，形成具有国际知名度的中国服务品牌。

在优化出口结构方面，巩固传统优势，培育新兴优势，发展壮大特色优势。支持服务贸易企业加强自主创新能力建设，形成技术、品牌、标准、质量、市场渠道和营销网络等新优势。

在服务出口方式方面，推动跨境交易、分支机构销售与离岸外包发展。全面发展跨境交易、商业存在、境外消费、自然人流动四种服务贸易提供模式，重点促进跨境交易和离岸服务外包等服务出口方式。

在服务出口平台方面，打造各类交易会、出口基地和出口示范区等载体。打造以京交会为核心的全国服务贸易展会平台。建设软件出口（创新）基地、文化贸易基地等服务贸易基地。依托现有国家级经济技术开发区、国家级高新技术产业园区和自由贸易试验区等，规划建设一批特色服务出口基地。

在国内区域布局方面，鼓励地方建设国际服务贸易中心。以服务贸易创新发展试点城市和其他省会城市、副省级中心城市为重点，培育若干服务贸易发展集聚区。

在国际市场开拓方面，注重多元平衡的国际市场布局。大力开拓美国市场，不断提升中国服务在美国等主流市场的形象与知名度。深度开拓周边与我文化和经济发展水平相近的国家和地区。广泛发展同其他亚非拉国家的服务贸易合作。

（四）加快构建服务贸易发展新体制

一是进一步完善我国服务贸易管理与协调机制。完善国务院服务贸易发展部际联席会议制度，加强对服务贸易工作的宏观指导与统筹规划。

二是推动建设统一普惠的服务贸易促进政策体系。支持服务贸易公共平台建设，研究离岸服务收入税收优惠、服务出口融资和信用保险优惠、外汇收付便利化等方面政策。

三是探索创新服务贸易事中事后监管体系。完善技术、文化等领域进出口监测，探索创新事中事后监管举措，形成各部门信息共享、协同监管和社会公众参与监督的监管体系。

四是建立业务统计与国际收支统计相结合的统计监测体系。建立我国国家外汇管理局国际收支统计和商务部服务贸易业务统计相结合的服务贸易统计制度。研究建立服务贸易综合监管平台。

（课题组成员：李钢　李俊　崔艳新　聂平香
李西林　张琼　孙铭壕　王拓）

行业发展篇

科技服务业发展情况、展望与建议

中国科学技术发展战略研究院

当前，新一轮科技革命和产业变革蓄势待发，全球产业结构由工业经济主导转向服务经济主导，大量颠覆性技术不断涌现，服务业与制造业的融合发展呈现协同新范式。科技服务业作为科技与经济的“纽带”和“催化剂”，具有巨大发展潜力，同时也面临向专业性、系统性、有序性、开放性升级发展的新挑战。

一、深刻理解科技服务业的内涵

科技服务业是基于信息网络，运用现代科技知识、现代技术和分析方法，向社会提供智力服务和支撑服务的产业，涵盖科技创新的各个环节，为不同发展阶段的科技企业提供技术、人才、金融、信息等服务。科技服务业是现代服务业的重要组成部分，是推动产业结构优化升级的关键产业。

科技服务业随科技进步和产业变革而不断变化。从国际上看，一些发达国家和国际组织将科技服务业称为知识密集型服务业，指的是知识密集型产业向上下游领域延伸形成的，具有先进、新颖的服务形式以及高技术含量、高附加值的新兴服务业态。国家统计局分别在 2011 年和 2015 年对科技服务业的统计范围界定做了调整，按照《国民经济行业分类与代码》GB/T 4754—2015 最新界定，将科技服务业划分为科学研究与试验发展服务、专业化技术服务、科技推广及相关服务、科技信息服务、科技金融服务、科技普及和宣传教育服务、综合科技服务 7 大类，对应 24 中类 69 小类。

总体来看，科技服务业主要围绕科学技术的产生、扩散、应用以及产业化等全链条科技创新活动，提供市场探索、知识发现、技术支撑、法律和金融框架等不同领域的管理支持，提供专业化、市场化服务的新兴知识创新型产业。科技服务业服务对象是企业或组织，而非个人；为新知识产生、知识扩散、技术产业化提供服务，而非最终消费服务，具有以下三个特征：第一，知识、技术是服务的重要投入，服务高度依赖专业能力和知识；第二，服务提供商和服务对象具有高度互动性；第三，创新增值和价值增值是科技服务业的核心目标。科技服务业服务链与创新链的紧密关系如图 3-1 所示。

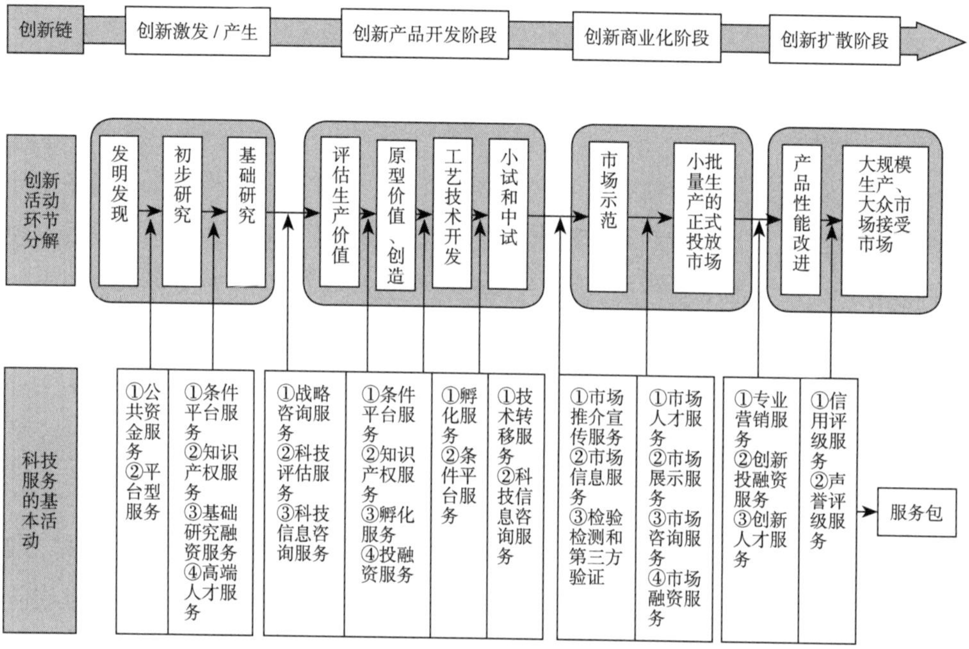

图 3-1 “创新链——科技服务链”基本形态

二、把握科技服务业未来发展趋势

科技服务业作为服务业中的重要部分，连接全球创新、产业变革，日益受到重视，预计 2020 年科技服务业产业规模将达到 8 万亿元，对未来经济增长的引领作用越发突出。

（一）技术创新与组织创新融合，新业态、新模式不断涌现

科技服务模式变革加速。科技创新模式逐渐由传统科学突破转变为技术融合，单一依靠高技术研发的创新模式已被打破，技术进步和变革促进各创新要素的重组和对接，产生新的服务业态和模式。例如，将一部分业务外包，产生研发外包、生物 CRO、检测服务等专业服务市场空间；集众人的资金、能力和渠道解决创业企业资金、营销等问题，催生众包、众创、众筹、科技博客、创业苗圃等新型模式。新型科技服务机构不断衍生。随着技术的不断进步和科技创新需求的逐渐多样化，科技创新服务链条不断细化分解，涌现出了一批新的创新型服务机构，风险投资机构、产业技术联盟、创业苗圃、研发外包、互联网众包等市场化科技服务机构快速发展。线上线下相结合（O2O）（以下简称 O2O）、共享平台等新型技术路线成为重要方向。在云计算、物联网、移动互联网、大数据、人工智能等信息技术应用的推动下，科技服务业服务半径不断拓展。科技服务机构将一部分通用型服务模块化以平台形式提供线上服务，线下则满足不同类型客户群体需要提供深度个性化解决方案。利用互联网开展 O2O 的服务、搭建资源共享平台等成为未来科技服务业发展的必然趋势。

（二）专业化、平台化、网络化的国际竞争加剧

美国硅谷、以色列特拉维夫、中国中关村等世界创业创新中心间的竞争日趋激烈，在这些创新中心的相互竞争中，新的科技服务模式、业态不断涌现，培育了一大批研发设计、技术转移、创业孵化等新型科技服务研发组织和机构。针对移动互联网、生物医药、节能环保和新材料等高技术新兴产业领域，出现了一大批针对研发设计、技术转移、创业孵化、知识产权等服务环节的专业新型研发组织和机构、第三方检验检测组织机构、综合性集成服务平台等。此外科技服务不断向服务于整个“创新链”拓展，平台式集成化服务成为科技服务业发展的重要形态。一些综合实力较强的机构围绕产业集群开展研发外包、产品设计、技术交易、创业孵化、科技金融等“一站式服务”。未来，科技服务业将呈现多层次、虚拟化、网络化的全球竞争发展态势。

（三）“产业服务化”推动产业结构转型升级

科技服务业成为产业结构向高端升级的衔接纽带。伴随互联网技术的普遍应用、市场需求变化和社会分工细化，新技术促进各产业向服务化延伸，生产方式由过去的大规模、批量化生产转向个性化、精细化生产，对相应的产业信息、技术交易、知识产权、投融资等相关服务需求不断增加。“互联网 + 农业”、“互联网 + 工业”等科技服务与产业间的融合和渗透，扩大了传统服务业服务范围和服务对象，带动产业结构升级。

表 3-1　科技服务业与制造业技术融合

年份	科技服务业专利应用于制造业企业的数量	科技服务业专利由制造业企业发明的数量	科技服务业专利数量
2004	70	62	151
2005	84	73	176
2006	96	91	197
2007	70	65	161
2008	137	129	270
2009	142	138	276
2010	161	157	304
2011	197	179	356
2012	234	212	379
2013	265	247	402

数据来源：沈蕾、靳礼伟：《我国科技服务业与制造业技术融合对产业结构升级的影响》，《科技进步与对策》，2015 第 8 期。

（四）引领经济发展的作用凸显

科技服务业成为经济增长新“蓝海”。科技服务业居于服务业价值链的高端环节，作为知识技术密集、增值高、消耗少的高端服务业态，科技服务业已经成为发达国家重要的经济增长点。美国科技服务业总量超过万亿美元，增长速度远高于美国经济 2% 左右的平均增速。近年来我国科技服务业呈现快速增长趋势，发展势头良好，2009—2015 年我国科技服务业年平均增速超过 10%，远高于我国同期的 GDP 增速。未来我国将以科技创新引领全面创新，科技服务业以自身显著的创新特征培育经济领域其他方面的创新，弥补在研发、转化、资金、检测等方面不足，为创新主体提供解决方案，以减少或消除创新的互动性、复杂性和不确定性造成的风险。科技服务业凝聚一个地区的经济基础，吸引多样性和灵活性创新活动，刺激经济活跃增长。一般认为，科技服务每创造一个单位的收益，能为服务对象带来 5 个单位以上的收益增加，形成经济发展的乘数效应。

三、破除科技服务业发展障碍

近年来我国科技服务业发展迅速，但仍然面临诸多问题，主要表现在整体规模较小、行业监管滞后、缺乏具有国际竞争力的企业等方面。我国科技服务业发展存在一些需要在“十三五”时期解决的制约问题。

信息孤岛阻碍资源共享。由于历史原因，我国不少科技服务资源市场化程度相对较低。服务对象与服务机构间存在不同程度的数据和信息不公开、不共享现象，致使科技问题情景难以被感知或有效辨识。同时，挖掘需求—资源对接—信息整合之间存在断层或者不匹配问题，科技服务能力和资源需求无法实现社会性共享。另外，提供科技服务禀赋的科技人才、科技资本、科技资源积极性和服务活力还不够。在保障国家科技安全的前提下，需要由政府主导逐渐走向市场化运作，破除信息孤岛，形成共享及社会性协作氛围，释放科技资源的活力，提升科技服务能力和效率。

基础不牢阻碍产业发展。我国科技服务业尚存在知识管理不够、产业规律掌握不足等问题。作为新兴业态，基础研究明显滞后于产业发展，关于科技服务业的定义仍然模糊。尽管《关于加快科技服务业发展的若干意见》明确了相关内容，但相关产业基础数据统计无法连续获得，难以支撑产业基础研究与分析，造成产业实践处于缺乏理论指导、规律指引的状态。突破基础研究、基础数据的“根基”不牢障碍，需要强化对科技服务发展规律的深入研究。

四、促进科技服务业发展的政策建议

未来一个时期，需要完善科学技术政策和产业发展政策，采用一系列政策工具促进管理科学化和流程高效化，提升科技服务企业技术创新能力和组织创新能力。

（一）“创新全链条 + 精准发力”构建政策支持体系

围绕科技服务链与创新链对接，从定位目标、重点任务、资源要素、政策环境等方面设计全链条和有针对性的政策举措，引导各部门、地方和社会共同加强科技服务链与创新链的共生耦合关系，以进一步优化“创新全链条”科技服务的规划布局，兼顾全面性和系统性的政策“精准发力”。政策支持力度应该依据创新链运行情况，在信息、知识、创意、创新、产品开发与营销五个相连接的价值链条，对薄弱环节起补充、链接和粘合作用的科技服务机构给予大力扶持，尤其是为创新链上游提供服务的科技企业和组织，营造科技服务产业发展的良好生态。按照科技服务业的正外部性和正向辐射性，在财政投入、税收减免、金融支持等方面给予倾斜，建立健全有利于促进科技服务链与创新链共生耦合的财政、金融、科技政策。

（二）“技术创新 + 组织创新”提升创新能力和核心竞争力

利用大数据、云服务等新一代技术，推动技术创新与组织创新深度结合，提升全链条专业化科技服务能力。不断提升技术创新水平，突破关键技术，重点是研发服务、工程技术服务、科技文化融合、科技咨询等科技服务企业，牢牢把握技术制高点。在提供服务过程中，通过嵌入实际的情景感知能力、创新联动的资源整合能力和在线支撑的全程护持能力等提升价值创造能力，通过组织创新、模式创新、管理创新等提升创新能力，推动新技术、新产品、新服务的应用，提升企业核心竞争力，打造具有国际影响力的品牌企业。

（三）“平台 + 开放”实现共享，促进集群式发展

推动产学研紧密结合，全面构建科技服务机构联盟、技术创新联盟、服务平台新型科技服务共享体系。加强共性服务基础设施建设，开放数据资源，推动科研仪器设备共享，打通科技服务业的“最后一公里”。以创新链为基础，建设一批定位清晰、布局合理、协同发展的科技服务业集聚区，形成产业集群协作效应和科技服务品牌效应，提升专业技术服务支撑能力，形成有序竞争、互利共赢的多元化科技服务业生态体系。抓住“一带一路”建设的机遇，鼓励龙头科技服务企业通过海外并购、联合经营、设立分支机构等方式走向国际市场。

（四）“资源倾斜 + 市场规范”加强产业发展的科学性、规范性

构建产业技术、科技管理、科技统计等人才培育体系，鼓励形成 PPP 模式的多元化科技投融资体系，推动各种创新要素资源向科技服务业倾斜。打破区域、行业壁垒，进一步放开科技服务领域的市场准入，引导政府部门、大型国有企业、科研机构向社会购买第三方科技服务，加快科技成果转化和科技资源释放。加大力度支持科技服务企业研究和推广行业标准，积极鼓励将科技服务行业标准上升为国家标准。以科技创新需求为导向，大力发展知识产权代理、咨询、培训等服务，提升知识产权分析评议、运营实施、评估交易、保护维权、投融资等服务水平，构建全链条的知识产权服务体系。制定科技服务评价体系，加强行业规范、资质认证、信用评估等制度建设，创造良好市场竞争环境。

（执笔人：冉美丽）

教育服务业发展情况、展望与建议

中国教育科学研究院

教育关系国计民生，是遍及城乡、覆盖全民、延及终身、产业链长、可持续发展的朝阳产业，在国民经济和社会发展中具有基础性、先导性和全局性作用，是现代服务业的重要组成部分。同时，教育又是知识密集型行业，本质上是创意性产业，是建设创新型国家的重要基础。发达的教育服务体系，代表着一个国家和民族的文明程度，既是走向知识社会的里程碑，也是全面建设小康社会的重要保障。多年来，我国教育事业稳步发展，在服务业中的地位不断增强，尤其是加入 WTO 后，发展教育服务业不仅成为理论界研究的热点问题，也渐次进入政府和社会的视野，为促进国民经济持续增长和社会全面进步做出了重要贡献。未来十年，在加快建设创新型国家进程中，教育服务业将成为具有重大发展潜力的主导行业。

一、教育服务业未来十年发展趋势

教育服务业是以教育资源为资本或对象所进行的生产和劳务的综合行业，包括人才培养培训、知识创新、社会服务、衍生产业等。根据全球行业分类标准 GICS，教育服务是消费者相机选购品—消费者服务—综合消费服务行业的四级子行业，通过传统或在线教学方法提供教育服务，以服务内容和服务标准可分为学前教育、考试服务、网络教育、民办教育、职业技能、资格证书和其他培训。国际经验表明，当一个经济体人均 GDP 达到 3000 美元之后，产业结构和消费结构都将发生重大变化，经济形态将逐步由工业经济向服务经济转型，服务业成为经济增长的重要支撑。由于具有能耗低、污染小、附加值高等特点，服务业在许多国家 GDP 占比已达 70% 左右。在我国三大产业划分中，教育处于为提高国民科学文化素质的第三层次。未来十年，随着我国城镇化、工业化、信息化的深入推进，从中高收入国家迈向高收入国家，居民教育消费能力大幅提升，教育服务业孕育着广阔发展的空间，也面临全域化、全球化竞争的挑战。

（一）教育服务规模持续增长

教育服务行业规模扩张主要是人口、经济、社会和技术因素共同作用下的需求增长推动。随着全面二孩政策的推进和教育的全面普及，未来十年，学龄人口的概念将为教育人口所代替，教育体系两端的学习人口将持续增加：总计教育人口将由 2015 年的 2.6 亿多人增长到 2025 年的 3.5 亿左右。学前儿童毛入园率将由 2015 年的 62.3% 增长到 2020 年的 88%、2025 年的 94%。高中阶段教育毛入学率将由 2015 年的 84% 增长到 2020 年的 91%、2025 年的 93%。高等教育毛入学率将由 2015 年的 26.9% 增长到 2020 年的 51%、2025 年的 56%。社会成员继续教育参与成为常态。教师人数相应地由 2015 年的 1446 万人增长到 2025 年的 1718 万人。

（二）教育体系重心逐步上移

伴随人口老龄化发展，终身教育体系逐步完善，传统的金字塔教育结构将转为梯形结构，随着高中教育的全面普及，目前教育重心将由义务教育提升为高中阶段教育。预测 15~64 岁人口平均受教育年限由 10 年增长到 2025 年的 11 年，15~64 岁人口中高中以上学历人口比例将从 2015 年的 37% 增长到 2020 年的 43%、2025 年的 49%，占据全国文化人口的主体。

（三）教育服务形式更加多元

教育选择性不断增强，教育服务供给形式多样，提供适合的教育成为必要的选择：民办教育持续发展，2015 年各类教育在校生达 3713.90 万人，增量主要在学前教育和家教补课、技能培训上。我国已成为世界第一大留学生输出国，留学国别增至 100 多个，与 46 个国家和地区签署了学历学位互认协议，留学人数呈增长态势。出国读本科、高中及以下学历群体增幅明显，已经占到 40%。2016 年，来自 205 个国家（地区）的来华留学总人数超过 44 万人，来自美国、日本、法国等发达国家的留学生增多。境外办学增多，主要集中在亚洲。合作办学规模不断扩大，办学层次和形式日益多样化。

（四）教育质量需求逐步提升

随着国民教育需求从“有学上”向“上好学”转变，从“学得好”向“就好业，能创业”转变，提供良好的教育成为必然的要求。2016 年，全国高校报考人数为 940 万人，高校毕业生达历史新高的 770 万人，就业状况反映教育质量，就业质量决定就学质量，择优教育导致流动性加快，乡村向城市集聚，西部向东部集中。教育行业主体将更加关注市场供求变化，实行跨区域、跨国别的集团化办学，增强名校行业集中度。教育质量取决于教师质量，为此将大幅降低生师比，小班化教学成为常态，提高待遇吸引社会优秀人才从教，同行业人才竞争更趋激烈。出国留学进入“高质量时代”，出国留学优秀学生增幅较大，211 院校本科毕业生出国读研的比例远高于非 211 学校，知名高中学生留学增多，主要留学目的国集中在美国、澳大利亚、英国和加拿大，所上学校聚集在世界知名高校。

（五）教育市场规模不断扩大

根据德勤测算，我国教育服务业 2012 年市场规模约 4260 亿元，2015 年增长到 6400 亿元，年均复合增长率 15%。另据调查，在拥有出国留学意向的学生中，初中以下阶段学生占比 22.58%，初中阶段学生占比 32.26%，高中阶段学生占比 22.58%。艾瑞咨询数据显示，2015 年在线教育市场规模达 1192 亿元，到 2018 年将突破 2000 亿元。国家教育财政性投入占 GDP 比重由 2015 年的 4% 将增长到 2025 年的 4.2%。

二、教育服务业现存的体制机制障碍

与快速发展的经济领域和人民群众不断增长的需求相比，我国教育服务业的“短腿”现象比较明显。教育服务行业价值链较短，对产业上下游议价能力较弱，参与教育领域国际竞争能力较低。对教育公共服务，依然存在认识不到位和机制不健全的问题，导致政府管制性职能与服务性职能混同；公共服务的提供与生产混同；基本公共服务与非基本公共服务混同。

（一）政府和市场、社会在配置教育资源的作用机制不健全

教育是关系千秋基业的社会民生事业，需要巨额投入，随着城镇化建设的深入，全社会教育资源的配置将面临格局性的大调整，政府不可能全部承担对教育的投资，利用多种渠道的投资发展教育已是一个不争事实。教育作为服务业是国民经济的组成部分，其中某些领域能够产业化，如离市场需求近、可观测、可标准化的培训、职业教育等，可当做企业（公司型学校）来办；而另一些领域则不能或难以产业化，如义务教育、研究型大学等。这就要区分当做事业来办的非营利性学校和当做企业来办的营利性学校各自不同的融资渠道。

党的十八届三中全会提出了“使市场在资源配置中起决定性作用和更好发挥政府作用”的新命题。当前，政府在资源配置中的地位、职能和作用还未完全得到清晰的界定，导致在实践中政府在资源配置中的作用存在“越位”和“缺位”的问题。增加投入不一定产生高的效益和效率，只有资源配置合理了才会提高效率和效益。为了把更多资金资源配置到教育领域，需要高度重视教育资金来源的多元化。目前教育投入主要来自第二次分配的政府公共财政，且占了绝大多数，而通过市场实现的“第一次分配”和个人出于自愿捐赠的“第三次分配”偏少。有些地方政府职能转变不到位，习惯于直接插手，有形之手伸得比较长，不仅滋生了腐败，而且降低了教育资源发挥作用的效率。

（二）教育管办评结合不够

现代教育体系日益庞杂，政府越来越难以管好和办好所有学校。管办评结合就是在制度设计上要做到明晰教育行政管理、学校自主办学、社会客观评价的责权利关系。

虽然历经改革，但政府管理教育还存在越位、缺位、错位的现象，政府部门干预教育的微观教学活动的现象仍然存在，限制了教育发展的自主性。学校自主发展、自我约束机制尚不健全。社会参与教育治理和评价还不充分，专业化水平不高，学校办学活力缺乏、社会难以参与教育发展。

（三）教育服务业对外开放局限

开放促进发展，竞争带来强盛。多年来，我国教育大而不强的问题始终没有解决。一是向社会开放度不够，学生的参与不够，统一考试招生过于刚性，考生志愿满意度低，学生对课程、专业、教师等方面缺少话语权。学校的参与不够，教育评等级缺乏权威认同。社会的参与不够，教育与就业机制不畅通，内外评价不一致。二是国际开放度不够。教育服务贸易成为检验我国教育对外治理水平和开放程度的重要指标。从 WTO 的角度看，我国教育对外开放水平相对较高，但仍存在以教育输入为主、法律法规较为笼统等问题。开放国别不够全面，局限在欧美发达国家；开放层次不够，局限在高等教育领域；开放程度不够，停留在一般水平。

我国教育服务业产业吸引力和竞争能力弱是在产业政策和商业模式缺陷双重作用下形成的，主要原因在于教育服务行业依靠资本和人力投入作为主要动力的发展模式不足以提升组织效率和产业集中度，与日益兴盛的国际化教育服务相比竞争优势不显著。

三、促进教育服务业健康发展的政策建议

教育服务业在我国地位重要，作用日益突出，传统发展模式难以持续，呼唤创新突破。教育服务是非标准化的服务类别，同时属于购买频次较低，消费者购

买决策周期比较长。需要加快教育行业的供给侧结构性改革，推进教育领域“放管服”改革，提供多样化选择。对具有产业性质的教育领域，强化市场在教育资源配置中的作用，运用市场机制促进教育发展，多途径提供质量优良、品种多样的教育服务，满足人们不同层次、不同水平的多种需求。

（一）确立教育战略型服务业地位

教育服务业已成为现代服务业的支柱性产业，又是发展现代服务业的支撑。越是发达国家，越是重视发展教育这种“无烟工厂”。据美国国务院预算管理办公室（Budget Management Office）统计，2012年美国教育行业产值（含营业收入）达1.29万亿美元，占GDP的8.2%，预计到2017年底达到1.55万亿美元。美国K-12教育占教育行业总营收入的60%左右，高等教育和职业教育占30%，企业培训占10%。教育业产值占美国经济的第三位，每年创收2000亿美元。澳大利亚的国际教育产业年规模达到200亿澳元，成为第三大出国创收项目。我国要从战略高度确立教育服务业地位，提升知识在服务中的生产、消费、交易和创新作用，发展有中国特色世界水平的现代教育服务体系。

（二）完善开放包容的现代教育治理体系

现代教育需要提升教育治理水平，实现管办评结合，为此要推进依法行政，形成政事分开、权责明确、统筹协调、规范有序的教育管理体制，建设依法办学、自主管理、民主监督、社会参与的现代学校制度，推进依法评价，建立科学、规范、公正的教育评价制度。

教育服务提供领域可分为三种形态：一是政府直接提供国民义务教育产品；二是社会公益机构提供地方基本教育产品；三是商业组织提供增值服务产品。转变政府和市场、社会的关系，政府只管市场做不好和做不了的事，凡是市场机制能解决的由市场解决，政府引导市场，市场调节企业。政府社会管理加快转变，管理范围由政府包办一切事务转变为向社会提供公共物品；管理方法从以行政为主转变为以法律为主，坚持民主法治的行政执行原则。在国民收入一次分配中通过多种途径获取资金，积极探索多种公私合作（PPP）市场化运作模式，鼓励企业投资参股创办或改造教育机构、捐赠教学设备、为师生提供实习机会。在二次分配中，也可以从多方面来设计获取更多投入，通过广泛参与社会经济建设获取资源支持。

（三）着力打造中国教育品牌

教育服务行业互动关系主要体现在品牌建设方面，以销售和营销推广费用衡量。全球化和互联网普及率提升之后，消费者通过网络评价信息可以识别强势的品牌和优质教师。从百度统计看，教育行业互联网广告投放居于第三位，可见互联网营销对于教育服务行业的重要性。从全球范围来看，美国在线教育最为成熟，运营在线私立大学凤凰城大学的阿波罗集团市值 70 亿美元左右，大约为中国在美国上市教育企业市值之和，为全球最大的教育集团。要以加快中国特色、世界一流的现代教育为核心，加大教育品牌专业和品牌课程建设力度，构建社会化、专业化服务体系，打造“中国教育”和“留学中国”品牌。教育服务根子在课程改革上，把课程定位为学校的产品，通过对课程的构建和开发，最大限度满足不同学生的成长需求。

（四）以幼儿教育和成人技能培训为重点发展终身教育

人生百年，立于幼学，贯穿一生。学前教育是终身教育的起始阶段，随着社会对学前教育重要性的认识不断提高，学前教育的定位已从过去的“学校教育的预备阶段”提升为“基础教育的重要组成部分，是我国学校教育和终身教育的奠基阶段”，学前教育普及和质量双低问题急需克服。经济活动人口的技能培训是实现“中国制造 2025”目标的关键，要加大专业技术人才、经营管理人才和技能人才的培养力度，完善从研发、转化、生产到管理的人才培养体系，把紧缺技能人才、转业退役军人、进城务工人员、新型职业农民作为工作重点。日益发展的老龄化社会要求重视老年教育，发展体育健身、营养与保健、音乐与舞蹈、手工与园艺、文化知识、职业训练等。

（五）支持高品质民办教育健康发展

长期以来，因优质教育资源不足，一直在研究如何控制择校需求。当经济发展转变为更多关注供给侧的时候，教育的供需矛盾解决也要转向如何提供更多的优质教育资源。教育供给侧结构性改革途径之一就要靠民办教育，这不仅是一个教育机构的发展问题，还关系到国家教育事业供求矛盾的缓解。民办教育正在进入提升品质、提高品位、创新业态来打造品牌、提供更多更好教育消费的转型期。民办教育要认真审视形势、政策、市场和自身，创新业态、打造品牌。

（六）积极发展在线教育新业态

发达国家非常注重开发教育新业态，生产新产品，引导新消费。从韩国和美国在线教育发展历程可以看出，当互联网渗透率达到 60% 左右，在线教育会进入快速发展阶段。在线教育颠覆教育服务商业模式，创新性在线教育体系由流量供应商、技术供应商、内容供应商和社交平台供应商组成，他们之间结成战略联盟或通过并购形成高效的资源共享和利益分配机制。权威资讯机构数据显示，2015年，中国在线教育市场规模年均增速达到18%以上，在线教育用户数量年均增速达到14%左右，市场规模达到1192亿元。“互联网+教育”缓解了优秀师资紧缺问题，还打破了教育资源地区分布不均衡，减轻了家长经济负担。与线下教育相比，在线教育大约能降低80%的成本。从2003年开始，在线教育特别是中小学网校进入快速发展时期，在移动互联网影响下会成为教育新业态，也是国外教育打进中国教育市场的主要手段之一。要以信息化引领教育现代化，把握重组教学流程和教学模式的历史机遇，完善“政府引导、企业参与、学校应用、社会评价”机制，在推进未来学校、智慧课堂、在线授课、无线网全覆盖、手机进教室等方面做出新探索。

（七）服务“一带一路”拓展留学教育市场

坚持扩大开放，做强中国教育，提升教育对外开放水平。一是完善教育对外开放布局，加强与大国、周边国家、发展中国家、多边组织的务实合作，充分发挥教育在“一带一路”建设中的重要作用，形成重点推进、合作共赢的教育对外开放局面。支持东部地区整体提升教育对外开放水平，率先办出中国特色、世界水平的现代教育，支持中西部地区不断扩大教育对外开放的广度和深度，引导沿边地区利用地缘优势，推进与周边国家教育合作交流，形成因地制宜、特色发展的教育对外开放格局。二是健全质量保障，推动亚太区域内双边多边学历学位互认，支持建立世界范围学历互认机制，加强与国际组织合作，积极参与国际教育质量标准研究制定。紧密对接“中国制造2025”，开发与国际先进标准相对接的职业教育课程体系，积极参与制定职业教育国际标准。参与国际学生评估测试，提高我国教育质量评估监测能力。深入推进管办评分离，形成以政府监管、学校自律、社会评价为一体的质量保障体系。三是强化监督管理，加强监管体系建设，健全监管制度，形成高效可靠的综合监管体系和监督合力。明确留学中介服务机构的行业监管要求，健全行业评价、投诉处理、信息公开、退出禁入机制，形成健康有序的留学市场。

（执笔人：曾天山　徐金海）

信息服务业发展情况、展望与建议

中国信息协会

“十二五”期间我国信息化建设得到长足发展。在信息化与工业化快速融合的引领下，互联网与三大产业之间的结合程度不断提升，但相较于全球信息化整体发展水平，我国仍有较大差距。在“十三五”期间乃至更长一个时期，全面推动信息化与经济社会深度融合发展，充分发挥其对经济社会发展的强大引领作用，仍是信息化建设的主题和主线。信息服务业迅猛发展，成为了近些年我国经济社会发展新的动力。尽管信息服务业在现阶段相较于传统的支柱服务产业规模仍然偏小，但未来却拥有广阔的发展空间，对于加快推动我国经济结构转型升级有重要的战略作用。

一、信息服务业发展的主要趋势

自2000年以来，全球已进入信息化发展的黄金时代，互联网技术正不断渗透到人们生产生活的各个方面，以不可阻挡的态势颠覆人们对于传统产业的固有认知。近些年，随着云计算、大数据、移动互联网等技术和应用的不断成熟，将全球信息化推向了一个新的高潮，并催生出一批新产业、新业态与新模式。全球信息服务业正在呈现出以下几点重要趋势：

（一）智能化

智能化是指通过现代通信、计算机控制等技术，针对某方面的应用，综合实现从感觉到记忆再到思维的能力过程，其发展的最高阶段是“智慧化”，即达到一种能够处理复杂问题的系统化高级阶段。智能化发展正在广泛渗透研发设计、城市管理和社会服务等诸多信息服务领域。

（二）融合化

融合化是指在信息服务发展过程中，在实际经济社会需求导向下，技术与技术、人与技术、行业与行业之间的界限逐渐模糊，并趋于融合。融合化在为人们生产生活提供诸多便利的同时，也催生出一大批新兴服务业，如约车平台、导航平台和互联网支付平台等。

（三）社交化

社交化是指以社交网络的全面普及为标志的一种新趋势，以社交媒体为基础，通过向人们提供撰写、分享、讨论和沟通等功能，实现网络用户自发地贡献、提取和创造信息。当前社交化的信息服务正快速渗透到人们生产生活的方方面面，改变我们所熟知的诸多领域、模式、组织、行为等，这对信息传播方式、产业发展路径、企业发展模式都有深刻的影响，未来将会给信息服务业带来一系列颠覆性的创新。

二、未来我国信息服务业的重点发展领域

信息服务业是信息产业的重要组成部分，一般由信息传输服务业、信息处理服务业和信息处理咨询服务业等构成。近年来随着云计算、大数据和移动互联网的发展进步，传输、处理、技术服务、软件和服务等产业界限日渐模糊，现代意义下的信息服务业日趋向综合交付服务方向发展。当前全球正式进入了以互联网为特征的“信息社会”时代，以信息的整合、处理和分析为核心价值取向的信息经济成为了全球经济发展的重要推动力。信息服务业作为信息经济的主要载体之一[1]，各国政府越来越重视培育和扶持该产业的发展。结合整体国际趋势和实际国情，我们认为未来十年我国信息服务业的发展重点将集中在以下几个领域：

（一）信息基础设施服务

信息基础设施服务主要集中在高性能计算与存储服务、宽带网络服务、智能Wi-Fi服务三大领域。随着信息数据量的快速增加，为满足我国信息经济可持续发展需求，需要不断增加廉价、可靠、节能的高性能计算与存储服务基础设施供给。目前我国自主可控的高性能计算与存储技术已经走在了世界的前列，需要在不断更新完善的基础上，快速部署相关技术应用，为我国信息服务业的全面发展提供切实有力的支撑。对以网络为重要支撑和特征的信息经济而言，网络的传输速度和使用率往往直接影响甚至决定了与之相关的产业发展空间和规模。随着我国信息产业的快速发展，对高速稳定且廉价的宽带网络服务需求不断增加。下一步应

[1] 国际上普遍观点将“现代金融业”与“生命科学产业”视为信息经济另外两大主要载体（具体请参考M.Castells 1996年和2000年发表的“The Rise of the Network Society”1版和2版内容）

深入调整宽带网络运营机制，为百姓提供真正用得上、用得起的高速宽带服务。智能 Wi-Fi 技术将在最大程度上节省网络资源和确保用户网络信息安全，同时让互联网真正实现“无处不在”的全覆盖。

（二）云平台及基于云平台的软件开发服务

云计算是一种商业计算模型，它将计算任务分布在大量计算机构成的资源池上，使用户能够按需获取计算力、存储空间和信息服务。“云”只是一种比喻，主要是指提供的平台化服务，其以大规模计算、存储和数据资源的弹性管理与调度为核心。可定制化的付费服务模式使得云计算得以快速发展，并且成为未来平台服务的主流。云服务主要分公有云、私有云和混合云。由于混合云融合了公有云和私有云的优点，是近年来云计算的主要模式和发展方向。由于云计算的不断发展和云平台服务的日益普及，软件服务业正在发生重要转型，以软件即服务（SaaS）为代表的新业态和新模式逐步兴起，为信息服务企业创新和业务开展提供了新的基础。在未来数年内，随着计算、存储、通信技术的快速发展和用户需求的不断多样化提升，以及新的商业模式不断涌现，基于云平台的软件开发与运营服务将迎来更加广阔的市场前景。

（三）移动互联网服务

移动互联网将移动通信和互联网结合且互为一体，是互联网平台、商业模式及应用与移动通信终端深度融合的总称。随着 5G 技术的普及和应用，网络信息传输速度将再次大幅提升，移动互联网服务将引发一场全新的“内容革命”。从应用层面上看，基于 LBS 的社会化资源分享应用、移动 AR 技术和移动电商将是移动互联网发展的三大主题，必将迎来更加广阔的市场前景。

（四）大数据服务业

大数据产业是指与大数据的产生与集聚、组织与管理、分析与发现、应用与服务相关的经济活动集合，主要以数据挖掘分析服务为核心，包含数据中心、宽带网络等基础设施服务，数字内容服务、物联网服务、位置服务等信息服务。随着云计算、移动互联网等新技术的普及和发展，海量数据的产生与流转成为常态。据业内专家预计，到 2020 年，全球数据使用量将达到约 400 亿 TB，将涵盖经济社会发展各个领域。未来其将在医疗、零售、制造、能源及环境监测等方面发挥巨大作用。比如，在医疗行业，通过对 DNA 数据的高速计算可以在短时间内快速识别疾病的潜在风险，提早干预治疗。在零售行业，将基于消费者的购买历史数据、地理位置等信息，挖掘用户偏好信息、物流信息，为用户提供个性化的产品与需求。在制造行业，通过互联网与物联网，将重新优化企业生产制造及管理流程。在能源方面，通过实施监测空气污染程度、能源使用数据等对能源价格实现动态定价。

（五）智慧城市服务业

智慧城市是基于“知识”的城市信息化高级形态，把新一代信息技术和通信技术充分运用在城市各行业中，其中涉及云计算、物联网、移动互联网、大数据等多个技术的综合应用。与传统城市建设思路不同，智慧城市建设更加注重信息技术与相关传统行业融合应用的实际成效，通过创新手段将二者紧密结合，让科技更好地提升城市管理效率，为社会和经济发展服务。未来智慧城市的建设将在以互联网和大数据为核心的新技术及应用支撑下，结合创新思维，紧密围绕医疗、教育、养老、交通、旅游等与人民生活息息相关的领域不断推进，依托商业模式不断创新，更好地整合社会资源，为推动城市服务经济发展注入新的活力。

（六）创新创业服务业

双创服务业，是围绕满足初创企业的各类需求，形成以研究开发、技术转移、检验检测、产权交易、政策咨询、融资投资等为核心的全链条服务。在政府的大力倡导下，创新创业所需的公共服务供给日趋完善，制约双创的问题不断减少，全社会倡导双创的氛围不断增强。近两年，全国各类专门服务于创新创业的网络平台陆续上线。未来随着云平台和大数据技术的不断完善，双创服务网络平台将会变得更加精准、高效。依托互联网平台，通过股权众筹、互联网众包、产品众筹等新方式，双创服务企业能够更加清晰准确地向双创企业提供各类服务。

三、信息服务业发展过程中存在的问题

近些年，我国的信息服务业进入黄金发展阶段，但对参与信息服务业的企业而言，在成长周期的不同阶段都会存在一些不可避免的问题。这些问题如果不能很好地得以解决，无疑会影响产业的良性发展。

（一）过度追求短期利益

相较于传统产业来说，信息服务业主要是通过对信息技术的应用性开发和有效的网络化推广来实现经济收益，基础成本较低，导致该领域的投资门槛较低，社会资本大量涌入。但对很多进入信息服务业项目的投资人来说，一部分投资者抱着投机心态，只是希望把一个概念产品名气做大，吸引足够多初级用户后，快速引入下一轮投资，以实现套现获利，并非真正支持信息服务业健康发展。

（二）整体创新能力不足

由于信息服务业属于创新型经济，创新是产业发展之本，是产业发展的根本动力。企业积极推进自主研发，开展创新活动，不断提高自身创新能力，通过丰富创新产品来开拓市场是必然路径。随着互联网快速发展，新的技术、概念与商业模式不断涌现，我国信息服务产业主要是模仿或跟随欧美发达国家的产业发展步伐，自主创新能力严重不足。

（三）专业性人才紧缺

软件和信息技术服务业是知识密集型产业，人力资本是产业竞争的制高点。要实现产业可持续发展，人才是关键。由于新一代信息技术的迅猛发展和我国传统教育体制转变缓慢，高素质专业性人才紧缺始终是困扰信息服务业发展的一大难题。很多信息服务企业在发展到一定规模时都会面临“人才危机”，后续研发工作难以得到专业人才的有力补充，造成前端研发投入的巨大浪费。

四、推进我国信息服务业发展的对策及建议

充分激发市场主体活力是推动我国信息服务业发展的核心要义。信息服务类企业从初创到成长，再到形成规模，需要长期培育过程。在这一过程中，应充分发挥政府引导和市场主导两方面的作用。

一是鼓励第三方服务平台充分发挥作用，在信息服务类企业初创阶段，充分整合各类资源，为其提供必要的辅导。同时，政府扮演好“后台服务器”的角色，通过适当引入配套基金等方式，全方位引导和支持企业做大做强。

二是制定有效的知识产权保护政策，营造良好的行业发展环境。此外，还应通过资金扶持、贴息担保、减免税负等政策手段，拓展成长类企业的发展空间，扶助企业做大做强。

三是鼓励第三方权威行业组织或机构（如行业协会等）结合企业实际需求，开展人才专项培训计划。通过政策扶持和资金支持等多种方式，确保人才培训项目持续进行，为信息服务业的可持续发展提供强有力的人才支撑。

（执笔人：朱玉　尚进）

节能服务业发展情况、展望与建议

中国节能协会

一、我国节能服务产业发展现状

“十二五”期间，在各项扶持政策的积极推动下，我国节能服务业迅猛发展，节能服务业总产值和合同能源管理投资不断攀升。尽管受到国际经济形势持续低迷、能源价格低位徘徊的双重影响，节能服务业仍克服了各种障碍和困难，迎难而上，保持了稳中有增的态势，实现了跨越式发展。

（一）节能服务业规模稳步增长

“十二五”期间，节能服务业保持连续增长，节能服务业总产值从2010年的836.29亿元增长到2015年的3127.34亿元，年均增长率为30.19%；合同能源管理投资从2010年的287.51亿元增长到2015年的1039.56亿元，年均增长率为29.31%；“十二五”累计合同能源管理投资3710.72亿元，形成年节能能力1.24亿吨标准煤，减排二氧化碳3.1亿吨。各项政策支撑效果明显，2011年国家出台多项扶持节能服务业发展的政策文件，当年节能服务公司总产值同比增长49.5%，合同能源管理投资同比增长43.45%，之后尽管受经济形势持续低迷、工业企业开工不足、能源价格低位徘徊等因素影响，节能服务业发展仍然稳中有增，平均增速仍能达到20%以上。

（二）合同能源管理模式不断创新

合同能源管理是一种运用市场化手段促进节能减排的服务机制，实质是减少能源费用来支付节能项目成本的一种业务方式。“十二五”期间，节能服务企业不断创新模式、创新机制，合同能源管理的内涵与外延不断丰富和发展。在传统的节能效益分享型、节能量保证型、能源费用托管型、融资租赁型管理模式基础上，节能服务公司根据节能技术、融资渠道和目标客户的具体情况，不断分析总结、吸纳创新。围绕合同能源管理的核心点，与BT（建设—移交）、BOT（建造—运营—

移交）、BOOT（建设—拥有—经营—转让）、PPP（政府和社会资本合作）、EPC（工程总承包）等多种商务模式相结合，针对不同客户构建了多样化的合同能源管理模式，取得了良好的应用效果。

（三）节能服务从业队伍快速壮大

到“十二五”期末，全国从事节能服务业务的企业总数达到5426家，比“十一五”期末的782家，增长了近6倍；行业从业人员达到60.7万人，比“十一五”期末的17.5万人，增长了近2.5倍。伴随合同能源管理机制的不断创新和产业优惠政策的不断发酵，一大批国内外知名公司纷纷组建专业化的节能服务公司，不断吸纳和培养优秀专业技术人才和管理人才。“十二五”期间，各节能服务企业重视专业团队的打造，不断加强项目运作和节能技术应用等方面的相互交流，更加注重合同能源管理项目经理、财务经理、节能量评估师等方面的人才培训，使全行业从业者整体素质和专业水平得到快速提升。

（四）节能服务综合能力显著提升

随着节能减排工作的深入推进，节能服务企业不断优化经营管理团队结构，提升团队整体素质；不断加大节能技术研发创新力度，增强自身技术水平。“十二五”期间全国节能服务公司共获得专利、软件著作权1.4万余项，获得国家和地方创新成果奖励的项目1200余项。不断创新商务模式，构建最佳合作方式；不断拓展服务领域，保持增长后劲。合同能源管理模式在服务于既有建筑、工业企业、道路照明等领域节能技术改造项目的同时，不断向新建项目、分布式能源、太阳能光伏、生物质利用、瓦斯发电、港口游轮、西气东输等新领域拓展。

（五）节能服务融资渠道持续拓宽

“十二五”期间，节能服务业以银行信贷、融资租赁、企业债、上市及增发等方式融资超过1500亿元。在银监会出台的《绿色信贷指引》和《能效信贷指引》的引导下，越来越多的银行结合合同能源管理项目前期投资大、合同期长和节能服务公司轻资产、无抵押的特点，不断研究创新金融产品。全国性及地方性银行支持的节能服务公司超过1200家，累计发放各项贷款超过1000亿元。

企业并购重组热潮不断，为资金实力较强的公司快速进入节能服务产业提供了快速通道，进一步提升了全行业服务能力和水平。节能基金方兴未艾，“十二五”期间，中国节能环保产业基金、中能绿色基金等各类基金先后组建和运营，创新了节能环保投融资机制，丰富了节能融资渠道，有效促进了节能服务业发展。融资租赁、股权交易平台、私募债等持续加大对节能服务公司的关注，新三板、未来收益权质押、碳债券、节能量交易、碳交易、互联网金融等新的融资方式为节能服务产业注入了新的活力，加速推动了节能服务产业与资本市场的对接。“十二五”期间，登陆“新三板”的节能服务公司共计155家，通过增发累计募集资金超过100亿元。

总体看，“十二五”期间节能服务产业在快速发展中呈现以下特点：一是工业领域仍是拉动节能服务业规模增长的最主要动力。工业、建筑、公共设施三大领域对总产值的贡献率分别为70%、21%、9%，节能投资方向仍然以工业领域为主。建筑和公共设施领域则呈现快速增长的势头，且单体项目投资额有较大提高，尤其是公共设施领域的项目，如集中供热供气、天然气冷热电三联供、光伏发电等能源服务项目。二是北京及东部沿海地区仍是节能服务业持续发展的重要引擎。东部地区节能服务公司占全国总数的2/3，对节能服务产业总产值贡献率超过70%。三是具有一定规模的企业不断增加，涌现出一批引领产业快速稳定发展的龙头企业。

二、节能服务业发展面临的问题

虽然我国节能服务产业发展已经初具规模，但仍然存在不少困难和问题。

（一）工业企业经营状况压缩节能服务企业成长空间

“十二五”的后半期，受宏观经济形势影响，特别是高耗能行业低迷、能源价格下降等因素影响，对节能服务业发展的不利因素主要表现在：一是高耗能行业发展低迷，尤其是钢铁、水泥等行业产能过剩、开工不足、效益下滑，一些企业现金流出现问题，节能服务公司正常回款受到影响，有的项目发生打折支付、甚至停止支付的现象，市场风险正在加大。二是由于耗能企业存在随时减产甚至停产的潜在风险，以及化石能源价格不断下降等因素，导致节能项目开发难度增大、项目回收期拉长，提高了选择客户及项目的标准，节能服务公司观望情绪渐浓，明显放缓了项目签约和资金投入的节奏。三是服务于工业领域的节能服务公司融资环境更加艰难，限制了节能服务业务的进一步开展。

（二）公共机构节能市场仍有待进一步释放

公共机构节能市场是节能服务公司在建筑领域的主要市场之一。但目前仅有深圳市公共机构在大面积实施合同能源管理方面进行了尝试。上海市、湖南省、浙江省等也印发公共机构合同能源管理项目管理办法，推进公共机构采用合同能源管理方式实施节能改造。其他地区对公共机构实施合同能源管理项目的力度还有待进一步加大。

（三）节能服务发展还面临一些障碍

部分领域市场化节能机制还不健全，节能服务业发展的配套政策还不完善。节能服务公司轻资产的特点，特别是投资多个合同能源管理项目后，未来收益权无法获得合理的质押，导致合同能源管理项目面临融资瓶颈，制约了公司乃至产业的发展。同时，实体经济运行困难，金融投资机构出于风险控制考虑，压缩信贷投放规模，造成节能服务公司融资比以往更加困难，难以满足产业持续发展的需要。

（四）市场环境有待改善

一是位势不同，节能服务公司与用能单位在市场合作中地位不平等。二是诚信环境有待改善，用能单位以各种理由推迟支付节能效益款项、不按期按量履约的现象仍有发生。三是第三方机构数量和质量不能满足产业发展需求，不利于行业健康高效发展。

三、推进节能服务业健康发展的对策建议

（一）保持政策稳定性

节能服务业发展在一定程度上依靠政策和法规驱动，需要政府支持、政策引导。建议扶持政策保持一定的连续性稳定性，更加明确合同能源管理的财税政策，破除节能服务公司观望情绪，创造有利于产业发展的政策环境，以确保节能减排目标的完成和节能服务产业的健康持续发展。

（二）完善扶持政策

借鉴深圳市推行公共机构节能改造经验，完善公共机构实施合同能源管理的激励政策，加快合同能源管理在公共领域的推广应用。完善贷款担保和贴息政策，研究合同能源管理保险制度，提升银行向节能服务公司放贷的积极性。

（三）改善节能服务市场环境

加强审核机构能力建设和监管力度。鼓励能源审计、节能量检测和确认、节能投融资评估、节能项目设计、节能咨询等机构发展，扩大第三节能量审核机构

范围，进一步评选一批专业性强、服务好的节能量审核机构，保证节能量审核的公平性。推动组建合同能源管理仲裁机构，对合同能源管理纠纷进行准确客观评判，解决合同能源管理项目运作过程中产生的法律纠纷问题。

（执笔人：柴博　孙小亮　王珏旻　何定波）

交通运输服务业发展情况、展望与建议

中国交通运输协会

一、未来10年国际交通运输发展趋势

交通运输是国民经济和社会发展的基础性、服务性、战略性产业，对经济社会的发展具有重要的支撑和引领作用。因此正确把握交通运输发展趋势对保持我国社会经济的快速发展具有重要意义。随着经济全球化和产业格局的深刻变化，交通运输服务业也呈现新的发展趋势。

（一）运输网络更具竞争力

未来发达国家的交通战略是打造具有竞争力的国际运输网络，包括国际航空、国际海运、国际陆运等综合交通运输网络。如美国规划推广应用下一代航空交通系统、车联网、飞机无人驾驶、汽车防撞预警等。欧盟提出到2030年，建成9个连接欧盟全境的核心网络走廊，主导国际交通领域标准制定。发达国家交通运输战略体现了超越交通行业本身，提升国家经济竞争力的发展路径。

（二）运输服务国际化

随着国际实体经济的发展，国际旅游和跨境电商市场发展势头强劲，国际旅客、货物运输大幅增多，尤其是国际航空旅客运输、邮轮旅客运输、国际海运、国际电商物流、快运物流，以及国际联运服务等，对交通运输服务国际化提出了更高的要求。

（三）交通运输智能化

随着大数据、智能化、移动互联网、云计算、物联网等信息技术的广泛应用，信息化正改变着企业生产模式、管理模式、商业模式和人们的生活模式。发达国家十分注重将新一代信息、新燃料、新材料等技术应用于交通运输领域，提升交通运输系统的安全性、可靠性、灵活性等，如美国推进车车通信技术，欧盟开发合作式智能交通（C-ITS）等。

（四）区域交通一体化

发达国家交通发展战略均体现了交通发展支持区域一体化发展。美国提出围绕都市群建设高速铁路、城际铁路，以人员和货物的快捷运输来推进都市区的凝聚力。日本提出高速磁浮一小时交通圈的发展战略，将首都圈、大阪都市圈、名古屋都市圈紧密地连接在一起。

（五）交通发展融合化

交通运输已呈现与制造业、信息化、物流业等多业融合发展趋势，特别是交通运输与物流一体化、集装化、网络化、社会化等发展不断深化，与制造业的产品生产、销售、服务等全产业链深度融合，形成多业跨界融合发展趋势。

（六）交通运输低碳化

发达国家提出建立一个资源节约型和环境友好型的交通运输系统，资源气候的问题越来越受到重视，各国对交通运输发展的资源环境刚性约束进一步增强。美国提出交通运输要减少对国外能源的依赖，降低能源消耗。欧盟将低碳交通作为交通的核心战略，提出运输工具向清洁、安全、低噪方向发展。

二、交通运输服务业发展中的主要问题

（一）交通运输基础设施总量仍然不足

虽然我国各类运输方式的线路里程均排名世界前列，但与世界主要国家相比，我国单位国土面积运网里程和人均拥有量仍有很大差距。到 2016 年底，我国铁路、公路网地均密度分别为 129.2 公里 / 万平方公里和 48.92 公里 / 百平方公里，分别为美国的 71.1% 和 68.0%，日本的 24.5% 和 15.0%，以及同为发展中国家和人口大国印度的 59.7% 和 28.3%；我国铁路、公路网人均密度分别为 0.90 公里 / 万人和 3.40 公里 / 千人，仅分别为美国的 16.9% 和 16.1%，日本的 58.3% 和 35.5%，印度的 178.0% 和 83.5%。我国机场密度仅为每万平方公里 0.23 个，而几乎所有发达国家机场（不含私人机场）密度都超过了每万平方公里 2.5 个。我国管道地均密度为 113 公里 / 万平方公里，为美国的 14.8%，仍有很大差距。

（二）运输结构仍不合理

从旅客运输看，我国水运旅客周转量占全社会旅客周转量比重由 1978 年的 9.1% 下降到 2016 年的 0.2%，公路和航空份额分别由 1978 年的 58.8%、0.1% 上升到 2016 年的 32.7%、26.8%；从货物运输看，铁路货物周转量占全社会货物周

转量（扣除远洋）比重由 1978 年的 72.8% 下降到 2016 年的 19.1%，而公路比重由 1978 年的 3.7% 上升到 2016 年的 49.1%，水运份额先降后升，民航和管道稳步增长。由于铁路市场份额的不断下降，公路承担了大量不适宜公路运输承担的中长距离大宗物资、集装箱和一部分中长距离的旅客运输；加之内河航运的优势没有得到充分发挥；特大城市、大城市内部及城市化地带之间公共交通和轨道交通发展滞后，城市交通拥堵现象日益严重，造成了大量的效率损失。

（三）交通运输技术装备水平亟待提高

2016 年，我国铁路复线率为 54.9%，电气化率为 64.8%，低于德国、日本等发达国家水平，铁路重载、集装箱运输和冷链运输等还难以适应市场需求。我国二级及以上公路仅占公路总里程的 12.8%，公路路况差、等级低的局面仍未根本改变。各类汽车平均油耗比发达国家高 20% 以上，特种货物运输车辆、农村客运车辆等技术水平仍有待提高。我国内河等外航道占总航道里程 47.8%，可通航 300 吨级以上船舶的航道仅占通航里程的 23.9%，千吨级以上航道所占比重仅为 9.5%，而美国千吨级航道比重高达 61%，欧洲干线航道及其主要支流均已实现千吨级船舶畅通无阻，我国内河大部分航道等级低，内河运输船舶技术水平落后。民航客机主要依靠进口，导航和空中管制技术装备水平也有待进一步提高。

（四）综合运输管理体制有待完善

近年来，我国交通运输领域的改革不断深化，但不同运输方式之间、同一运输方式的不同层面上仍然存在着政企不分、行业垄断等体制性障碍，制约了综合交通运输的发展。我国综合交通运输管理体制的顶层设计已经完成，但由于职能没有完全理顺，仍存在规划、建设、运营等方面不协调问题，部分监管能力缺失，统一开放的市场环境尚未形成。

（五）交通运输资源环境和安全问题日益突出

据估计，全社会交通运输能耗约占总能耗的 12% 以上。2015 年，每万元交通运输、仓储和邮政业增加值能源消耗总量为 1.26 吨标准煤，每万元国内生产总值能源消耗总量为 0.64 吨标准煤。交通运输、仓储和邮政业每万元增加值能源消耗总量比每万元国内生产总值能源消耗总量高出 97%，特别是随着机动车保有量的快速增加，应高度重视交通运输业的节能减排和环境保护。2016 年，我国道路交通事故万人死亡人数 2.1 人，高于全球的平均水平，交通安全形势严峻。

（六）资金保障压力正在加大

交通运输是一个周期长回报低的行业，由于建设资金来源有限、筹措能力明显不足，负债率逐年上升。2016年，铁路和收费公路债务分别超过4.5万亿元，此外，运营养护等资金周转也面临不少困难。交通运输债务大，特别是中西部地区的交通基础设施民间投资动力明显不足，资金压力也逐年增大，交通运输面临着资金可持续发展问题。

三、我国交通运输服务业发展方向、目标和重点

未来一个时期，我国应以交通运输引领经济社会发展为使命，全面构建现代交通运输体系。

（一）发展方向及目标

一是交通网络一体化。加快建设国际与国内交通运输网络、区际、城际、城市内外、城乡等不同交通方式的网络一体化，交通枢纽的一体化衔接，以及信息服务一体化等，优化交通网络空间布局。

二是运输服务多元化。提升交通运输服务的总体服务水平，不仅真正满足旅客或货物运输方便、快捷、舒适、安全等要求，而且要满足个性化、多元化出行服务的要求。

三是技术装备高端化。加强创新能力在交通运输领域的应用，提升交通运输技术装备水平。如推广应用无人机、高铁、新能源汽车，推进智能仓储、冷链物流等设施设备建设，提高交通运输技术装备现代化水平。

四是交通运输信息化。信息化发展应用不仅有效提升交通基础设施的服务效率，而且改善运营管理服务质量。随着交通发展“互联网+便捷交通”的发展，交通信息化服务水平明显提升。

五是全产业链条化。交通运输与物流、信息化以及制造业融合发展更加紧密，产业生态圈逐步完善，价值链不断拓展，降低全社会物流成本。

六是交通发展绿色化。绿色发展是未来交通发展的方向，绿色交通、低碳交通等理念成为未来交通发展的关键。

预计到2025年，交通运输网络逐步完善，交通服务质量明显提高，技术装备水平显著提升，信息化水平大幅提高，融合发展不断深化，国际竞争力明显增强，构建安全、便捷、高效、经济、舒适、绿色、一体化的现代交通运输体系。

（二）发展重点

一是实现交通运输网络互联互通。实现基础设施网络互联互通，是未来我国

交通运输服务业加快发展的基础。加快综合交通通道建设，既要建设国际运输网络，又要建设区际、城际、城市、城乡等各个层面国内运输网络。推进综合交通运输枢纽一体化建设，加快国际性、全国性、区域性以及地区性综合枢纽建设，优化枢纽布局，增强辐射带动作用。

二是提升交通运输服务品质。加快交通运输服务系统建设，完善旅客运输系统和货物运输系统建设。提高客货运输服务能力与质量，满足多层次客运和货运需求服务，延伸综合服务功能，提高旅客和货主满意度。创新运营服务方式，推行“一单制”运输制度，加快多式联运建设，提高运输服务系统组织效率。

三是提高交通运输技术装备水平。加快推进交通运输工具升级建设，如大飞机、高铁动车组等高效运输工具。加快交通运输设备建设，交通运输工程项目施工机械及专业化维修养护装备、运输管理及信息采集、安全防护与应急救助设备以及节能减排设施、设备等。加强技术装备标准化建设，发展集装箱、半挂专用滚装船等，健全转运设施、设备技术标准。

四是加快建设智能交通。实施“互联网＋交通”战略，推动互联网、物联网、大数据等现代信息技术在交通领域应用，提高交通运输便捷化服务。实施智能交通示范工程，面向交通领域智能化管理和调度需求，开展车辆识别、运输管理、运输服务等应用示范，提高交通运输资源利用效率，提升运输组织管理水平。

五是大力发展绿色交通。建设“资源节约型、环境友好型”现代交通运输体系，是交通运输可持续发展的根本举措。优化运输结构，大力发展铁路和水运，加快轨道交通发展，优先发展公共交通。依靠科技创新，加快新型节能环保工艺和材料应用，降低交通运输业污染排放。加强交通运输管理，倡导绿色交通。大力发展集装箱运输、多式联运、甩挂运输等专业化运输方式；加强绿色出行，大力倡导公共交通、步行和自行车等低碳绿色出行方式，全面提升公共交通系统的服务能力与智能化水平，引导交通出行方式向公共交通转移。推进交通安全建设，加强交通应急安全设施建设，提升安全保障能力。

六是推进多业融合发展。创新融合发展模式，构建线上线下联动服务网络。推进资源共享信息平台建设，完善专业化经营平台，打造信息共享服务平台。多业深度融合，鼓励应用感知、大数据、无线射频以及卫星导航等技术，提供供应链解决方案，推进交通运输与现代农业、工业以及信息业等服务业深度融合。

（执笔人：王德荣　高月娥　孙综国）

物流业发展情况、展望与建议

中国物流与采购联合会

物流业是融合运输业、仓储业和信息业等行业的复合型服务产业，也是支撑国民经济社会发展的基础性、战略性产业，在促进产业结构调整、转变经济发展方式和增强国民经济竞争力等方面发挥着越来越重要的作用。

一、“十二五”时期我国物流业发展回顾

“十二五”时期，我国经济步入新常态，物流业保持了中高速增长。2016 年，我国社会物流总额 229.7 万亿元，“十二五”时期年均增长 8.7%；社会物流总费用与 GDP 的比率为 14.9%，比 2010 年的 17.8% 有较大幅度下降，显示出物流运行效率有所提升。这既有公路货运量、货物周转量、GDP 数据调整等因素，也有产业结构调整、物流服务价格下降等因素。物流业作为国民经济的基础性、战略性产业，为稳增长、调结构、惠民生发挥了重要的支撑和保障作用。

（一）市场规模持续扩大

“十二五”时期，我国已成为全球最具成长性的物流市场。2016 年，物流业总收入为 7.9 万亿元，全国货运量达到 440 亿吨。其中公路货运量、铁路货运量、港口货物吞吐量连续多年位居世界第一。快递业务量突破 300 亿件，冷链物流市场规模超过 2000 亿元，各类细分市场规模不断扩大。

（二）需求结构加快调整

工业物流需求总体下降，特别是钢铁、煤炭、建材等大宗生产资料物流需求下滑严重，铁路货运量持续下降。与此同时，单位与居民物品物流总额年均增速接近 30%，并呈持续加快态势。快递快运、电商物流、冷链物流等生活消费性物流保持快速增长，成为市场投资热点。铁路货运改革深入推进，在批量零散货物、铁路快运和集装箱运输等方面大幅增长。

（三）市场主体加速成长

物流企业通过兼并重组、战略调整、联盟合作等多种方式，市场集中度显著提高。2016 年，四大航运央企实现重组，国际化战略迈出重要步伐。中物联发布的“中国物流企业 50 强”，其主营业务收入超过 8000 亿元，第 50 名入选企业门槛为 22.5 亿元，比 2010 年提高 7.2 亿元。截止到 2016 年底，我国 A 级物流企业总数超过 4000 家。其中，5A 级企业超过 200 家，具有标杆作用的领先物流企业群体成长壮大。随着互联网时代的到来，创新型物流企业快速涌现。据不完全统计，我国各类物流互联网平台已超过 200 家。

（四）创新驱动模式变革

“十二五”时期，我国物流企业通过技术创新、管理创新、组织创新，整合优化物流资源，新的商业模式不断涌现。一批企业打造平台模式整合物流资源，以优化加盟、启动多元化发展、深耕供应链、拓展全产业链等模式，提供物流一体化解决方案。随着互联网进入物流行业，一批企业尝试物流 O2O 模式，倒逼传统企业转变观念、加速变革。

（五）国际物流双向开放

作为我国加入 WTO 以来开放最早的服务行业，我国物流业已经实现了全面开放。开放的市场环境吸引了大批跨国企业全面进入国内市场。随着走出去战略实施，部分国内企业积极开拓国际市场，电商和快递企业纷纷参股国际快递企业、投资海外仓储设施、打造物流通关渠道，支持跨境电商发展。一批企业积极布局“一带一路”沿线国家。2011 年，渝新欧班列首次全程运行。截止到 2016 年底，中欧班列开行已超过 2900 多列。上海、天津、福建、广东等一批自由贸易试验区陆续获批，对外开放新格局为物流业开辟了新空间。

（六）基础设施扩容提档

到 2016 年底，我国高速公路和高速铁路里程分别突破 13 万公里和 2 万公里，比 2010 年分别增长 77% 和 163%，双双位居世界第一。全国高速公路 ETC 实现联网，统一收费成为可能。水路、航空等运输服务能力稳步增长，高效便捷的综合运输体系初步建立。根据中国物流与采购联合会《全国物流园区（基地）第四次调查》，截止到 2015 年 7 月，全国共有符合调查要求的物流园区 1210 家，投入运营的比例大幅上升，以物流园区为支撑的产业生态圈正在逐步形成。2015 年国家正式启动物流园区示范和多式联运示范工作，2016 年第一批国家级示范物流园区和多式联运示范项目获批，推动物流资源的高效整合和运输组织的无缝衔接。

（七）信息技术普及应用

物联网、云计算、大数据等新兴技术在物流行业得到推广应用。嵌入物联网技术的物流设施设备快速发展，车联网技术从传统的车辆定位向车队管理、车辆维修、智能调度、金融服务延伸。云计算服务为广大中小企业信息化建设带来福音。大数据分析帮助快递企业预测运力需求，缓解了高峰时期的“爆仓”问题。2016年，国内主流快递企业全部普及使用电子面单，快递基础业务的信息化管理水平进一步提升。

（八）绿色物流已见行动

“十二五”时期，交通运输领域落实推进节能减排低碳发展行动，化学需氧量（COD）、总悬浮颗粒物（TSP）等主要污染物排放强度比2010年下降20%。新能源汽车在货运行业得到推广应用，一些城市新能源快递配送车辆获得通行准入。LNG等清洁能源汽车快速发展，太阳能发电屋顶在仓储行业开始使用。

（九）基础工作稳步推进

“十二五”时期，物流标准、统计、人才教育等基础工作取得积极成效。一批新的物流国家标准开始实施，物流统计调查制度不断完善，采购经理人指数（PMI）提供决策参考，物流业景气指数、公路物流运价指数、中国仓储指数等陆续发布，物流指数体系不断扩充完善。物流教育培训工作迅猛发展，目前，全国已有443所本科院校、954所高职高专院校、900多所中职院校开设了物流专业。“物流管理与工程”正式进入教育部全国学科目录一级学科。物流基础理论研究和产学研结合取得新成果。

（十）政策环境持续向好

国家把物流业定位于支撑国民经济发展的基础性、战略性产业。各部门从自身职能定位出发，密集出台支持物流业发展的政策措施。全国现代物流工作部际联席会议形成新的运行机制，坚持问题导向，着力解决制约物流业发展，亟待跨部门协调解决的重点问题。支持物流业发展的部门间合力逐步加强，行业政策环境持续改善。

我国物流业在“十二五”时期成绩与问题并存，挑战与机遇同在。有效需求不足和供给能力不够矛盾交织；社会物流成本居高难下和企业盈利能力每况愈下问题突出；物流基础设施总量过剩和结构性短缺并存；物流需求增速放缓，部分企业经营困难；市场环境和诚信体系建设有待加强；部分已经出台的政策难以真正落地。但是，我国物流业经济发展大势，行业长期向好的基本面没有改变。

二、未来十年我国物流业发展展望

我国经济发展进入新常态，对物流业发展提出了新的要求。

（一）全面建成小康社会的新要求

物流业作为新兴服务业，对调整经济结构、转变发展方式具有重要意义。引导相关产业转型升级、加快跨界融合联动步伐，将成为未来十年物流业发展的总基调。

（二）新型工业化的新要求

当前，我国正在从工业化中后期向工业化后期过渡，突出特点是从传统资源密集型产业向知识和技术密集型产业转变，从产业链中低端向中高端延伸。物流业作为重要的生产性服务业，是服务型制造的重要转型方向，中高端产业链需要中高端物流服务与之相配套。

（三）新型城镇化和消费升级的新要求

我国城镇化仍处于深化发展期，将释放巨大的投资和消费潜力。消费升级对经济增长贡献度增加，也对物流服务的精细化、响应度和一体化水平有更高要求。专业化、个性化、多样化的解决方案需求旺盛，城乡物流一体化、末端服务体验将成为竞争焦点。

（四）区域协调发展和产业转移的新要求

国家实施“三大战略”，新的区域经济布局和发展空间格局正在形成，都对物流设施、运输方式和交通网络的连通性提出更高的要求。区域物流大通道建设，战略性物流枢纽节点的布局调整，物流园区等基础设施互联互通，多式联运、甩挂运输服务体系的构建，都是区域物流协调发展的必备条件。

（五）创新驱动和科技革命的新要求

云计算、大数据、物联网等信息技术与传统物流业态深度融合，正在推动物流领域的深刻变革。创新将在物流发展全局中处于核心位置，重点是释放新需求，创造新供给，加快实现发展动力转换。

（六）开放型经济和全球化的新要求

中国经济加快融入世界，从单纯引进来向引进来和走出去并重发展。特别是“一带一路”建设推进和跨境电商兴起，对国际物流提出了更高要求。为发展更高层次的开放型经济，亟待补上国际物流的“短板”，为国内企业走出去提供坚实物流保障。

（七）生态文明建设和节能减排的新要求

社会各界对加强环境治理形成共识，国家生态文明建设步入快车道。物流业作为继工业和生活消费后的第三大能耗产业，也是温室气体排放的主要行业，加强物流领域的绿色环保和节能减排对生态文明建设具有重要意义。

（八）全面深化改革和创新政府治理的新要求

全面深化改革，完善市场经济体制和政府治理体制任务艰巨。物流业作为重要的服务产业，涉及领域多、覆盖范围广、协调难度大，迫切需要建立统一开放、竞争有序的市场环境。当前，“互联网 +”产业快速发展，迫切需要建立完善“互联网 +”政策体系，以支撑产业与互联网的深度融合。必须进一步转变政府职能，建设服务型政府，着眼打造“互联网 +”政务新机制，创新管理方式，激发市场主体的活力，构建诚实守信、规范自律的行业治理环境。

三、关于我国物流业发展的思路和建议

总体来看，未来十年我国物流业仍然处于可以大有作为的战略机遇期，但也面临一系列矛盾和问题的严峻挑战。预计行业增速将继续趋稳放缓，传统的依靠价格竞争的粗放式发展模式难以为继，行业进入以转型升级为主线的发展新阶段。物流业将加快从追求规模速度增长向质量效益增长转变，从铺摊子、上项目向整合资源、做优存量转变，从成本要素驱动向效率提升、创新驱动转变，推动行业提质增效。物流业发展将聚焦高效、集约、连通、创新、协调、改革六大战略重点，发挥感应市场需求、拓展市场空间、引导生产和消费的积极作用，推动国民经济转型升级的重要作用。

（一）打造高效物流服务体系

提升效率将成为今后一个时期物流业发展的着力点。要充分利用现代化信息技术和装备设施，提高物流的自动化、机械化和智能化水平，减少各种闲置、库存、冗余等浪费现象，通过效率提升降低产业链物流成本，增强对制造业、商贸业等产业转型升级的支撑保障作用。

（二）引导物流集约发展

通过整合优化实现集约发展是现代物流的重要特点。要充分利用兼并重组、平台整合、联盟合作等多种方式，整合分散物流资源，促进市场优化配置，提高

市场集中度和行业盈利水平。

（三）实现设施连通、网络互通、信息畅通

连通性是物流业发展的基本要求。紧抓多式联运发展机遇，推动铁路、公路、水运、航空货运的运输网络对接和业务衔接，充分利用多种运输方式，降低综合运输成本。着眼实体网络平台和虚拟信息平台建设，促进网络共享、业务共享、信息共享，倡导形成互利共赢、协同发展的局面。

（四）创新物流组织方式和运营模式

积极推行多式联运、甩挂运输、无车承运等多种运输组织方式，加强模式创新和管理创新。重点发展精益物流，优化重点产业供应链，促进物流业与相关产业联动融合，努力寻找行业发展新动力。

（五）统筹区域及国内外物流协调发展

着力打造国内物流服务网络，提升区域物流服务水平。充分利用国际国内物流大通道，完善物流基础设施建设。抓住“一带一路”建设机遇，开展国际产能合作和兼并重组，提升国际物流服务能力，加快融入全球供应链体系。

（六）深化物流管理体制改革

建立统一高效的物流管理体制。深入推进简政放权，消除地方保护和行政壁垒，切实减轻企业负担。推进“互联网 +”政务，加强诚信体系建设，维护公平竞争的市场环境。

（执笔人：周志成）

银行业发展情况、展望与建议

中国银行业协会

随着我国经济发展进入新常态，银行业正由过去十余年的规模高速扩张、利润高速增长的阶段进入规模、利润增速减缓的新阶段，呈现出贷款增速回稳、存贷利差收窄、社会融资方式转变、不良贷款反弹、“宽进严管”等新趋势、新特征。

一、银行业发展趋势

“十三五”期间，我国银行业发展趋势可归纳为“五个新”。

一是发展进入新阶段。“十三五”期间，商业银行的规模增长速度将低于“十一五”“十二五”期间水平，效益（如ROA、ROE）的增长也将受到较大影响。近两年，银行业已经明显呈现出利润增长放缓、不良贷款上升的趋势。

二是运行出现新亮点。我国银行业总体保持平稳经营态势，呈现出不少亮点。首先，资产结构调整。银行业调整生息资产结构，发展投资类和交易类资产。其次，收入结构优化。中间业务收入占比显著提高，银行业盈利来源不断丰富。第三，综合化经营提速。当前五大行基本形成以银行业务为主，基金、信托、保险等非银行业务为辅的综合化经营架构。各类银行也加快了综合化的转型步伐，综合化经营盈利增长的拉动作用开始显现。

三是转型迎来新变化。面对国际国内经济金融格局的深刻变化，中国银行业积极推动战略转型，并取得了重大进展和成效，差异化经营特征日渐显著。商业银行持续发力“互联网+”，银行互联网金融产品和业务种类日益丰富，不仅涵盖支付、结算等传统业务，也拓展了小微信贷、供应链金融等各项新兴业务。商业银行充分运用新一代信息技术，加大创新力度，全面打造服务互联网生活、互联网制造和互联网贸易的数字化银行。

四是管理突出新重点。新常态下，对如何管理银行提出了新的课题。在适应银行改革发展需求的背景下，应当转变思想，充分认识新形势下的特征，突出银行管理重点。首先，探索推动混合所有制改革。2015 年 6 月交通银行成为混合所有制改革首家试点银行，推出了探索引入民资、高管层和员工持股的混改方案，标志着银行混合所有制改革探索拉开序幕。其次，积极推动银行专营化水平提升。深化事业部制改革，促进“部门银行”向“流程银行”转变；推进专营部门改革，实现业务合理集成，缩短经营链条，缩小管理半径。

五是服务迎来新机遇。我国银行业始终以服务国家经济社会建设为基本职责，按照“十三五”规划要求，主动将业务发展与国家战略实施有机结合，紧抓发展新机遇，更好服务经济社会发展、助推国家战略实施。第一，重视普惠金融发展。积极促进服务小微企业和“三农”发展，加大补短板力度，支持“双创”“四众”等创新发展新举措，为科创企业提供有针对性、持续性和体系化的金融服务。第二，全面推进绿色信贷。大力支持绿色、循环、低碳经济发展，积极开展能效融资、碳排放权融资、绿色信贷资产证券化等创新型金融业务，推动绿色金融稳步发展。第三，积极推进“一带一路”建设。通过增加“一带一路”沿线国家分支机构、项目储备、专项资金等方式，不断强化在沿线国家和地区的金融服务。

二、银行业发展面临的主要问题

当前和未来一段时期，在全球经济复苏缓慢、国内经济发展进入新常态的背景下，我国银行业发展面临着一些挑战。

一是经济增长放缓使银行业传统发展模式面临挑战。随着利率市场化的基本实现，以市场定价的存款替代品快速增加，银行体系资金成本上升，存贷利差收窄，盈利能力下降。2017 年一季度末，商业银行贷款同比增速已降至 14%；商业银行净息差降至 2.03%，已接近国际同行平均水平。与此同时，伴随着经济增速放缓，商业银行的风险逐步暴露，不良贷款持续攀升。

二是金融市场波动加剧、银行监管标准日趋严格，对银行风险管理能力提出更高要求。2016 年以来，全球汇率市场、股票市场和大宗商品市场的波动进一步加剧，各类市场之间相互影响不断上升，我国资本市场也出现较大波动。金融市场波动改变了银行的资产负债结构与风险结构。此外，部分银行在寻求业务转型过程中，倾向于追逐高风险、高收益业务，而自身风险管理能力却难以承担。国际金融危机以来，国际监管当局对监管制度、标准及规则等都进行了重大改革，在资本、杠杆率、流动性等领域出台了一系列监管标准，制定了更高、更严格的监管标准，构建了宏观审慎和微观审慎监管相结合的新监管框架。作为扩大对外开放、融入国际社会的必然要求，我国也主动结合银行业现状，实施了更为严格的监管标准，对银行信用风险、市场风险和流动性风险管理能力提出了更高的要求。

三是融资渠道多元化趋势进一步显现。近年来，互联网金融、影子金融、理财、资管、私募、民间借贷等越来越活跃，股票市场、债券市场对银行优质客户的分流效应也不断显现，银行贷款在社会融资规模中的占比下降，贷款占银行总资产的比例也在下降。金融机构非传统信贷业务不断发展，以满足大量的新兴融资需求，金融体系的竞争格局不断改变。

四是互联网金融兴起使银行面临创新服务方式的压力。近年来，部分非金融企业依托现代信息技术渠道进入信用中介、支付结算等银行传统业务领域，P2P贷款、网络借贷、第三方支付等互联网金融快速发展，对银行业的服务方式也提出了新挑战。互联网金融凭借网络和信息优势，为资金供求双方提供简单、便捷的搜索平台，加速了金融脱媒，对银行业务拓展带来影响；互联网金融打破时间和空间限制，为用户提供便捷的支付和结算服务，弱化了商业银行支付功能；简约极致的互联网思维正在对传统的金融服务理念产生冲击。

五是客户端的结构性变化倒逼商业银行加速转型。从客户维度看，主要客户需求逐步减弱、需求方式出现变化，未来商业银行将面临巨大挑战。比如，随着降低杠杆率与国企改革的深入推进，政府与国企对银行信贷的总体需求可能逐步减弱。而对于新的投向，比如民营企业、小微企业等可能占的比重会更高，需要相应地创新成本和风险控制方式。

三、银行业发展方向及目标

面对上述问题，银行业应以深化供给侧结构性改革为契机，着力扩大有效供给、激发发展活力，推进服务与产品创新。商业银行应强调向内审视、追求稳健经营、关注质量效益，不追求绝对的增长水平，更多强调“相对”增长目标。

一是加速适应客户端的需求变化。目前90后、95后逐渐成为消费主体，这一客户群体对互联网金融及各类便捷的支付和结算服务需求更高，如果还守着传统经营模式，在未来竞争中将会失去很大一部分客户资源。

二是提高内外部风险管理能力。传统的风险管控方法已经不适应当前的国内国际环境变化，应普及大数据和信息化在风险管控中的应用，全面提升监测、防范和控制风险能力。

三是加快以需求为导向的银行业改革创新。当前，我国银行业亟需在管理模式、经营理念、业务方向等方面，探索一条有自身特色的发展道路，引领全球银行业发展。既为高端客户提供精细精准的金融服务，也为普通商户、个人提供体贴入微的金融服务，不断挖掘市场潜力，提升服务经济社会发展能力。

四、对银行业发展的对策建议

全面贯彻党的十八大和十八届三中、四中、五中、六中全会精神和“十三五”规划要求，贯彻落实创新、协调、绿色、开放、共享的新发展理念，以改革促发展，以改革促转型。

一是重新审视内外部经营环境，提升把握发展定位与发展战略的能力。走精细化管理道路，通过先进的组织模式，实现资源共享，改善资源配置的结构和效率，建立扁平化的决策体系。通过科学化的治理机制，实现前后台的高效协调。运用先进的资本管理工具、风险量化工具和信息技术工具全面提升管理水平。适应客户金融服务需求，加快多元化发展布局，强化多条线流动，从传统的信贷资金提供向资源整合方向转变。逐步探索在交易管理、行业解决方案、数据分析、信息技术服务等方面为客户提供服务。

二是积极推进业务模式和产品创新，提升服务实体经济的能力。加快金融创新，是我国金融改革的内在要求，也是银行业机构提高资源配置效率、满足金融消费者需求和改善风险管理的现实需要。倾听客户需求，优化业务流程，推动产品创新，形成差异化、特色化、专业化的发展模式，提高对客户的联系，形成商业银行和实体经济共生共荣的良性循环发展。

三是加快完善公司治理体系，提升风险防控能力。把加强党的领导和完善公司治理统一起来，提升科学高效决策能力。完善内部约束与激励机制，构建科学的绩效考核和评价机制，合理设定经营目标和考核指标，建立与长期风险责任相挂钩的绩效考核体系。全面提升风险管控能力，建立与银行规模、复杂程度和风险状况相匹配的风险管理体系和内控体系，推进国内外、境内外、本外币和母子公司的集团并表风险管理，确保有效识别、计量、监测和控制各类金融风险。按照实质重于形式的原则，建立健全资产分类、资本占用和风险拨备等制度，提升风险的度量与定价能力。

四是主动运用现代信息技术手段提升服务水平。适应互联网时代客户需求，提升客户服务的及时性、针对性和有效性，以互联互通、信息共享、数据驱动为目标，进一步提升大数据运用能力和网络化运营能力，有针对性地制定业务规划和营销策略。

（执笔人：李健　武安华）

电子商务发展情况、展望与建议

中国电子商务协会

一、我国电子商务发展现状

电子商务在“十二五”期间取得了巨大发展，涌现了一大批电子商务平台、电子商务服务商、网络营销商。我国电子商务交易额超过美国，成为世界第一。各类电子商务新模式、新业态也不断涌现，对扩大消费、构建现代商贸流通体系、拓展国际营销渠道都发挥了重要作用。

（一）电子商务正在成为稳增长的重要力量

在全球增长疲软、国内经济增速放缓的大环境下，近年来我国的电子商务逆势而上，保持了30%的年均增速。进入快速成长期。传统企业加速与互联网融合，网络购物市场持续火爆，跨境电子商务密集布局，社群电子商务异军突起，涉农电子商务成为新的增长点，电子商务园区建设进入高潮，电子商务助力双创和精准扶贫，电子商务发展环境进一步优化。2016年中国电子商务交易额达到26.1万亿元，相当于当年国内生产总值的35.07%，比上年增长4.34个百分点。电子商务交易额同比增长19.8%，电子商务已经成为中国经济增长的新动力。

（二）电子商务正在成为调结构的重要力量

电子商务加速向传统产业的各个领域渗透，线上线下加快融合。2016年，全国钢铁类电子商务交易平台已经有300家，占大宗电商市场份额的27.6%，为缓解产能过剩，促进经济转型提供了新的路径和方法。跨境电子商务为外贸增长注入了新的增长动力，在外贸进出口出现双降的不利局面下，跨境电子商务逆势快速增长。中国外贸电子商务平台企业已经超过5000家，开展跨境电子商务的企业超过20万家。2016年，中国跨境电商交易规模为6.7万亿元[1]，同比增

[1] 中国电子商务研究中心.《2016年度中国电子商务市场数据监测报告》. 2017年5月.

长 24%。其中，出口电商占比 82.08%，进口电商占比 17.92%，促进了商贸流通方式的转变。

（三）电子商务正在成为惠民生的重要力量

电子商务积极助力精准扶贫，“沙集模式”“沭阳经验”为代表的农村电子商务实践，有效地帮助了我国农村贫困户减贫致富。2016 年，在阿里巴巴零售平台上，有 280 多个国家级贫困县网络零售额超过 1000 万元[1]，其中 40 余个贫困县网络零售额超过 1 亿元。随着电子商务平台化发展，以影子就业、灵活就业为特色的平台式就业也成为了吸纳我国劳动力的主要力量，2016 年电子商务业带动就业超过 3700 万人。

二、未来十年发展的主要趋势

未来十年，电子商务将成为中国创新驱动、转型升级的主要带动力量之一。主要趋势包括：

（一）我国电子商务规模将持续保持世界第一

据商务部统计，2016 年我国电子商务交易额达到 26.1 亿元，互联网支付交易规模达 19.2 亿元，网络购物用户规模达到 4.67 亿人，我国稳居全球规模最大、最具活力的电子商务市场地位。预计到“十三五”末，中国电子商务交易规模将达到 43.8 万亿元，年均增长 15% 左右。电子商务交易额将持续以高于社会消费品零售总额 5% 的速度增长，到 2030 年我国电子商务规模将持续保持世界第一。

（二）平台化发展将成为中国电子商务主要趋势

平台化是国际电子商务业发展的主要趋势，全球市值前 15 大的互联网公司，都是以平台模式为主。我国电子商务平台化发展充分依托市场优势，引领市场创新，将打造一系列世界级的电子商务平台，形成全球规模最大的电子商务服务体系。在平台化的支撑下，我国电子商务业将形成“大平台 + 小前端”的体系，形成世界水平的物流、配送、仓储、培训以及专业服务等电子商务产业链。

（三）云网端代表电子商务基础设施发展方向

电子商务将形成以云网端为特色的新一代基础设施。云网端作为不同的基础设施，与工业化、集中化、向心化的基础设施不同，将提供集中与分散结合

[1] 阿里研究院.《阿里巴巴网络扶贫研究报告（2016）》. 2017 年 3 月.

配置资源的可能。2016年全球网民突破30亿，云计算、大数据、物联网、虚拟现实等技术群落和基础设施，向社会经济各领域快速“渗透”。未来十年，随着云网端设施的普及，使得基于汽车、家电、机床等各种智能设备的电子商务成为可能。

（四）电子商务的新技术、新业态、新模式将快速发展

电子商务数据化、移动化将成为未来发展的新特征。数据科技（DT）将取代信息科技（IT），成为电子商务发展新的技术驱动力。大数据等新一代技术应用将成为电子商务发展的新热点。在此基础上，商务智能将进一步演化，智慧物流、精准营销、智能制造等智能商务技术和模式不断创新。网络购物终端向移动化发展，随着4G网络的发展、智能手机的普及、移动支付习惯的养成以及电子商务企业对移动端投入的不断加大，移动端将成为多类电子商务的主要渠道。以微信为代表的WEB模式将成为下一代电子商务的引领模式，利用WEB网络的小世界网络、无标度网络特征，口碑营销、邻接模式的电子商务，将对传统广告、营销模式带来巨大冲击。

（五）“互联网+”将推动电子商务与其他产业深度融合

电子商务将促进产业融合。一是电子商务与实体经济的融合发展，既包括线上线下融合，也包括电子商务与传统流通产业的融合、电子商务与传统制造业的融合。二是电子商务越来越趋向于上下游产业链的融合协同发展，价值网络将整合产业链和价值链。三是电子商务将全面渗透生活各领域，如养老、医疗类的电子商务和O2O平台的建立等，使老百姓受惠，激发消费潜力。

（六）电子商务将向个性化、高品质方向转型升级

未来十年，网络零售个性化C2B模式成为电子商务主流，既带动制造业的转型升级，又带动现代服务业的发展，促进高品质互动社群的形成。C2B将成为趋势与潮流，可穿戴设备、移动互联网将创造更丰富的个性化体验；搜索和社交网络中低成本、高效率、精准互动的个性化营销产品将快速发展；大型零售平台将完成覆盖长尾市场的个性化销售。个性化的发展趋势将倒逼企业在生产方式上具备更强的柔性化能力，并将进一步推动整条供应链乃至整个产业转型升级。电子商务将向品牌化、高质量的方向发展，一些低质的、假冒的产品将逐渐被淘汰，品牌电子商务平台、品牌产品将在电子商务中得到发展。用户将成为商务互动过程的参与者、品牌本身的创造者，个人品牌创造成为可能。

（七）跨境电商将改变国际贸易规则

部分研究认为，未来“e 国际贸易”将推动传统贸易方式改变形态，到 2025 年左右将达到世界贸易额的 30%~40%。我国将涌现一批带动性强的跨境电子商务综合服务平台，支持企业建设境外营销、支付结算和仓储物流网络，逐步形成贯通国内外的价值链和大市场。随着跨境电子商务发展，eWTO 理念将创新未来国际贸易规则的研究和制定，推动建立自由开放、普惠高效的全球电子商务市场。eWTO 将成为中国国际贸易谈判的新平台和新机制。

（八）农村电商将实现以服务化带动产业化

电子商务通过以精准化为特点的服务化，带动以社会化为特点的产业化，将把中国农业提高到信息化的现代化水平。随着电商进入农村政策的大力推进和物流体系的逐步完善，中西部地区、三四线城市以及农村电子商务将快速发展，积极推动优质、特色农产品在网上交易，打造了社会化、精准化的网络营销渠道。农村电子商务蓬勃发展，增强农民的经济参与能力，实现包容性增长。通过电子商务精准扶贫，切实促进贫困农民增收。

（九）分享经济将推动人人可参与、物物可共享

国家信息中心发布的研究报告认为，到 2020 年共享经济将进入人人皆可参与、物物皆可共享的全共享时代。2020 年前后，50% 的经济活动都将与分享经济相关联。共享经济还将打破传统的“全时雇佣”关系，“共享式就业”将成为更为广泛的就业形式，2020 年中国的灵活就业人口要比现在翻一倍。

三、当前制约我国电子商务业发展的主要因素

（一）“互联网 +”转型遭遇传统生产方式制约

传统工业生产模式是为“小品种、大批量”的大规模生产而准备，存在很大的刚性，难以适应“多品种、小批量、快翻新”的新型电商销售模式。在我国农村，受限于小农生产方式，农产品生产标准化、规模化、专业化程度较低，缺乏大规模定制生产能力，严重制约了产业间的深度融合。目前国内约 85% 涉农交易类电商是亏损的。

（二）电子商务反垄断法律法规不完善

当前，电子商务独角兽企业占据了主要的市场份额，平台经营集中带来应用经营的高度竞争，形成“平台基础业务—应用增值业务”双层经营形式的新垄断

竞争结构。现有反垄断法规中，对电子商务企业滥用支配地位的行为没有清晰界定，既不利于平台做大做强做优，也不利于中小应用企业分享平台实现轻资产运作，从而降低竞争效率。

（三）电子商务发展环境仍需进一步改善

信用缺失制约电子商务发展。我国发展市场经济历程较短，诚信体系建设滞后，部分领域假冒伪劣产品问题突出，信息安全问题时有发生，严重制约了对诚信要求更高的虚拟空间电子商务的发展。同时，电子商务配套环境还不完善，部分政策缺乏操作性，阻碍电子商务健康快速发展。在跨境电子商务领域，监管部门尚未形成有效协调机制，难以形成有效合力。

四、相关对策及建议

（一）降低电子商务的市场准入门槛

继续降低电子商务的市场准入门槛，发挥市场配置资源的决定性作用。着眼于提高国家竞争力，降低分享经济的市场准入门槛，鼓励在有条件的行业和地区先行先试，推进改革创新。营造宽松便捷的市场准入环境，放宽互联网、“互联网+”市场准入要求。打破固有利益格局，鼓励发展“互联网+”新业态，取消传统产业不适应双创与小微企业发展的准入限制。

（二）把支持平台发展作为重要方向

以平台支撑方式推进电子商务，加快完善电子商务反垄断法律法规，把平台反垄断与电子商务做大做强有机结合起来。鼓励支撑服务平台向世界级规模发展，从平台中立、鼓励应用竞争角度进行治理，将平台分享作为共享发展的重要实现方式，强化公平性和包容性。明确平台企业的治理主体地位，发挥平台作为信用体系建设主体的作用。政府与平台合作共同打击假冒伪劣、失信行为，加强诚信治理。充分发挥平台作为行业自组织、自协调主体的作用。

（三）着力布局跨境电商

鼓励跨境电商企业从单纯依靠价格竞争，转向提高质量、产品和服务品质，增强综合竞争能力。配合“一带一路”建设，制定专项计划，支持与帮助国内电商企业重构欧洲跨境电商物流系统。加大跨境电商平台建设，支持中小外贸跨境电商企业提升抗风险能力。

（四）促进新就业形态发展

鼓励分时就业、灵活就业等新形态就业形式，促进多形态的就业方式。加大力度对新型工作关系进行研究，完善社会保障体系，探索建立一套符合新经济发展的保障体系。积极引入第三方专业机构加入平台提供在线保障服务，逐步提高平台上就业者的参保意愿。

（执笔人：姜奇平）

健康服务业发展情况、展望与建议

国家发展改革委经济体制与管理研究所

健康服务业是我国经济新常态下增加新供给、创造新需求的重要领域。在我国全面建成小康社会和迈向更高发展水平的阶段，居民健康服务需求总量、结构和品质要求均呈现出一些新变化、新特征。未来，健康服务业发展要主动顺应新趋势、新特点，加大供给侧结构性改革，尽快形成活力迸发的新格局。

一、我国健康服务业现状及发展展望

近年来，我国健康服务业增长态势明显，对经济发展的拉动作用明显增强。2009 年新医改后，政府出台一系列政策，鼓励和引导社会力量进入健康服务领域。2013 年 10 月《国务院关于促进健康服务业发展的若干意见》（国发〔2013〕40 号）明确了我国健康服务业发展的主要任务和政策措施，并提出到 2020 年，基本建立覆盖全生命周期、内涵丰富、结构合理的健康服务业体系，健康服务业总规模达到 8 万亿元以上。按照有关预测，到 2030 年健康服务业规模将超过 16 万亿元。国务院办公厅 2015 年 4 月发布《中医药健康服务业发展规划（2015—2020 年）》，提出要加快发展中医医疗服务，鼓励社会力量提供中医医疗服务，创新中医医疗机构服务模式，积极促进中医药健康服务相关支撑产业发展，支持相关健康产品研发、制造和应用。

健康服务业发展相关政策密集出台，各地积极加快探索创新，健康服务业发展呈现越来越受重视的新局面。2016 年，国务院办公厅印发《关于促进医药产业健康发展的指导意见》。国家发展改革委、卫生计生委、人力资源社保障部、财政部联合印发《推进医疗服务价格改革的意见》。全国多地制定了健康服务业发展专项规划。北京市将发展健康服务业作为推进城市副中心功能建设的重要内容。深圳市制定《深圳市生命健康产业发展规划（2013—2020 年）》。青岛、成都等城市也制定了相应的健康产业发展规划。

未来十年我国健康服务业发展空间巨大。主要表现为：一是社会办医发展迅速，从 2009 年到 2014 年，社会办医所占比重从 30.8% 增长到 48.5%[1]，社会力量举办的医疗卫生机构正向更高层次、更大规模和更好服务方向发展。二是健康管理与促进服务的市场已经初具规模，相关产业链逐步建立，尤其是以健康体检为主的健康管理医学服务机构数量快速增长，发展规模不断攀升，2014 年健康管理行业规模已超过 1000 亿元。三是商业健康保险规模持续扩大，2015 年我国商业健康险保费总额为 2410.47 亿元，未来发展空间广阔。

二、健康服务业发展的趋势特征

健康服务业是在经济社会发展、健康需求增加的背景下出现和发展起来的，正日益成长为一个高成长性的新兴产业。未来一段时期，健康服务业发展还将呈现几个明显趋势特征。

（一）健康服务需求呈持续旺盛增长态势，总量扩张和结构调整都在加强

随着人们生活质量提高，健康需求日趋旺盛，医疗、保健、养生等涉及健康的产品和服务更加受到消费者青睐。前瞻产业研究院发布的《2013—2017 年中国健康体检行业发展前景与投资预测分析报告》显示，居民健康消费需求呈现较快增长速度。国家统计局北京调查总队、北京市统计局采用电话调查方式对北京市 2000 余位 18~65 周岁的城乡居民开展了相关调查。调查显示，日常生活中 70.5% 的被访者表示会“关注”养生保健，其中 30.8% 的被访者表示会“经常关注”，反映出人们对健康生活的强烈渴望。

（二）健康服务消费细分特征明显，优质高端定制服务发展迅速

健康消费结构优化和升级步伐加快，健康消费需求多元化态势明显。随着居民生活水平提高及健康消费需求持续增长，健康消费需求已由单一的、传统的、基本的疾病治疗型刚性消费需求，向疾病预防型、健康保健型、身心提升型的非刚性需求转变。居民用于保健、疗养、健身等方面的健康消费支出增长快速，对定期健康体检、养生保健、健康辅导咨询、度假养老、体育健身美容以及休闲旅游等优质高端健康服务的需求也将快速增加。

[1]《2015 中国卫生和计划生育统计年鉴》. 中国协和医科大学出版社. 2015 年版.

（三）健康服务供给主体更加多元化和市场化，市场供给格局不断调整优化

健康服务供给现阶段主要有两种模式。一是北京、上海、深圳、杭州等地的“公私合作模式”，即社会举办医疗卫生机构提供基本医疗卫生服务，政府购买后提供给居民。二是青岛等地扩大公立医疗卫生机构的基本医疗卫生服务供给，即政府直接提供基本医疗卫生服务。市场供给格局不断分层和集聚，形成了一些高端医疗服务聚集区和健康产业聚集区。

（四）技术创新和商业模式创新是未来健康服务业发展的一大亮点，新供给创造新需求的特点鲜明

在各地经验探索中，技术创新是未来健康服务业发展的重要支撑。现阶段，由于居民收入差距较大的客观现实，形成了不同的收入群体，也因此形成了高、中、低不同的消费群体，对健康服务消费的需求分层化、多样化。顺应这种多层次、多样化的健康消费需求趋势，未来健康服务的新消费模式和新业态不断涌现。

（五）健康服务走向规范化、标准化和个性化，制度供给和监管环境都处在逐渐成熟的进程中

健康服务业技术规范、标准体系及市场准入政策逐步完善，行业监管不断规范，正逐步形成政府主导、第三方机构协助管理、社会公众参与监督的多元化行业监管体系。

三、促进健康服务业发展的体制机制创新

从国际经验和国内实践来看，我国健康服务业发展还有较大空间，城乡区域健康服务差距仍有待进一步缩小。而实践中，受宏观环境和体制机制约束，健康服务业发展还面临一些困难，需要在体制和机制方面做出创新。

（一）加快推进健康服务业供给结构调整

目前，健康服务业供给主体、供给结构、供给质量、供给模式和基础性制度都需要进行改革和提升。健康服务过多倚重于公共部门的医疗服务，私人部门参与健康服务供给的总体规模尚偏小。据相关统计，民营医院床位数、诊疗人次，在各类医院中占比分别为 13.27% 和 10.9%[1]。健康服务人才总量不足、配置不均衡、结构不合理，健康管理及相关服务不足，长期护理制度尚未建立，健康养老、

[1]《2015 中国卫生和计划生育统计年鉴》. 中国协和医科大学出版社. 2015 年版.

康复护理服务供给不足。与逐步扩大、不断升级的健康服务需求相比，健康体检、健康咨询、心理辅导、养生保健、体育健身、健康旅游等市场发育还不充分，贡献度偏低。健康保险发展滞后。商业健康保险还存在产品不够丰富、运行不够规范、群众认可度不够高等问题。2014 年，我国商业健康保险保费收入占卫生总费用的比重仅约 1.62%，远低于德国约 9.7%、法国约 14.4% 及美国 35% 的比重。

（二）全力改善行业监管能力和高标准治理体制

健康服务业的快速发展对行业高标准治理和政府监管体系及能力提出严峻挑战。按照推进负面清单管理制度要求，中国服务业开放是大势所趋，但行业自身的自律机制、规范、标准体系和监管体系能否跟得上，将面临极大挑战。在互联网医疗背景下，如何定义医疗机构和医疗服务，都需要重新思考。如医生网上执业行医的管理、网上电子处方的合法性、网售处方药及配套的医疗保险结算问题、互联网医疗事故认定及处置办法等，都需要进一步明确。健康大数据、电子病历呼之欲出，但用户个人信息和健康隐私保护存在隐患。大量包含用户隐私的数据在不同终端和平台之间被采集、传输、存储和处理带来了数据的安全风险。互联网医疗在患者认可度、盈利模式、信息安全等方面还存在不少问题。需要尽早出台互联网医疗发展的政策法规，制定行业标准规范，在放宽准入限制的同时，加强和创新事中事后监管。同时，鼓励医学检验、影像等第三方服务发展，进一步放开定价自主权。政府也应加强价格欺诈监管，加大惩戒力度。

（三）健全促进技术创新的体制机制

健康服务业的医疗、信息及金融等技术创新突飞猛进，消费和商业模式还不成熟，行业发展尚面临一些不确定因素。例如，在互联网医疗的健康管理环节、自诊和院内就诊环节已经形成一批具有代表性，并且具备一定市场竞争力的企业，但互联网医疗尚没有形成基本成熟的发展路径。我国在健康服务领域的研发创新能力较弱，以药品为例，我国药品行业有 4000 多家生产企业，但创新激励机制不完善、重复建设严重，产品质量不高、技术研发薄弱。目前，全球前 50 强药企研发投入平均达到 18%，其中仿制药公司研发投入达到 5%~8%，而我国制药企业平均研发投入仅 1% 左右。

（四）尽快建立对接高标准市场开放的体制机制

降低政策壁垒，落实完善医疗机构分类管理政策，放宽社会力量进入健康服务业的审批制度，推进医生多点执业，落实医疗卫生服务体系规划。完善税收、金融、保险等相关配套政策。建立以市场为基础的政府定价机制，让服务与产品的价格能够有效反映其价值，营利性健康服务领域可施行自主定价。主动融入和参与全球健康服务业发展格局及分工，有效对接健康服务业发展的国际资源和国内市场，加快构建中国健康服务业开放新体制，为中国面向现代化的高水平对外开放提供新动力。全面实行准入前国民待遇加负面清单管理制度，有序扩大健康服务业对外开放。

四、加大政策供给增强健康服务业发展持续动力

主动顺应健康服务业发展新趋势、新特点，加强战略规划引领市场预期，加强制度和政策供给，有效激发健康服务业发展活力。

（一）加强战略规划和市场预期引导

健康服务业发展事关国家现代化水平，要紧密对标国家战略部署，充分发挥规划引领作用，探索中国特色健康服务业发展思路和实现路径。按照《国务院关于促进健康服务业发展的若干意见》《健康中国2030年规划纲要》等政策文件的要求，加强相关规划政策制定，形成清晰明确的健康服务业政策体系，为关注和参与中国健康服务业发展的各类主体提供明确的政策导向和稳定的市场预期。

（二）加快健康服务业的基础性制度建设

完善基本公共服务均等化制度，在基层建立和完善全科医生签约服务制度，构建以全科医生为枢纽的分级诊疗体系。逐步取消公立医院编制和行政级别，建立科学补偿机制，形成与公众目标一致的激励和约束机制，实现公立医院法人治理结构现代化和依法依规自主管理。积极推进医疗大数据开放，尽快推进建立电子病历等互联网医疗发展的基础性工程建设。推进实现电子病历全国标准化、统一机构管理、实现医院和医院之间，医院和保险机构之间信息共享。健全健康服务法律和行政法规，建立服务标准体系，强化标准的实施。完善健康服务监管机制。统筹民生保障和产业政策，明确基本和非基本界限，明确政府和市场边界，明确制度性激励和直接支持适用范围，形成健康领域统一的顶层设计。

（三）支持鼓励技术创新和服务模式创新

支持全产业链、全生命周期和全方位的创新，促进健康服务业新经济发展。转变健康服务方式，从简单总量扩张逐步转变为质量提高、结构优化、过程连续的内涵式发展。促进健康服务链条关口前移和后端延伸，形成健康管理与促进、疾病预防、医学治疗、康复护理的连续服务过程。推动服务形态朝多种健康因素

拓展，与养老、文化、体育、旅游、环境等领域融合发展。主动适应健康新需求，发展中医医疗保健、健康养老、健康体检、健康咨询、健康旅游、体育健身等多种形式的健康管理和促进服务。创新健康服务业态，推动“互联网+健康服务”。加快云计算、大数据、物联网、移动互联网等信息技术与健康服务的深度融合。推进重大新药创制等研究成果临床应用和新技术应用。鼓励提供规范化的商业健康保险产品和服务，健全完善健康保险有关税收政策，对企业和个人支付补充医疗保险费、商业健康保险费按税收政策规定在企业和个人所得税税前扣除。推动商业保险公司建立健康管理组织等新型组织形式。鼓励优势健康服务机构集聚发展，打造具有国际影响力和竞争力的健康服务品牌。

（执笔人：孙长学）

健康服务业市场开放研究与建议

国家卫生计生委发展研究中心

健康服务业包括医疗卫生服务业、健康保险（保障）业、健康管理和促进业及相关支撑产业，是能够有效拉动经济增长、推动经济转型升级的重要领域。《国务院关于促进健康服务业发展的若干意见》明确要求，要“建立公开、透明、平等、规范的健康服务业准入制度”“完善健康服务法规标准和监管”。按此要求，我们对健康服务业开放与监管问题进行了研究。

一、我国健康服务业市场开放程度不断提高

（一）大力推进简政放权，逐步破除有关行政壁垒

1. 不断放宽准入领域，实行“非禁即入”。目前大部分省制定出台了本省发展健康服务业的实施方案，均坚持了“非禁即入”的准入制度。《全国医疗卫生服务体系规划纲要（2015—2020 年）》对社会办医院床位预留了不低于 30% 的市场空间，并要求“同步预留诊疗科目设置和大型医用设备配置空间”。

2. 规划管理一视同仁，取消个体诊所规划布局限制。《全国医疗卫生服务体系规划纲要（2015—2020 年）》放开了个体诊所规划布局限制，改为实行市场调节。明确要求各地要公开区域卫生规划和医疗机构设置规划等医疗资源规划情况，“在符合规划总量和结构的前提下，取消对社会办医疗机构的具体数量和地点限制”，放宽对营利性医院的数量、规模、布局以及大型医用设备配置的限制。

3. 简化设立审批，营利性医疗机构实行“先照后证”。2013 年，国务院印发《关于促进健康服务业发展的若干意见》，明确对连锁经营的服务企业实行企业总部统一办理工商注册登记手续。2014 年，营利性医疗机构设置审批工商登记由“前置审批”事项改为“后置审批”，实行“先照后证”。2015 年，国务院办公厅印发《关于促进社会办医加快发展的若干政策措施》，要求全面清理、取消不合理的前置审批事项，进一步缩短审批时限，不得新设前置审批事项或提高审批条件。

4. 放宽设备配置与技术准入，减少运行审批限制。要求各地放宽非公立医疗机构大型医用设备配置，按照不低于 20% 的比例预留规划空间。多地明确了放宽大型医用设备配置的具体办法。如，浙江对“民营医疗机构的大型设备配置实行准入条件单列”，江苏、江西“社会资本举办的、以提供特需医疗为主的营利性医疗机构购置大型医用设备，可以不受医用设备规划的限制”，海南、吉林对“社会资本举办的医疗机构大型医疗设备准入试行备案制”。

（二）逐步理顺各项机制，推动形成统一市场体系

1. 放开非公立医疗机构和公立非基本医疗服务价格。2014 年 3 月，国家发展改革委、卫生计生委、人力资源社会保障部联合发布《关于非公立医疗机构医疗服务实行市场调节价有关问题的通知》，明确非公立医疗机构实行医疗服务市场调节价，并允许营利性质的非公立医疗机构自行设立医疗服务价格项目，同时要求“不得以任何方式对非公立医疗机构医疗服务价格进行不当干预”。2016 年 7 月，国家发展改革委印发《关于推进医疗服务价格改革意见的通知》，进一步放开公立医疗机构提供的特需医疗服务及其他竞争比较充分、个性化需求比较强的医疗服务价格。

2. 加大财政政策扶持力度，促进有序竞争。财政扶持非公立健康服务机构发展的主要方式包括：（1）实行政府购买服务，并逐步增加政府采购的类别和数量；（2）要求将健康服务业纳入服务业发展引导资金支持范围并加大支持力度；（3）将符合条件、提供基本医疗卫生服务的非公立医疗机构的专科建设、设备购置、人才队伍建设纳入财政专项资金支持范围；（4）推进政府和社会资本合作（PPP），鼓励社会资本参与卫生基础设施建设。

3. 在医保、人才、学科等方面实行同等待遇。政策明确“各地不得将投资主体性质作为医疗机构申请成为医保定点机构的审核条件”，要求对非公立医疗机构执行与公立医疗机构相同的报销政策。全面放开医师多点执业，鼓励探索区域注册和多点执业备案管理试点，要求在继续医学教育、全科医生培养、住院医师规范化培训等方面对非公立医疗机构一视同仁。明确社会办医在职称评定、临床重点学科建设、医学院校临床教学基地及住院医师规范化培训基地资格认定等方面享有与公立医疗机构同等待遇。实行非公立医疗机构水、电、气、热与公立医疗机构同价。

（三）不断加大对外开放力度，提高开放水平

1. 我国医疗服务贸易承诺开放强度高于许多国家。WTO 很多成员国均对医疗服务市场的对外开放持谨慎态度。在商业存在方面，21 个 WTO 发达国家成员中只有 2 个对市场准入做出“没有限制”承诺，只有 1 个对国民待遇做出“没有限制”承诺。欧盟所有成员国均保持对新建医院医疗设备的经济限制，法国将外资持有比率控制在总投资的 1/3 或 20% 以下，印度只允许外资设立合资形式医院且外资控股上限不得超过 51%，泰国和印度尼西亚均将医院外资股权限制在 49% 以下，我国是允许外方控股 70% 的少数国家之一。在跨境交付和境外消费方面，我国入世卫生承诺减让表中均明确为“没有限制”。在自然人流动方面，大多数成员国也采取谨慎态度，21 个 WTO 发达国家成员国和 44 个 WTO 发展中国家成员国中无一对自然人流动市场准入做出“没有限制”承诺。英国、美国、日本等发达国家对于外籍医务人员普遍将实行医师考试制度作为市场准入的前置条件，泰国要求“外国人在泰注册行医必须具备泰国医务委员会认可的学位并通过执业考试”。我国则允许持有其本国颁发专业证书的外国医生，在获得卫生部许可后，来华提供短期医疗服务，服务期限为 6 个月，并可延长至 1 年。

2. 我国医疗卫生服务实际开放程度高于入世承诺。我国加入 WTO 时的承诺只包括“医师服务和牙医服务”领域，但目前我国已经开放了当时并未承诺开放的“护士、助产士服务，医院服务，其他人群健康服务”领域。在商业存在方面，我国的开放程度已超过了入世承诺的限于合资合作医疗机构及 70% 的股份比例限制，允许境外投资者在北京、天津、上海、江苏、福建、广东、海南 7 省（市）设立外资独资医院，并将审批权限下放到省级。

二、推进健康服务业市场开放存在的主要问题

截至 2015 年底，民营医院占医院总数的 47.3%、床位数占比达到 19.4%，非公立医疗机构诊疗人次数占全国总诊疗人次数的 22.3%，商业健康保险保费收入达到 2411 亿元，同比增长 51.9%，健康服务业市场开放效应逐步显现。但与人民群众快速增长的健康服务需求相比，健康服务业开放仍面临更高要求和一些挑战。

（一）法人化的市场主体亟待培育

各级公立医院有着严格的部门归属、行政级别、拨款渠道，不仅造成医疗资源难以有效整合协同，也造成医疗服务市场的分割保护。医疗服务市场仍存在行政管制和垄断竞争的问题，现代医院管理制度和现代医保经办体系尚未完全建立，

公立医院经营管理自主权不足，合格的市场主体尚待培育。

（二）价格机制改革有待加速

2016年7月，国家发展改革委印发《关于推进医疗服务价格改革意见的通知》，医疗服务价格形成机制改革开始破题，但地方具体落地仍需时日。同时，根据财政部、国家税务总局《关于医疗卫生机构有关税收政策的通知》，“非营利性医疗机构……不按照国家规定价格取得的医疗服务收入不得享受免税政策”，非公立医疗机构医疗服务价格实行市场调节后，非营利性医疗机构免税收入如何认定目前尚未明确。此外，个别地方在相关政策中仍然对本该放开的医疗服务价格有限制性规定，也影响了健康服务的市场化。

（三）公平开放透明的市场规则体系尚未建立

1. 法律法规体系不健全。我国尚未完全形成系统的社会办医制度体系，各项政策分散且多侧重于程序性管理，一些核心问题有待明确。非营利组织、民办非企业单位等上位法也不适应实践发展。如：社会办非营利性医疗机构应在民政部门登记为民办非企业单位，但我国《民法通则》中的法人类型并不包括民办非企业单位。同时，《民办非企业单位登记暂行办法》将民办非企业单位分为法人、合伙和个体三种，于是实践中出现了“股份制 / 合伙制民办非企业单位”，而这与其非营利目的在法理上是矛盾的。

2. 公立与非公立医院边界划分尚不清晰。到目前为止，我国对于公立与非公立医院没有官方权威界定，仅有统计中的划分（公立医院指经济类型为国有和集体的医院）。在经济体制改革不断推进的大背景下，公立与非公立医院的构成要素越来越不清晰，特别是对公立医院引入社会资本或实行 PPP 后的性质认定等问题亟待明确。

3. 非营利性医疗卫生机构产权和性质认定标准不明确。产权制度是影响机构行为的最主要因素。《民间非营利组织会计制度》规定，“资源提供者不享有该组织的所有权”。但在医疗卫生领域并没有明确非营利性医疗卫生机构的产权归属，出资者事实上仍享有资产处置权。我国对非营利组织有明确的认定标准，但根据2000年《关于城镇医疗机构分类管理的实施意见》，我国医疗机构性质的划分遵循“自愿选择和政府核定”相结合的原则。而实践中存在非营利性医疗机构经营性质认定处于“自愿选择”而无“政府核定”状态的问题，不利于形成明确的性质认定和产权关系。

4. 非营利性医疗机构出资人合理回报问题有待明确。虽然国家层面明确“非营利性医疗机构所得收入除规定的合理支出外，只能用于医疗机构的继续发展”，但目前各地做法不一。一些地方突破了分红限制，允许非营利性医疗机构在扣除办医成本、预留发展基金以及按国家有关规定提取其他必需费用后，出资人可以从办医结余中取得合理回报。还有一些地方通过“奖励”而非“分红”的方式激励出资者。

5. 非公立医疗机构性质转换及退出机制、监管办法尚不明确。2010 年印发的《关于进一步鼓励和引导社会资本举办医疗机构的意见》，明确要求“社会资本举办的非营利性医疗机构原则上不得转变为营利性医疗机构，确需转变的，需经原审批部门批准并依法办理相关手续”。2012 年出台的《关于社会资本举办医疗机构经营性质的通知》，提出“社会资本举办的医疗机构，转变经营性质的管理规定另行制定”。2000 年公布的《关于城镇医疗机构分类管理若干问题的意见》，提出“具体监管办法，另行制定”，有关规定尚待进一步明确。

三、进一步推进健康服务业市场开放的有关建议

（一）继续破除有关行政壁垒

按照“非禁即入”的方向，全面实行基本与高端、营利与非营利机构区分开，将不受规划布局限制、实行市场调节管理方式的机构范围扩大到所有只提供高端非基本医疗服务的营利性医疗机构。同时，大力推动公立医疗机构和基本医保经办机构去行政化，培育政事分开、管办分开的合格市场主体。一是实行政事分开，合理界定政府作为出资人的举办监督职责，落实公立医院独立法人地位和经营管理自主权。二是加快事业单位分类改革，推进公立医疗机构和医保经办机构去行政化。三是加大政府购买服务力度，引入竞争机制，鼓励商业保险机构参与医保经办。

（二）加快完善医疗服务价格形成机制

加大对地方非公立医疗机构医疗服务价格政策执行督导检查，同时尽快明确非公立医疗机构价格放开后免税收入的范围和认定方法。清理各地对非公立医疗机构不合适的价格干预，取消对医疗服务和药品价格有关强制性要求，特别是各地将医疗服务和药品价格作为医保定点前置条件等的做法。同时，加快推进医疗服务价格改革，尽快理顺医疗服务项目比价关系，强化价格、医保等相关政策衔接，逐步建立以成本和收入结构变化为基础的价格市场动态调整机制和谈判形成

机制。

（三）构建公平开放透明的市场规则体系

一是明确公立与非公立医疗机构划分边界。明确公立医院范畴，将举办主体为非政府行政机构的企业、党群社团、事业单位等，归为社会力量办医。对于引入社会资本的公立医疗机构，如果社会资本具备一定的收益分配权和资产处置权，则可认为产权性质有所改变；如社会资本并不产生收益分成（仅获取固定回报）且不具有资产处置和决策权力，则仍属于公立医院性质。同时，应尽快细化非营利性医疗卫生机构核定标准，特别是要参照国际通行做法把治理结构作为机构性质认定的重要条件，明确非公立医疗机构产权属性。

二是健全非营利性医疗机构出资人合理回报制度。在我国当前社会公益意识和志愿精神尚未完全形成、募捐来源不稳定、筹集资金方式单一的情况下，在明确非营利性医疗机构不得分红的基础上，为鼓励社会力量兴办包括非营利性医疗机构在内的社会事业，应通过科学的制度设计保证投入人的合理回报，如实行以“奖励”代“分红”、给予基于合同的固定收益等，引导非营利性医疗机构规范发展。

三是完善非公立医疗机构性质转换及退出机制。尽快研究制定全面、严格的医疗机构性质转变相关规则，明确各部门监管权、监管内容、转变程序、资产评估方式、资产处置办法等，特别是初始投入、捐赠资产、国有资产的评估和处置方式，使社区居民、公众、监管者、专家充分参与，充分保护公众利益和公共资产。

（四）健全健康服务业监管体系

一方面，建立非营利性医疗机构信息公开制度。制定包括非营利性医疗机构在内的非营利性组织信息公开制度，细化信息披露的具体措施，明确须公开或提交的信息内容、公开的具体方式。从信息公开的对象看，非营利性组织应向主管机关、税务机关、捐助者、社会公众提交有关报告。从公开内容看，非营利性医疗机构信息公开要求应高于其他非营利组织，特别是应在每个会计年度结束时制作财务会计报告，委托会计师事务所依法进行审计，并向社会公布审计结果；对社会公布工资最高的 5 个人的姓名及其年薪、超过法律规定的收入标准的人员姓名及其年薪，以及支付予以组织创立人、董事（理事）或其家庭成员的报酬等。

另一方面，强化非营利医疗机构财务监管。及时修改相关规定，实施严格的纳税申报制度和独立的免税审核制度，明确非营利性医疗机构必须按照《税收征管法》及其实施细则办理税务登记，由税务机关进行免税资格审查以确定是否免税。同时，建立非营利性医疗机构财务信息公开制度，明确非营利性医疗机构所应披露的主要财务会计和审计信息。

（执笔人：王秀峰　张毓辉　王荣荣　王昊）

养老服务业发展情况、展望与建议

中民养老规划院

一、我国养老服务业发展现状及其问题分析

近年来，我国养老服务业有了一定发展，但由于受到经济收入、思想观念、资源配置、政策制度、社会经济转型等多方面因素影响，养老服务业发展仍十分缓慢，远不能满足老年人口急剧增长所产生的多层次养老服务需求。

（一）我国老龄化问题严重

当前，我国面临着“未富先老”“未备先老”“未老先衰”的老龄化困难和挑战。我国在1999年就进入老龄社会，此后我国65岁及以上老龄人口数呈稳步上升态势，人口的老龄化加速发展。截至2016年底，全国60岁及以上老年人口已达2.31亿，占总人口的16.7%，比2015年底上涨了0.60个百分点。同时，“未备先老”和“未老先衰”（“人未老、病先到”以及老年慢性病率高）也是我国老龄化的显著特点。但是，我国的社会养老保障和养老服务体系尚未做好应对人口老龄化的准备，在制度设计、政策保障、应对措施方面尚缺乏顶层设计和统筹考虑。未来中国人口类型将从轻度老龄化转变成深度老龄化，进而转化成重度老龄化，“银发浪潮”将成为21世纪我国主要的人口问题和社会问题。

（二）我国养老服务业快速发展

1. 我国发展养老服务业的内涵和特点。养老服务业是以满足老年人的特殊需求为目的，以开发老年消费市场为途径，以促进国民经济增长为目标，集生产、经营、服务为一体的综合性产业。新中国成立以来，我国养老服务一直以老年福利保障的身份出现，并由政府及机关单位主导。老年福利保障主要集中在城镇行政及企事业单位，农村一般只实行“五保”集中供养。计划经济条件下，不存在规范化的养老服务产业。改革开放之后，随着社会结构多元化及市场经济发展，特别是第三产业迅速成长，使得养老服务逐渐由事业型向产业化方向发展。老龄人口迅

速增多，社会老龄化趋势加剧，促进了养老服务业的兴起。到目前为止，我国养老服务业无论作为一个概念，还是作为一种产业，都处于发展完善之中。当前我国养老服务业呈现三大特点：

一是养老服务机构及设施仍以国家和集体投入为主。现有养老服务、老年文化体育消费基本定位在福利性、公益性范畴，最具代表性的是遍布城乡的各类福利院、敬老院、养老院等机构及相关设施，并由国家及各级财政支持。

二是非公有制养老服务发展较快。近年来，各地非公有制养老机构发展较快，少数地区已占相当比例，其中一些单项指标超过公有制养老机构。受市场利益驱动，非公有制养老服务起点较高，一般服务质量较好、收费较低、竞争力较强。

三是养老服务投资模式不断创新。一些经济发达地区已经开始养老服务社会化、产业化、市场化探索，出现一些新的经营模式，如国办民营、个体、合伙、股份、合资等投资、经营模式。有的地方对国家、集体投入的养老服务机构进行改革，采用福利性投资、产业化经营的办法，经营者自负盈亏，获得较好经济效益与社会效益。在各方面共同努力下，具有中国特色的养老服务业正在逐步形成与发展。

2. 养老服务业成为推动我国经济转型、结构调整的重要力量。社会需求的改变，促使产业结构调整。老年人物质和精神需求的增长，促使养老服务业的发展，利用市场机制引导社会资源，积极发展老龄化的服务业，开发老年人的生活消费品、医疗保健产品以及老年人精神文化产品，以满足老年人的衣、食、住、行、乐、医等各方面数量极大的物质、生活和文化需要，这将形成一个崭新的庞大市场，促进形成朝阳产业，即养老服务业发展，成为促进社会生产结构、消费结构和市场产品结构调整变动、优化升级的强大推动力。

3. 我国养老服务业发展市场分析。国家政策有力支持我国养老服务业加快发展，但总体而言，我国养老服务业发展起步较晚，仍处在探索发展阶段。

首先，可供老年人选择的资产、商品种类和数量都很有限，且结构比较单一。我国的养老服务业供给滞后，无法满足需求，特别是高龄老人在医疗护理、临终关怀服务、养老服务（包括社会、家庭、和社区养老服务）等方面极大的需求。全国有 2 亿多的老年人，是很大的消费群体，但长期以来，老年人需要的商品供给不足，精神文化生活有待丰富。

其次，老年市场产品质量堪忧。老年用品市场目前尚不能规模化发展，其产品质量、价格体系和品牌战略优势难以适应市场发展需要。

第三，养老服务业的服务市场发展也不完善，市场需求与有效供给矛盾突出。

在需求方面，表现为潜在需求旺盛，有效需求不足。由于老年人消费能力有限，很多老年人目前尚不能完全享受到商业化社会服务和中高档产品。在供给方面，表现为供给不足及相对过剩。一边是养老机构的入住率不高，一边是许多老人找不到地方养老。公立养老院因有政府补贴，价格不高，人满为患。而高档的养老院价格高，入住率低。

第四，未来我国养老服务业市场前景广阔。养老产业市场初具规模，市场趋于细分，出现了老年用品、老年公寓、老年护理、老年疗养、老年文化、老年娱乐、老年家政护理等多种养老服务及配套服务业。此外，以养生养老产业为代表的健康服务业可以带动医疗、信息等多个产业发展，将成为中国促消费、扩内需的重要手段。据测算，目前中国养老市场的商机大约有4万亿元，而到2020年和2030年，则有望分别增加至10万亿元和20万亿元，潜力十分巨大。

（三）我国养老服务业发展的问题分析

概括起来，制约我国养老服务业发展的因素主要有以下五个方面：

一是传统儒家观念影响。长期形成的福利化养老认识误区，影响了养老服务社会化、产业化、市场化进程。一些老年人的收入虽然逐步增加，但重积累、轻消费，重子女、轻自己的传统观念难以更新，直接影响老年人消费增长。

二是体制机制不健全，顶层设计不足，政府扶持政策“不落地”。当前，我国各地养老服务业发展缺乏科学规划引领，养老机构的布局不合理、设施功能不配套、服务质量不均衡。我国已颁布《老年人权益法》和其他相关政策，但在养老产业所涉及的生产、流通、经营、消费等各个环节，缺少配套的可操作政策支持，使得好的政策得不到落实。养老服务业“九龙治水”多头管理局面也是造成政策上难以有效突破的原因之一。

三是经济相对不发达，城乡差距显著，老年人口有效需求总体不足。与先期进入老年型的发达国家相比，“未富先老”是我国面临的一个突出问题。中国目前属于中等偏上收入国家，是典型的发展中国家，是在经济相对不发达的条件下步入老龄化的，我国老年人的消费水平远远落后于发达国家。

四是市场秩序不规范，产业标准缺失。尽管养老产业在近几年来发展较快，但老年公寓、养老机构、适老设施、人员构成、服务内容、居住环境等相关指标并没有统一行业标准，健康养老市场秩序亟待规范。例如，在老年人的护理照料中，缺乏相应的法律法规支持，没有专业的服务人员队伍和明确的服务标准。

五是企业投资意愿低，市场细分不够，产品开发不到位。目前，我国养老服务业市场规模小、层次低、产品种类单一，多数集中在传统的衣食和保健等方面。老年商品与服务的市场调研和研发支出严重不足，缺乏资金投入，产品科技含量低，跟风现象严重，创新和研发与国外差距较大，严重制约了养老服务业发展。此外，现阶段传统养老产业也未将老年人的文化娱乐和精神享受方面的产品和服务纳入考虑。据统计，发达国家老年人用品市场非常成熟，产品细分到8000多种，而国内则仅400余种，尤其是老年康复护理用品、适老产品等严重缺乏。

二、我国养老服务业未来十年发展趋势分析

（一）养老产业将成为新兴产业

重点发展和培育养老产业的八大领域，包括：一是面向所有老年人的健康管理服务业；二是面向失能老人和老慢病患者的康复护理业；三是面向社区居家养老老年人，以上门服务为主要形式的家政服务业；四是面向中低龄健康老年人的老年文化教育业和老年旅游业；五是面向所有老年人的老年宜居服务业和老年房地产业；六是面向中等以上收入老年人的老年金融理财服务业；七是老年专用产品用品和康复辅具的生产制造业；八是面向全体老人的智慧养老与“互联网+”养老服务信息化产业。

（二）政府托底线的作用进一步加强

从重视城市养老设施建设到将城镇养老服务设施提质增效与农村养老服务设施建设并重，城乡“五保”、经济困难的失能失智老人以及其他各类需要救助供养的对象将成为各级政府兜底和托底的重要内容，其覆盖范围和保障水平也将逐步提高。

（三）满足中端服务需求是养老服务业发展的大势所趋

随着国家对养老服务业发展的大力扶持，社会对养老服务业的认识不断加深以及老年人自身观念转变，养老服务业的发展更加趋向以买方市场为导向，更多资本进入市场，竞争进一步增强，大部分普通老年人的养老服务需求，尤其是中低端需求会进一步得到释放。老年人口将会成为最大的消费群体，将激发出巨大的社会消费潜力，并催生出新兴的巨大消费领域，其中，中端市场有望成为未来养老服务业发展的主体力量。

（四）品牌化和连锁化将成为养老服务业发展的战略引领

随着市场在养老服务业发展中发挥越来越重要的作用，业内的竞争将会越发

激烈，这将导致集团化、品牌化和连锁化的发展趋势更加明显。在市场竞争中，只有依靠规模经营、凭借服务质量和品牌信誉才能在市场竞争中站稳脚跟。

（五）智能化、科技化的养老服务项目成为新的发展热点

远程医疗、电子健康等目前是我国老年健康服务业的一个主要发展内容。伴随远程医疗、居家养老信息平台网络的建立和运营，智能化的网络服务平台及科技、智能化的养老服务产品，也逐渐成为我国养老服务产业发展中的主攻方向之一。

（六）职业化和专业化将成为养老服务业发展的关键

在养老服务内容逐步精细化、专业化的大背景下，对养老服务所需的医疗、护理、康复人员的专业培训以及维持各类养老服务供应主体运营管理的职业人才培训将成为决定养老服务业发展的关键因素。

（七）“医疗＋养老＋护理”模式赢得市场青睐

未来大养老大健康产业将成为我国的支柱性产业和新增就业机会的重要提供者，“医养护”三者结合型的养老项目将迅速发展。

三、促进我国养老服务业改革与发展的政策建议

以促改革、调结构、转方式、惠民生、扩就业为准绳，以最大程度释放改革与发展红利、最大程度满足老年人养老服务需求为出发点，以繁荣的养老服务产品供给，提高老年人的养老质量，进一步提振老年消费市场，将养老服务业打造成国民经济和社会发展的新引擎、新动力，全面提升老年人福祉。

（一）处理好养老服务业改革与发展中的十大关系

一是处理好发展养老服务业与养老服务体系建设的关系。既要把养老服务体系建设放在养老服务业发展全局去考虑，更要把养老服务体系建设作为行业发展的基石和依托，统筹推进。二是处理好居家养老、社区养老和机构养老的关系，更加重视巩固居家养老的基础性地位。三是处理好养老机构和床位增长与调结构提质量的关系。通过市场调研了解老年人实际需求，有的放矢上马养老机构建设项目。四是处理好“医”和“养”的关系，重点加强养护型、医护型机构建设，促进养老服务与医疗护理服务深入融合。五是处理好城市与农村养老服务业协调发展的关系。尽快补齐农村养老服务业发展短板，是未来5—10年的重中之重。通过健全农村养老服务网络，拓宽农村养老服务资金渠道，建立养老服务协作机制等方式，坚持城乡统筹，促进城乡基本养老服务均等化。六是处理好养老服务

业信息化、专业化和标准化建设的关系，积极营造安全便捷的养老服务消费环境。七是处理好政府、社会、市场在养老服务业发展中的关系。充分发挥政府在规制、兜底和监管中的主导作用，社会在组织、承办和自律中的主体作用，市场在资源配置中的决定性作用，家庭和个人的基础作用，进一步激发社会活力，形成政府、企业、社会和公民四力平衡驱动的动力机制。八是处理好政府引导与培育发展社会组织的关系。政府应该采取强有力的扶持措施，特别是通过购买服务等方式，鼓励更多社会组织参与养老发展。九是处理好完善政策与规划实施重大项目的关系。进一步加强顶层设计和制度建设，完善养老服务业政策法规体系和监管机制，提高全社会积极应对人口老龄化的意识。同时，通过实施一批重点项目和重大工程，有效提升行业整体发展水平。十是要处理好中国实际与外国经验的关系。借鉴国际经验，为我所用。吃透中国国情，创造中国模式，创出具有中国特色的大国养老之路。

（二）加快转变政府职能和公办养老机构改革

改革创新社会养老服务管理运行机制，积极转变政府职能，逐步减少行政干预，推进政事分开、政社分开、政企分开、政资分开，放开市场准入，鼓励社会主体参与，改进养老服务供给方式，创新养老服务内容和公共服务提供方式，对于能够通过市场解决的问题，把解决问题的空间留给企业。实行从政府拨款到政府以奖代补的转变，优化城乡公办养老机构功能和效益，形成多元化、多层次的养老服务业发展格局。

（三）倡导科学养老和积极养老

在老龄化迅速发展的今天，如何看待老年人是一个根本问题。必须坚持人民主体地位，确立老年人是再生型生产力、社会资本建构者、核心价值传承者、长者 GDP 创造者、公民和谐社会守望者和互助养老主力军的理念，延长人口红利、释放夕阳能量，充分发挥老年人的积极作用，提高老年人的社会参与度，走出一条健康养老、积极养老、成功养老之路。

（四）统筹补齐养老服务业发展中的短板

未来十年尤其是“十三五”时期，要紧紧抓住全面建成小康社会的短板，在补齐养老服务业发展短板上多用力，统筹城乡均衡发展、区域协调发展，加大对农村和中西部地区的政策支持力度，注重向贫困地区、边远地区、革命老区和民族地区倾斜。统筹发展基本公共养老服务和其他养老服务。统筹养老与医疗卫生等领域融合发展，提高融合层次，拓展融合形式，深化融合内容。统筹福利体系、救助体系和保险体系，积极稳妥地建立福利补贴制度、服务供给制度和老年人优待保障制度，强化政策衔接，推进制度整合，确保各种条件的老年群体安享晚年。

（五）改革创新、先行先试，差异化发展

按照中央统筹规划、地方为主、综合推进、重点突破的要求，因地制宜，分步实施，统筹兼顾、改革创新。在发展养老服务业的过程中，鼓励各地积极探索、勇于创新、先行先试、综合试点，不搞一刀切，不做全国平均化的硬性统一要求。突出强调在公开、公平、公正的发展环境下，充分发挥各地方、各主体的能动性和创造性，从实际情况出发，充分利用现有资源，因地制宜、有步骤、有计划地发展养老服务，以富有地域特色的改革创新精神切实提高老年人的养老服务质量。对纳入综合试点的区域，在财政、金融、用地、税费、人才、技术及服务模式等方面进行探索创新，完善体制机制和政策措施，总结新经验，发现和解决新问题，为全国养老服务体系建设提供经验。

（执笔人：潘明麒　西彦华　苏博）

体育服务业发展情况、展望与建议

上海体育学院体育产业发展研究院

体育服务业是指生产和销售体育服务产品的生产部门和企业的集合，涵盖健身休闲服务、竞赛表演服务、体育场馆服务、体育培训服务、体育中介服务、体育传媒服务、体育旅游服务、体育健康服务、体育信息服务、体育销售服务等，是现代服务业和体育产业的重要组成部分，具有覆盖领域宽、融合度高、带动作用强等特点。当前我国正处于全面建成小康社会的决胜阶段，人民群众的多样化体育需求日益增长，消费方式从实物型消费向参与型消费转变，健身休闲已经成为重要的生活方式，体育服务业发展迅速，面临重大发展机遇。大力发展体育服务业是优化体育产业结构的重要抓手，是增强人民体质的必然要求，是建设"健康中国"的重要内容，对挖掘和释放消费潜力、培育新的经济增长点、增强经济增长新动能具有重要意义。

一、发展现状

随着人们生活水平的不断提高，体育服务业迎来快速增长期，已经逐步成为经济发展新常态下扩大消费需求、拉动经济增长、转变发展方式、促进社会和谐的有力支撑和持续动力。

（一）体育服务业发展总体情况

我国体育服务业总体规模不断扩大。统计数据显示，2014 年我国体育服务业总规模达到 2250.45 亿元，实现增加值 1357.17 亿元，增加值占体育产业增加值的 33.59%，同比增长 11.69%，高于体育产业增加值同期增长速度 0.39 个百分点，呈现较快的增长速度。其中，增速最为显著的是体育组织管理和体育健身休闲活动两大核心业态，分别达到 20.22% 和 17.56%，其他业态增幅有限。从内部结构看，体育组织管理和体育健身休闲的规模排在前两位，分别为 492.37 和 386.16 亿元，分别占体育服务业总规模的 21.88% 和 17.16%，其次是体育彩票、体育培训、体育场馆管理和体育中介，规模依次为264.61亿元、191.57亿元、124.64亿元和88.46亿元，占体育服务业的比重依次为11.76%、8.51%、5.54%和3.93%。2014年体育服务业从业人员达到132.3万人，同比上年增长2.09%，就业吸纳能力显著。其中，体育彩票、体育健身休闲、体育组织管理、体育培训、体育中介、体育场馆管理六大业态就业吸纳能力依次递减，分别为25.87万人、22.91万人、18.97万人、18.95万人、8.86万人和2.47万人。

（二）发展态势

1. 健身休闲业。随着居民生活方式转变和体育消费升级，我国健身休闲业呈现蓬勃发展的态势。从规模上看，我国健身休闲业增加值从2006年的46.98亿元增至2014年的386.16亿元，增幅超过8倍；从吸纳就业能力看，健身休闲业从业人员从2006年的11.78万人增至2014年的22.91万人，增长近2倍；产品供给方面，以游泳、足、篮、乒、羽为代表的传统健身项目普及程度逐年提高，武术等民族传统体育项目正在成为健身休闲市场的重要内容，击剑、马术、滑雪等高端时尚项目快速发展，攀岩、漂流、野外生存等极限项目逐步兴起；消费市场层面，以社区、商业圈为中心的中小型健身休闲场所日益普及，一批全国连锁式健身场所品牌效益初步形成，以城市体育设施为中心的专业健身休闲场所日渐成熟，依托社会投资的大型专业健身会所方兴未艾，国外知名健身企业纷纷抢占国内市场，多元化、多层次、互为补充的健身休闲市场格局逐步形成。

2. 竞赛表演业。近年来，在国家一系列政策驱力下，我国竞赛表演业市场热情高涨。一方面，社会资本投资动作不断，通过并购、入股、收购、冠名、成立投资基金等手段在国际国内两个市场上竞相布局体育产业，有力推动了我国竞赛表演业的发展；另一方面，在资本蜂拥的同时，顶级赛事版权价格持续走高。此外，随着越来越多的国际赛事和国际企业进入中国，我国体育赛事的组织运作模式逐渐与国际接轨，社会化、市场化、专业化程度不断提高。

3. 场馆服务业。随着我国体育场馆数量的增加和运营模式的转变，体育场馆服务业得到较快的发展，年增加值从2007年的23.04亿元增至2014年的69.48亿元，增幅超过2倍；但比较而言，体育场馆服务业吸纳就业能力变化不大，从业人员从2007年的2.41万人增至2014年的2.47万人，增幅有限。目前，我国体育场馆已经突破了过去对场馆服务内容的局限，经营范围进一步扩大，服务内容已经拓展到体育培训、陪练、器械出租、购物、体质监测、洗浴和餐饮娱乐等方面，但从业机构以事业单位为主。此外，我国体育场馆服务业与相关业态的融合逐步形成，与休闲、娱乐、文化、旅游、购物、住宿等业态高度融合的城市体育服务综合体，取得了良好的社会效益和经济效益。

4. 体育培训业。近些年，随着人们体育锻炼需求的日益旺盛，体育培训业呈现出快速发展的态势。2014 年，体育培训业占体育服务业的份额为 8.51%，从业人员为 18.95 万人，实现增加值 143.87 亿元，比上年增长 7.93%。市场方面，随着居民体育培训需求的多元化和体育培训场所、技术手段的现代化，体育培训市场出现了涵盖健身娱乐培训、竞赛表演培训、体育彩票培训等在内的不同培训内容和形式，培训市场种类日益多样。从市场主体层面看，我国体育培训业既包含政府所属的办事机构，也涉及相关社会团体或企业，其投资主体主要为国家投资和社会投资两种形式。

5. 体育中介业。近年来，我国体育中介市场的总体规模不断扩大，从业人员数量日益增多，年增加值从 2006 年的 2.02 亿元增至 2014 年的 29.02 亿元，增幅超过 13 倍，2014 年从业人员达到 8.86 万人，比上年增长约 6.5 个百分点；从市场格局来看，一方面全球最有影响力的体育中介企业已全部在中国布局并开展业务，中国体育中介市场已呈现国际化的发展态势，另一方面随着城市对于重大体育赛事举办权的竞争越来越激烈，国内专业化的赛事运营公司应运而生，并迅速成长。

6. 体育传媒业。体育传媒业是指从体育活动、事件、人物中撷取素材，制作成文字、符号和影像产品并加以传播和销售的行业。目前，我国体育传媒业市场格局初步形成，主要由 5 部分组成：以 CCTV-5 为龙头，包括地方体育频道为主体的电视媒体；主要由全国性和地方性广播网的体育广播构成的广播媒体；包括全国性和地方性综合类报纸的体育版和专业性体育报纸在内的以报纸为载体的体育媒体；体育杂志；各类体育网站。近期，在一系列国家政策的作用下，多元社会资本加速涌入体育媒体业，互联网新媒体快速崛起和壮大，对以报纸、杂志、广播电视为载体的传统体育媒体形成巨大冲击。

（三）主要问题

尽管我国体育服务业实现较高速度的增长，取得显著成绩，但体育服务业要在加快体育强国建设、促进经济转型升级和服务业发展、扩大内需、增加就业、保障和改善民生、满足人民群众日益增长的物质文化需求中发挥更大作用，做出更大贡献，仍面临诸多亟待解决的问题。一是目前我国体育服务业发展水平还不高，结构不尽合理。体育服务业创造的增加值占整个体育产业的比重较低，与欧美发达国家相比存在巨大差距，核心业态健身休闲、竞赛表演、体育培训等偏弱，对其他业态的辐射和拉动作用不强的结构性问题比较突出。二是市场主体活力和创造力不强，产品有效供给不足，体育服务业供给侧结构性改革亟待推进。体育服务经营实体中以小微企业居多，缺乏有品牌影响力的龙头企业和有资本实力的上市企业。由于体育服务产品有效供给不足，直接导致了公众体育服务消费得不到有效激发和释放。三是居民体育健身意识不强，大众消费激发不够。体育消费尚未成为生活性消费的组成部分，造成中低端体育服务消费动力不足，高端体育健身休闲项目同时存在供给不足的问题。四是市场在体育资源配置中的决定性作用尚未充分发挥。一些本来可以由社会投资的经营领域被政府当作公益性、福利性体育事业来办，社会力量缺乏平台和渠道参与发展体育服务业，体育服务业的社会化、产业化水平仍处在较低的水平，与发达国家形成鲜明对比。五是受经济发展水平的制约，各地区的体育服务业发展规模和水平有很大差距。总体上政策体系还不完善，体育公共服务水平有待加强，与国民经济转型升级重要力量的目标定位还有明显差距。

二、体育服务业发展形势

展望未来一个时期，随着经济增长点发生变化、体育产业战略地位明确、体育成为新兴的日常生活方式、消费需求不断升级，我国体育服务业将迎来黄金发展期。

（一）经济新常态对体育服务业发展提出了新要求

当前，我国经济进入新常态，发展形势和环境错综复杂，对调整产业结构、转变发展方式的要求越来越高，迫切需要寻找新的突破口和增长点。体育服务业作为现在总供给还不能满足总需求的领域之一，仍然保持着良好的增长势头，未来增长空间巨大，将为我国经济转型发展和消费结构升级做出重要贡献。

（二）产业政策出台为体育服务业发展指明了新方向

国务院相关政策文件出台为我国体育服务业的发展指明了方向，明确了目标，清晰了任务，提供了政策保障，对社会资本投资体育服务业产生了极大的吸引力。体育服务业发展的环境和态势都呈现出积极变化，形成了政策驱动、部门联动，政府推动、社会资本和市场主体积极响应的良好局面，我国体育服务业迎来了重大发展机遇。

（三）多样化体育需求为体育服务业发展提供了新引擎

按照国际发展规律，人均 GDP 的提高将推动享受型、发展型消费需求的持续上升，促进健身休闲和赛事观赏等体育服务型消费出现爆发式增长。随着我国经济社会发展和人民生活水平提高，人民的健康意识将不断增强，体育消费将成为众多市民享受生活、追求时尚的一种生活方式，体育需求的多元化趋势将越加明显，人们将更加乐意也有条件去观赏体育比赛、参加体育锻炼，享受多样化的观赛感受和运动体验，追求更加健康的体魄和更高品质的生活，这将为我国体育服务业发展提供强大支撑。

（四）科技革命和产业变革为体育服务业发展带来了新机遇

世界新科技革命与全球产业变革的互动发展，极大地影响和改变世界经济的发展进程，影响和改变人们的工作、生活方式。当前，大规模生产模式正在悄然改变，产业发展加快向智能化和网络化方向发展，建立在新技术基础上的产业融合将孕育出一批新业态和新模式，成为驱动全球体育服务业发展的新动力。从发展态势来看，体育领域创业的技术门槛和成本降低，有利于社会资本在“互联网 + 体育”、体育科技服务业，以及体育服务业与传统产业、新兴产业的跨界融合，既带动传统体育用品制造业转型升级，也催生出新的体育服务业形态。“互联网 + 体育”的思维还被广泛应用在公共体育服务、体质健康监测等多个方面，为提高体育管理效率、提升体育服务质量创造了极佳的外部环境。

（五）冬奥会等重大赛事筹办为体育服务业发展注入了新动力

发达国家经验表明，竞赛表演业是引领体育服务业发展的重要业态。2015 年 7 月 31 日，在国际奥委会第 128 次全会上，北京获得了 2022 年第 24 届冬季奥林匹克运动会举办权，这是继北京奥运会、南京青奥会后，中国第三次举办的奥运赛事，也是中国首次举办的冬季奥林匹克运动会。除筹备北京冬奥会外，未来五年我国还将承办 2018 年世界击剑锦标赛、2018 年世界短池游泳锦标赛、2019 年男子篮球世界杯赛等国际单项体育赛事，这必将对体育服务业发展产生极大的推动作用。

三、体育服务业发展趋势

（一）政策红利不断释放，产业发展环境不断优化

随着我国社会经济改革的不断深入，尤其是体育改革的不断推进，体育赛事、体育场馆、明星运动员等体育资源将逐步进入市场。此外，伴随着政府的“放管服”

改革，与体育服务业发展息息相关的空域、水域等资源将逐步放开，安保、媒体等服务的市场化、社会化进程将不断加速，这将有力促进我国体育服务业的发展。另一方面，体育服务业在财政、税收、土地、就业、信息化和标准化建设等方面的政策将更加灵活具体、政策的可操作性将逐步增强，产业发展环境将明显优化，体育市场活力将不断激活，作为朝阳产业、绿色产业、幸福产业的体育服务业将迎来巨大的发展空间。

（二）产业发展的内在逻辑逐渐清晰

随着体育服务逐步进入快速发展阶段，社会力量投资体育服务业的热情将空前高涨。一是体育消费的不断扩大是体育服务业快速发展的基石。如何通过供给侧结构性改革来丰富产品供给，培育体育消费，促进消费升级将成为重点。二是运动项目产业是体育服务业的本质。国际经验表明，围绕运动项目所形成的产业链条是最具有活力和生命力的，它是体育服务业的本质和核心内容，几乎所有体育产业发达的国家和地区都有其特色的运动项目产业。随着我国行业协会改革的不断深入，足球、篮球、冰雪、山地户外、水上、航空等运动项目将得到快速发展。三是体育赛事引领体育服务业发展。长期以来，以体育赛事为核心产品的竞赛表演业一直是发达国家体育产业的龙头，引领和带动了其他业态的发展。可以预见未来数年，我国体育赛事在引领体育服务业发展中将表现为以下几个特点：第一，职业体育联赛和群众性体育赛事将取得大发展。第二，体育赛事的市场化、商业化程度将逐步提升，成为竞赛表演业发展的关键驱动力。第三，体育赛事的举办不仅将有效带动健身休闲、中介、培训等业态的发展，还与旅游、新闻出版、互联网、住宿、餐饮和交通运输等产业有广泛的关联性。

（三）体育与相关产业的融合态势不断增强

体育作为大健康、大休闲的组成部分，是一个具有较强融合性特征的行业，体育与文化、养老、教育、健康、农业、林业、水利、通航等产业的融合发展具有巨大潜力。未来十年，“体育＋旅游”“体育＋健康”的发展空间最大。体育旅游领域，以户外运动为主题的运动休闲主题游将不断涌现，运动休闲、运动体验、康体度假、赛事观赏、山野户外、体育节庆和民族、民间、民俗体育等旅游产品供给将逐渐丰富，我国将逐渐形成一批具有国际影响力的体育旅游目的地，以及一批国家级体育旅游示范项目和体育旅游精品线路。体育健康领域，体育在推进健康关口前移、慢性病干预、健康促进、生活品质提升等方面的作用将逐步显现，社会资本开办的康体、运动康复等各类机构迅速增加，全民健身与全民健康的融合程度不断增强。

（四）体育新需求、新业态、新模式将不断涌现

当前，在全球新一代信息技术革命和新产业革命融合对接的背景下，以市场为导向的，以技术、应用和模式创新为内核并相互融合的新型经济形态将不断取得发展，并助推我国经济发展方式转变和能级提升。体育服务业作为近期才取得快速发展的新兴产业门类，尽管发展基础较为薄弱，但其后发优势较为明显。未来十年，随着我国休闲时代的到来，广大老百姓多元化、多样性的体育消费需求将被激发，加之我国体育领域创新创业的不断深入，以及“互联网+”战略的逐步实施，体育服务业领域将不断发现新需求、创造新需求，以此为基础，体育服务业的新业态、新模式将空前发展，为体育服务业发展带来前所未有的空间。

（五）科技和金融将为体育服务业腾飞插上翅膀

当今时代，科技和金融在助推产业发展方面发挥的作用越来越明显。体育服务业在遵循客观发展规律的基础上，也离不开科技和金融的大力支持。在科技方面，“互联网+”、物联网、虚拟现实（VR）、增强现实（AR）、机器人、无人机等现代科技成果和信息技术向体育服务领域的转移与应用，将加快推进体育服务业在内容、形式、方式和手段等方面的创新。在金融方面，股权投资、债券投资、融资租赁、众筹、保险等金融工具和产品将不断被应用在体育领域，针对大众健身、体育赛事、体育场馆、户外运动、职业俱乐部、运动员等体育金融业务不断创新，成为我国体育服务业快速发展的重要助推器。

（执笔人：黄海燕）

旅游业发展情况、展望与建议

中国旅游研究院

一、未来十年是旅游业转型升级的战略机遇期

未来十年我国旅游业将进入重要的转型升级期，在消费市场加速扩大、旅游创业创新不断深化、旅游公共服务进一步转型升级的带动下，旅游业整体将继续保持快速发展的态势。

（一）消费主体呈现基础客群全民化、旅游需求品质化、休闲体验常态化特征

基础客群全民化。旅游越来越成为居民生活不可或缺的组成部分，随着全面建成小康社会目标的逐步实现，越来越多的城乡居民有条件、有意愿去进行旅游消费，旅游业将从大众旅游时代向全民旅游时代完成过渡。2005—2016 年，全国国内旅游人次规模增长了 266%，人均出游率增长了 248%。预计到 2025 年，国内旅游人次将超百亿，人均出游率将达 7.5 次，十年中两项指标将分别同比增长约 170% 和 160%，其中人均出游率与欧美发达国家之间的差距显著缩小。

旅游需求品质化。自 1999 年黄金周开始实行，国民旅游在经济发展的快车道上不断提档提速。随后的十五年间，国内旅游人次年均增速达 11.9%，居民出境旅游人次年均增长率高达 17.8%。出境旅游首次出游比例降至 46.3%，国民旅游经验极大丰富。居民的初级旅游需求基本得以满足，特别是以北上广深等一线城市为代表的游客，对旅游品质的追求越来越成为主流。这一需求升级趋势将在未来十年快速梯度转移，国民旅游的层次需求将从“有没有”到“好不好”全面升级。景区、酒店、旅游电商等主体提供的旅游服务也越来越高品质化。“更多的国民参与，更高的品质分享”由愿景变为现实。

休闲体验常态化。我国成规模的现代旅游起步于改革开放之后以经典景区为主导的小众化旅游时代。经过三十多年的发展已至大众化旅游中高级阶段，

居民休闲旅游的需求不断增加，开始追求差异化游憩环境（不同的故事、山水、餐饮等）。中国旅游研究院跟踪调查显示，五年前国内旅游观光动机占比还超过六成，但目前休闲度假动机的游客比例已超过七成。

（二）旅游市场发展呈现出技术进步推动、产品业态创新、市场主体壮大的良好态势

技术创新推动旅游需求突破时空限制。区域市场分割的传统旅游时代，滑雪、科考、摄影、潜水、医疗等专项旅游供给严重短缺，难以根据客户需求定制旅游线路和产品。随着以互联网为代表的科技水平日新月异，曾经小众的专项旅游需求通过网络平台突破时空限制汇聚成“蓝海”，反向定制、中高端定制、大众定制都渐成市场宠儿，越来越多小众的、潜在的市场需求被发现并满足。此外，一些分享经济平台搭建了一个供需直接交易的高效市场，有效解决了全国旅游市场供需结构性失衡的问题。

旅游服务智慧化向游程全链条扩展。旅游是人们在旅游客源地与旅游目的地之间的空间移动，是现代社会人对时间和空间的一种新型消费活动。在这一消费活动始末，旅游市场不断在观念、服务方式、实现手段等多方面进行创新，包括进行以电子门票、景区智能导览为代表的智能识别创新；以景区客流监控、景区资源管理等为代表的智能监测升级；以及以 LBS 位置应用、目的地应急处理等为代表的定位跟踪等领域跨界融合等，逐步打造从设计旅游行程—获取旅游咨询—查询电子地图—体验虚拟游览—利用垂直搜索—享受网络预订—领略智慧景区—分享旅游经验的全链条智慧服务生态圈。

专业资本和企业家精神壮大为旅游业发展营造了良好环境。较长时间以来，“人无我有、人有我优”成为众多旅游管理和投资者的战略取向。经过几十年的摸索和发展，各类产业资本更加专业，企业家精神得以培育。大型旅游集团、上市公司、创业机构以及旅游传媒的成功发展，为旅游服务创新发展提供了重要的主体和平台，旅游产业持续健康发展的基础进一步夯实。

（三）旅游产业发展的政策环境和监管治理不断改进和优化

随着旅游业增速持续领跑宏观经济增长，旅游经济对区域经济增长的支持作用日益突出，各级政府对旅游业的重视程度不断提升，旅游经济监管和调控都将发生深刻变革。

监管治理主动化。在我国旅游业已从建设景点、景区、酒店等基础阶段，转变为旅游服务全方位、立体化、长链条的全新阶段，传统的景点旅游模式和监管模式已不能满足现代大旅游发展的需要。为此，2015 年国家旅游局开展了“国家全域旅游示范区”创建工作，推动旅游业由“景区旅游”向“全域旅游”发展模式转变，构建新型旅游发展格局。有关部门不断完善各类政策措施，建立 5A 级景区退出机制、实施“旅游不文明行为记录”和《游客不文明行为记录管理暂行办法》等，从传统的被动应付向主动出击、综合治理转变。此外，我国积极参与国际旅游多边交往，发出中国声音，提出中国倡议，举办首届世界旅游发展大会，参加第九届亚太经合组织旅游部长会议，参加东盟与中日韩旅游部长会议等，在国际舞台上的影响力与日俱增。

支撑措施具体化。近年来，国家不断在基础设施建设、投融资、土地、人才政策等方面提出具体措施支持我国旅游业改革发展。2015 年，安排中央预算内资金支持重点景区和红色旅游经典景区基础设施建设，大大提高了景区接待能力和服务水平。安排专项建设基金支持房车自驾车营地、邮轮游艇码头、旅游小城镇、研学旅行基地等回报率较低、回报周期较长的旅游基础设施建设，带动社会资本参与，不断丰富旅游产品供给。支持政策的精准性、有效性不断增强，2015 年相关部门掀起了一场“厕所革命”，计划三年时间全国新建、改建 5.7 万座旅游厕所，到 2017 年实现全国旅游景区、旅游交通沿线、旅游集散地的旅游厕所全部达到数量充足、干净无味、实用免费、管理有效的要求。清华大学调查起草的《全国旅游厕所游客评价调查报告》显示，大多数游客认为“厕所革命”提升了厕所服务质量，切实满足了百姓实际需求。

政策导向亲民化。大众旅游时代来临，旅游已经从“有没有”的初级阶段向“好不好”的中高级阶段进行演化，消费者更加重视高品质旅游体验，这要求各级行政主体更加关注软环境建设。2013 年《国民旅游休闲纲要》的出台在全社会树立了健康、文明、环保的休闲理念，更好地满足广大人民群众旅游休闲消费需求，充分彰显了政府对国民生活方式和生活质量的关注。2015 年 8 月出台的《国务院关于进一步促进旅游投资和消费的若干意见》，提出要从改善旅游消费软环境、完善城市旅游咨询中心和集散中心、通过加强连通景区道路和停车场建设、加强中西部地区旅游支线机场建设、大力推进旅游厕所建设等举措，逐步改善旅游消费环境。另外，为保障老年游客出行，2016 年国家旅游局批准公布的《旅行社老年旅游服务规范》，要求旅行社不得对游客年龄进行限制、不得拒绝老人参团；包机、包船、旅游专列、百人以上老年团应配随团医生；老人出游连续乘车时间不应超 2 小时。这些措施都凸显了政府政策措施的亲民化趋势。

二、未来十年的旅游业发展面临的挑战

（一）散客化时代旅游需求外流压力依然明显

发源于入境旅游时期的“团队、观光、包价、线路”在相当长的时间里都是旅游的代名词，大规模生产和标准化作业是主流的商业模式。在消费需求及其自然与历史文化资源指向相对稳定的时代，这一经典模式有其存在的客观必然性，也为降低消费门槛、从而推动我国进入大众旅游初级阶段做出了历史贡献。未来十年，传统的旅游组织方式开始面临个性旅游需求的挑战。中国居民消费进入了满足精神需求的高级阶段，休闲、购物、体育等旅游动机不断成长，可定义、易识别的群体市场将逐渐被个性化、多元化需求所取代。我国传统的观光主导型旅游如果不加快转型，可能会使得大量旅游需求外流，面临旅游发展红利漏损压力。2015 年，我国境外的旅行消费为 2150 亿美元，其中旅游消费超过 1145 亿美元，均列世界首位。

（二）旅游发展新动能培育亟需进一步加强

由于竞争加剧、成本上升、领先发展后学习和模仿的对象缺乏等各类原因，未来十年旅游企业的边际收益率将呈下降趋势。一方面，传统旅游业态“叫好不叫座”的情势越来越常见，2015 年度全国旅行社营业收入 4189.01 亿元、同比增长 3.96%，但营业利润 18.60 亿元、同比减少 29.41%，利润总额 21.88 亿元、同比减少 34.14%。另一方面，旅游产业新业态、新模式的竞争优势和盈利能力还需要进一步培育。当前，不少大型旅游电商均连年亏损，分享经济平台还严重依赖产业资本战略支持。许多中小型创业公司在花完前几轮融资后仍未找到盈利路径，其中不乏资金链断裂关门停业者。

（三）部分旅游目的地接纳能力面临压力

伴随旅游休闲活动的常态化及生活化，在城市旅游范围内，自助出行、自主选择的旅游者已经完全进入了目的地居民的公共生活空间。游客在与目的地居民共享生活空间的同时，可能对目的地居民造成不便或者困扰，从而导致二者之间的摩擦及矛盾。未来伴随大众旅游的不断深化，更多游客将进入某一旅游目的地挤压当地居民的生活空间，流入游客与当地居民间的摩擦逐渐增多，需要加以关注并重视解决。

三、未来十年旅游业发展目标与政策建议

（一）完善有利于释放多元化旅游需求的激励政策

引导和支持休闲产品开发，完善旅游公共服务供给，推进跨界融合，加强市场秩序整治，更好地满足游客多元化旅游需求，引导旅游消费回流。据统计，在中国游客境外的高额消费中，约 50% 用于购物。可考虑完善税费政策，研究调整消费税和进口关税，减少流通环节，降低运输成本，加强产品和服务质量安全监管，在通过多种措施促进境外旅游回流的同时，有效带动国内消费。

（二）创新旅游基础设施投融资渠道

针对旅游基础设施建设资金缺口，通过安排专项资金、贷款补贴、资本金注入、增信等方式加以重点支持。同时，区分东部、中部和西部等区域分类指导，特别是要加大对少数民族地区、贫困地区等旅游基础设施建设的支持。各地也可综合考虑本地实际，积极创新投融资模式，捆绑经营性、准经营性和非经营性旅游基础设施项目，将其设计成收益平衡项目，通过合资、合作、产权转让、入股、拍卖、使用权出让、经营权转让、PPP、产业基金等多形式吸引社会资本参与投资。强化金融对旅游的支撑，充分发挥旅游基础设施具有稳定现金流的优势，加强与证券、保险、基金、信托等金融机构的合作，研究开发具有投资吸引力的符合旅游基础设施项目特征的金融产品。

（三）推动抓规模与抓品质、宏观调控与微观监管并举

目的地相关部门应定期对游客和居民进行调查、访谈，在摸清游客和目的地居民关系基础上采取相应措施，以采取预防性措施为主，促进游客和目的地居民友好、和谐相处。在规划开发阶段，重视搭建居民满意的生活空间，科学评估目的地旅游市场容量和承载力，适度控制游客规模，实现旅游可持续发展。在运营管理阶段，通过建立旅游集散中心体系、旅游咨询服务体系、旅游标识系统，将传统单一的管理模式变为“管理 + 服务”新模式，服务提高管理质量，充分发挥目的地居民志愿服务积极性。同时，做好游客和目的地居民宣传工作，增进相互之间的理解和信任。一方面，大力倡导游客文明旅游，尊重旅游目的地的风俗习惯、礼仪礼节，注重环境保护，不过分干扰当地居民的正常生活。另一方面，积极营造当地居民友好待客、尊重游客的氛围。在相互尊重和理解基础上，建立友好、和谐的主客关系。

（执笔人：戴斌　马仪亮　刘祥艳）

中国服务贸易创新发展对策

中国服务贸易协会

近年来，国际分工越来越表现为相同产业不同产品之间，以及相同产品内不同工序、不同增值环节之间的多层次分工。一国在经济全球化中的获益能力取决于其在全球生产技术链条中的位置。因此，争夺全球价值链中的高附加值的战略环节，已成为各国博弈的焦点。随着全球价值链日益向服务环节拓展，大力发展服务贸易有助于一国在更高层次上融入国际分工体系。金融危机爆发以来，全球货物贸易持续低迷，服务贸易则表现出逆经济周期的态势，增速显著高于货物贸易，并日益成为贸易自由化的重点。

在全球价值链深度整合的大背景下，中国外贸最突出的问题之一是参与国际分工的层次、水平不高，服务贸易国际竞争力低下，严重限制了中国在全球价值链的攀升。若要改变这种低端参与型的贸易格局、延伸参与国际分工的价值链条，以及提升我国的分工地位和对外贸易的质量与效益，必须大力推动服务贸易发展、提高外贸发展的协调性，深度融入并在更高环节上嵌入全球价值链，把服务贸易发展作为新常态下实现开放模式创新和贸易结构转型的重中之重。通过探索建立扩大开放的新途径，中国应积极参与和对接全球贸易以及投资规则重构，用开放带动转型，在全球价值链上重新找寻坐标，培育以设计、研发、服务为核心竞争力的新优势。通过对全球价值链由低端向高端的攀升，实现贸易条件和贸易利益的改善，最终达到转变贸易结构、产业结构与经济发展方式的目的。

一、国际分工模式与贸易投资规则的新变化

（一）全球价值链分工改变了贸易格局与贸易利得

在新一轮产业与技术革命的推动下，生产工序跨越国界的步伐不断加快，不同生产环节和阶段被分布在不同国家和地区，移动化、碎片化和产业融合的趋势

日趋明显。生产片断化、离岸外包和工序贸易推动着国际贸易结构变化，国际贸易由产业间贸易向产业内贸易、产品内贸易和公司内贸易演化，中间品贸易和服务贸易在国际贸易中的比重日益提高。随着垂直型国际分工、水平型国际分工、产业间贸易、产业内贸易等形式不断演变，将不断出现新型的商业模式、产业组织和国际分工形式，进一步促进全球贸易转型和结构调整。跨国公司为提升效率，倾向于将非核心业务外包，由此进一步分解产品价值链，不断延伸价值链的“全球长度”。全球价值链分工改变国家之间的贸易、投资和生产联系。发达国家可能利用其对全球价值链高端核心环节的掌控，主导财富和利益分配的流向，而一些后发国家的产业脆弱性会进一步凸显，可能会固化低端的产业状态，陷入“低端锁定”困局，限制其获益能力和产业升级。这也正是中国目前所面临的重大难题之一。

（二）全球服务业开放的水平与标准有了新的提升

如今，全球产业、贸易竞争正在演变为以价值链环节竞争为基础的“规则之争”。跨大西洋贸易与投资伙伴关系协定（TTIP）（以下简称 TTIP）、服务贸易协议（TISA）（以下简称 TISA）及美国《2012 年双边投资协定范本》（BIT2012），都倾向于在服务贸易和投资准入上相互提供更加宽泛的国民待遇，并以负面清单形式保留不符措施。作为国际服务贸易规则的新标杆，TISA 除了主张全面给予外资国民待遇外，还在规则、规范、领域和模式上提出新的更高标准和要求，涉及金融、电信、专业服务、海运、电子商务、信息通信、国企、政府采购、服务业补贴、自然人移动等领域新贸易规则的制定，涵盖全球服务贸易总量的 2/3。TISA 一旦达成，将改写国际服务贸易规则，极大地促进谈判方之间的服务业市场开放。在 TISA 谈判中，所有服务部门的开放和服务贸易模式都是可以谈判的，且在服务领域消除“边境内壁垒”（涉及国内规制改革）要比消除“边境上壁垒”（即降低关税与非关税壁垒）重要得多。以“准入前国民待遇 + 负面清单”为核心的第三代贸易与投资规则正在成为发达国家重塑国际贸易、投资和世界经济格局的战略手段，必将极大地推动服务业的市场化、自由化和国际化。同时也要看到，这些规则将改变全球价值链的形态与特征，将发达国家的单边标准强加于发展中国家。在国际服务贸易市场中，发达国家的产品和服务价格可能会被高估，而发展中国家的产品和服务价格会被低估，制约后起国家深度融入全球价值链分工体系。

（三）数字贸易[1]蓬勃兴起，但相关规则滞后

当前在国际贸易特别是发达国家之间的贸易，可网络交付的服务份额迅速提高，呈现出逆经济周期快速增长的态势。随着贸易网络化、数字化的趋势日益加强，数字贸易规则的重要性也越发突出。美国凭借其在数字贸易方面的绝对优势，一直以来试图主导数字贸易规则的制定与推广。例如在美国曾经倡导的TPP协定中，就嵌入了美国国会讨论的数字贸易法案的核心内容。其规则主要包括：一是坚持因特网应保持自由开放；二是禁止向电子交付的商品征收关税；三是主张通过制定一系列规则，确保贸易伙伴不会采取进一步的保护性措施。包括不能将缔约方数字产品置于竞争劣势地位，不能对跨境信息流建立歧视和保护主义壁垒，禁止强迫本国公司在计算服务中采取本地化策略，禁止要求公司向本国个人转让技术、生产流程或专有信息等。此外，还对保护个人隐私、维护网络竞争、促进加密产品开发等方面，做出了一系列规定。在TTIP谈判中，美欧就数字贸易规则特别是在数据保护、网络隐私领域的一些问题展开激烈争论。总的来看，当前数字产品贸易的国际规则还相当不成熟，还有很多规则需要探讨，如个人隐私保护、网络安全审查、知识产权保护、电子商务管制措施、电子支付相关的数字货币等；还有许多环节或程序需要细化，如数字产品的跨境交付规则等。由于其背后巨大的商业利益，同时还涉及大量复杂的公共问题、技术问题和交易问题，数字贸易规则的制定势必会引发各国激烈的博弈。中国在这一领域应提早谋划，主动应对并参与规则的制定，才能保障国家利益。

二、中国服务贸易发展的挑战及问题

当前全球价值链日益向服务环节拓展，以技术、业务流程、管理和制度创新为主要内容的服务创新将成为全球价值链增长的主要动力。以服务业跨国转移和要素重组为主的新一轮国际产业转移不断加速，全球服务贸易将继续保持快速增长态势。但中国服务贸易发展的内外部形势与环境日益复杂，面临多重严峻的挑战。国内经济结构转型任重而道远，生产要素成本上升，资本回报率下降，传统红利逐渐消失，资源、环境、生态约束不断加大。从国际上看，不

[1] 根据美国国际贸易委员会2013年在《美国和全球经济中的数字贸易》的定义，“数字贸易”是指通过有线和无线数字网络传输产品或服务，分为数字内容服务、社交网站服务、搜索引擎服务和其他数字服务等四大类。

确定性、不稳定性因素依然很多，需求不振将进一步加剧贸易竞争。发达国家力促高端产业回流，进一步强化在服务贸易领域的竞争优势，其主导地位短期内难以撼动；新兴经济体和发展中国家也在加快结构性改革步伐，放宽服务业外资持股比例，积极承接服务业跨国投资和离岸服务外包，服务业出口潜力快速提升。随着供给侧结构性改革全面推进，我国经济结构转型升级取得实质性进展，增长方式将由过去的投资制造型逐步向消费服务型转变，这为中国服务贸易发展提供了良好的内部机遇。未来中国服务贸易有很大的发展空间，将成为推动我国经济结构转型升级的重要引擎。目前，我国服务贸易仍有诸多的“短板”，突出表现在：

（一）服务贸易国际竞争力仍然较弱

我国外贸粗放型的增长方式没有得到根本性转变，在国际分工体系中长期被压制在比较低端的环节，甚至产生制约结构升级的“锁定效应”。尽管服务出口国际市场占有率逐年提高，但与货物贸易相比，服务贸易的比重依然较小，服务贸易出口结构亟待优化。高收入国家知识、技术密集型服务贸易的比重达到服务贸易出口总额的50%以上，英、美更是达到60%以上，而我国仅占30%左右，劣势非常明显。缺乏真正有实力的企业，国际市场开拓能力不足，营销渠道不畅，在品牌、专利技术等自主知识产权方面缺乏核心竞争力等因素都严重制约我国服务贸易发展。

（二）服务出口技术复杂度低

当前我国服务出口技术复杂度仍处在全球中等偏下的水平，在服务贸易领域国际分工地位不高。从结构上看，技术复杂度较高的行业主要集中在劳动密集型行业，而资本、技术、知识密集型行业复杂度明显偏低，与世界整体水平和发展趋势均有显著差距。

（三）支撑服务贸易发展的体制机制尚不完善

我国服务贸易市场化程度偏低，开放度还不足，管理体制机制不顺畅。尚未出台服务贸易法律法规，管理体系有待改善，缺乏有效的协调机制。服务贸易促进政策较为分散化，财税、金融等政策的支持力度不够。未来服务贸易创新发展的关键在于制度创新、政策创新与管理创新。

三、推动中国服务贸易创新发展的政策建议

（一）进一步提高服务业市场化程度

加快推进服务业市场化改革，充分释放市场活力，改善营商环境，创造各种所有制企业平等参与市场竞争的制度条件。切实打破市场壁垒，确保公平进入。消除社会资本在市场准入、投资途径等方面的障碍，最大限度取消或简化前置审批，推进审批流程透明化和投资便利化，鼓励、引导和吸纳各类社会资本、民间资本投入服务业领域。扩大教育、医疗、健康、养老等生活性服务业对社会资本的开放力度，充分利用社会资本促进金融服务、现代物流、信息服务、科技服务、设计创意、专业服务、电子商务等生产性服务业发展。

（二）加大服务业对外开放力度

进一步提升服务业国际化水平。加快与国际贸易投资规则接轨，主动参与国际经贸规则制定。积极发展双边、区域自由贸易区，将服务业开放作为双边及区域合作的重点。加快制定深化双边和区域服务贸易协定，建立面向全球高标准自由贸易区网络，推动服务贸易自由化和便利化。推广实行准入前国民待遇加负面清单管理模式，推进服务领域有序开放。稳步降低金融、教育、医疗等服务业领域外资准入限制，重点扩大高技术、高附加值的现代服务领域利用外资的规模，更好发挥外资的溢出效应。提高贸易便利化水平，建立便利跨境电子商务等新型贸易方式管理体制。提高投资便利化程度，简化投资项目准入环节和流程，强化事中事后监管。

（三）强化金融对服务业的支撑作用

创新金融组织、金融产品和服务，促进中小金融机构的发展，支持服务中小微服务企业的金融机构规范发展。拓宽服务业企业融资渠道，通过发展多层次的资本市场扩大直接融资比例，支持符合条件的服务业企业上市融资和发行债券。增强服务企业融资能力，重点强化对服务企业走出去的融资支持，鼓励金融机构拓宽对服务业企业贷款的抵质押品种类和范围。鼓励商业银行开展知识产权质押、仓单质押等多种方式的金融服务，大力发展供应链融资、海外并购融资、融资租赁等业务鼓励金融机构提供“一站式”融资服务。

（四）完善服务贸易促进体系

搭建公共服务支持平台，为企业提供融资、增信、物流、信息咨询、通关、

外汇管理质量认证标准等增值服务。支持服务业企业开展跨国经营，特别是在境外开展技术研发投资合作，加快发展高技术含量、高附加值服务外包产业。加强支持服务业企业走出去的支撑体系建设，增强境外投资环境、投资项目评估等方面的服务功能，提供便利高效的法律、会计、税务、信息、金融、管理等专业化服务。保护服务贸易参与方的利益，保障消费者境外消费的合法权益，保护跨国投资者的国民待遇。

（五）健全服务业监管体系

创新监管方式，形成政府监管和行业自律相辅相成、互为补充的服务业监管体系。加快服务行业标准体系建设，进行分类指导和监管，为服务业和服务市场主体提供及时高效的服务。加强标准制定和行业监管，推动服务业行业协会、商会等中介组织去行政化。通过行业协会制定行业规范、标准和技术条件等，加强行业自律、规范行业竞争，加快形成合理有效的社会化管理机制。同时，加强服务业监管立法，为服务业监管体制和监管方式改革提供强有力的法律保障，完善法治化营商环境。

（执笔人：仲泽宇）

文化产业发展情况、展望与建议

近年来特别是党的十八大以来，我国文化产业蓬勃发展，但也存在一些困难和问题，需要继续加强政策激励，推动文化产业成为国民经济的支柱性产业。

一、文化产业发展取得的成就

近年来，文化产业在稳增长、促改革、调结构、惠民生等方面做出了积极贡献，为实现“十三五”时期战略目标奠定了坚实基础。

一是总量规模扩大，对经济社会发展的促进作用明显增强。我国文化产业增加值从2012年的18071亿元增长到2016年的30254亿元，占同期GDP的比重从3.48%上升到4.07%。2016年全国文化及相关产业增加值首次突破3万亿元，占比首次突破4%，文化产业发展实现了“十三五”的良好开局。从2004年首次发布文化产业统计数据，到2010年增加值第一次超过万亿元，用了6年时间；第二个万亿元目标在2013年实现，用了3年时间；这次实现第三个万亿元目标，也用了3年时间。从2012年开始，文化产业对国民经济增长的贡献率就一直在5%以上，2015年达到了6.5%，2016年是5.5%，文化产业已经成为经济增长的重要引擎。

二是文化市场主体发展壮大，文化领域创新创业日趋活跃。截至2016年底，全国有文化及相关产业企业297.65万家，注册资本14.29万亿元；全国规模以上文化及相关产业法人单位数从2012年的3.6万家发展到2016年的5万家，实现营业收入8.03万亿元。文化产业从业人员超过2000万人。本届政府简政放权激发了文化产业的创业活力，文化产业成为创新创业最活跃的领域之一。2016年上半年，全国新登记注册的文化、体育和娱乐业类企业6.8万家，同比增长42.1%，远高于同期全国新登记注册企业28.6%的增长幅度。

三是文化产品和服务更加丰富，不断满足人民群众多样化精神文化需求。电影产业近几年呈井喷式增长，2016年全国电影总票房492.8亿元，比2012年增长 188.64%，观影人次超过 13 亿。全国银幕总数超过 4 万块，2015 年一年就增加了 1 万块，超过美国成为电影银幕最多的国家。2016 年我国演出市场规模达 469.22 亿元，同比增长 5.07%。2016 年，中国动漫产业总产值超过 1400 亿元，同比增长 23%。截至 2016 年底中国游戏用户规模达到 5.66 亿人，网络游戏市场规模突破 1600 亿元，同比增长 20%。中国网络文学日更新总字数最高达 2 亿汉字，日均浏览超过 15 亿次。

四是社会投资日趋活跃，文化产业投融资体系逐步形成。在国家政策引导和宏观经济形势的影响下，文化产业高附加值的特性吸引了投资者目光，成为各类资本投资热点。2015 年，我国文化产业固定资产投资额达 28 898 亿元，比同期全社会固定资产投资年均增速高 8.2 个百分点。一些大型企业集团通过并购、控股、参股以及股权投资、业务合作等形式，全面进入文化产业领域。文化产业投融资体系建设深入推进，“文化金融扶持计划”累计支持 400 多个融资项目，扶持金额达 23.1 亿元。文化企业信贷融资、上市融资、债券融资等取得积极进展，不少银行机构将文化产业作为信贷投放的重要方向，成立文化产业专营机构、特色支行。

五是文化产业走出去步伐加快，对外文化贸易成为我国服务贸易的重点领域。在贸易形势整体严峻的背景下，文化贸易成为我国对外贸易的重点领域。2016 年，全国文化产品进出口总额 885.2 亿美元，其中出口 786.6 亿美元，是 2006 年的 8.1 倍、2013 年的 3.1 倍。根据 2016 年联合国教科文组织数据研究院的报告，中国已取代美国成为文化产品最大出口国。文化产业参与国际分工合作取得突破性进展，动漫游戏等新兴文化服务成为重要的出口增长点。2016 年，网络游戏海外市场销售收入达到 56 亿美元，较上年增长 24.5%。2017 年 3 月，我国主导制定的手机（移动终端）动漫标准由国际电信联盟正式发布，成为我国文化领域首个国际技术标准。一批外向型企业开始通过海外投资参与国际竞争。据统计，“十二五”时期我国企业发生境外并购文化企业 360 余起，并购金额超过 268 亿美元，分别是“十一五”时期的 1.52 倍和 10.86 倍。2016 年，文化体育和娱乐业对外直接投资 39.2 亿美元，较 2012 年增长 18.6 倍。

六是政策体系逐步健全，文化产业发展环境进一步优化。在各部门、各地方的高度重视和大力支持下，文化产业领域已形成规划引导、政策扶持、项目带动、财税激励、金融支持、服务支撑相结合的政策体系，为文化产业发展提供了重要支撑。国家先后就推动国有文化企业双效统一、推进融合发展、对外文化贸易、特色文化产业、文化金融合作、小微文化企业、数字创意产业等出台政策文件。中央和不少地方设立了文化产业发展专项资金、投资基金。有关部门还出台了相关优惠政策。各地贯彻落实中央精神，研究制定了一系列具体政策措施。可以说，文化产业政策体系初见框架与规模，有效引领和支撑了文化产业快速发展。

二、文化产业发展存在的问题

与此同时，我们也清醒地看到，我国文化产业发展中还存在总量偏小、消费不足、创新能力不强、高端人才短缺等困难和问题。只有不断完善政策措施，继续营造良好发展环境，破解这些困难和问题，才能顺利实现推动文化产业成为国民经济支柱性产业的战略目标。

一是文化产业总量仍然偏小。2016 年我国文化产业增加值约占同期 GDP 的 4.07%。世界知识产权组织数据显示，全球文化产业增加值占 GDP 比重平均超过 5%，其中，美国为 11.3%，加拿大、英国、中国香港、南非分别为 5.4%、5.2%、4.9%、4.1%。尽管统计口径不完全一致，但也可看出我国文化产业总量偏小，与先进国家差距较大。

二是文化消费有待培育。总体来看，我国城乡居民文化消费需求还没有得到充分释放，发展空间巨大。根据国家统计局数据，2016 年我国城乡居民文化娱乐消费占消费支出比重为 4.7%，明显低于发达国家 10% 左右的水平。另外，城乡之间文化消费不平衡现象也较为突出，城镇居民文化娱乐消费支出是农村居民的 4 倍多。文化产品产能过剩和有效供给不足并存，制约了文化产业健康快速发展。如何通过供给侧改革，将资源要素从过剩产能中释放出来，提升文化产品和服务品质，实现供需之间的平衡，成为必须面对的关键问题。

三是文化产业创新能力不能适应市场需求。文化产业在科技、内容、服务等方面自主创新能力不足的问题较为突出。品牌培育和保护意识缺乏、品牌建设投入不足、品牌运营管理机制不健全等问题在一定程度上存在。内涵深刻、风格独特、形式新颖、技术先进的精品力作和知名的文化品牌较少。

四是文化产业结构和布局不尽合理。传统文化产业所占比重仍然较大，新兴文化产业和文化服务业比重明显偏低，文化产品的科技和创意含量不高，市场竞争能力不强，结构完整、层次清晰的文化产业链尚未形成。文化产业区域、城乡发展不平衡现象仍然突出，部分地区在文化产业发展上还存在思路单一、结构雷同的问题，缺少差异化的发展战略。

五是文化产业人才较为短缺。文化产业人力资源现有的总量、结构、水平，以及文化产业人才培养和培训体系、人才流动和引进机制、人才使用和管理制度等，尚不能满足目前产业迅速发展的要求。高端创意人才和市场运营管理等复合型人才非常短缺。高等院校的文化产业相关专业设置不够完善，尚未形成专业性强、覆盖面广、适应产业实践需求的文化产业相关学历教育体系。

六是文化产业发展体制机制有待完善。目前，文化产业发展的体制机制还没有完全理顺。文化产业门类众多，涉及多个部门，由于缺少顶层规划设计，在对待一些产业的认识、发展、监管等方面难以形成统一的思路。相关部门之间缺乏便捷有效的资源整合和沟通协调机制，工作层面存在交叉、分工不明确问题，导致产业发展与资源配置还存在条块分割、难以形成合力的现象。

七是文化产业发展政策环境还需优化。近年来中央层面出台的一系列推动文化产业发展的政策措施，部分由于缺少可操作的实施细则，尚未真正落到实处。有针对性、可操作、能落地的配套政策措施还不够完善。社会资本进入部分文化产业领域的障碍仍然存在。由于轻资产、高风险等特点，融资难依然是制约广大文化企业发展的重要瓶颈。盗版、侵权现象时有发生，文化产业知识产权保护有待进一步加强。

八是对产业发展的规律性认识亟待提高。有的地方高度重视文化产业发展，但对文化产业发展的规律性认识还在探索中，往往忽视文化产业发展需要积累和培育过程，存在急功近利的心态，盲目提出不切实际的发展目标。部分文化产业发展存在重复建设、资源浪费现象。建园区、上项目成为一些地方发展文化产业的主要做法，但有些园区和项目建设上存在盲目性，缺少客观的分析论证，有的甚至沦为圈地项目、政绩工程，给产业发展造成了较大的负面影响。

三、进一步推进文化产业发展的政策建议

进一步发展文化产业，亟需从制度法规环境、体制机制改革和配套激励政策等方面下功夫。为此，提出如下建议：

一是建议进一步加强顶层设计，优化文化产业发展的政策法规环境。借鉴公共文化服务保障法顺利出台的经验，加快推动文化产业发展相关法律法规制定，尽快形成各方认可、较为成熟的法规和制度，为文化产业发展提供法治保障。

二是进一步拓宽社会资本投入文化产业的领域和范围。除继续鼓励和引导民间资本投资演艺、娱乐、动漫、游戏、文化旅游、艺术品、工艺美术、文化会展、创意设计、网络文化、文化装备制造等行业和领域外，研究鼓励民间资本进入文化创意产品开发、文化金融等新兴领域。民间资本投资符合国家重点扶持方向的文化行业门类和领域，建议通过项目补助、贷款贴息、以奖代补等方式给予资金扶持。

三是完善激励文化产业发展的配套政策。建议参照《关于支持旅游业发展用地政策的意见》，研究支持文化发展的用地政策，积极保障文化发展用地供应。深入研究营业税改征增值税对文化产业税负的影响，及时调整完善政策，确保实现营改增试点范围内文化产业各行业税负只减不增的目标。建议进一步研究促进社会资本进入、激发相关行业创新动力和发展活力的政策措施。

地区实践篇

北京市服务业发展思路与主要举措

北京市发展和改革委员会

一、“十二五”以来北京市服务业发展情况

改革开放30多年来，北京市已经实现由工业生产基地向服务业主导型城市转型，服务业与工农业的比例关系倒置，由1978年的不足1∶3调整到2015年的接近4∶1，率先在全国形成了服务业主导的产业结构，服务业比重与美国、日本等发达国家基本持平。服务业成为产业结构优化升级、转变经济发展方式、扩大居民就业、提升首都经济综合实力、建设国际一流的和谐宜居之都的主导力量。

一是服务经济特征更加凸显，发展质量效益显著提升。2015年服务业实现增加值1.83万亿元，是2010年的1.7倍，年均增速达到11.2%，占全市地区生产总值比重达到79.8%，比2010年提高4.3个百分点。规模以上服务企业实现利润2.7万亿元，比2010年增长1.6倍。服务企业缴纳税金占国地税收入的87%以上，吸纳了全市约76%的就业人口。

二是服务业结构升级成效明显，城市服务功能显著增强。以金融、信息、科技、商务等为代表的生产性服务业持续快速发展，2013年北京在全国率先成为生产性服务业增加值过万亿元城市[1]，2015年生产性服务业占全市地区生产总值比重达到52.9%，占据首都经济的半壁江山。金融业增加值首次超过工业增加值，成为首都经济第一大行业。文化创意产业占地区生产总值比重达到13.4%[2]。生活性服务业品质稳步提升，社会公共服务业社会化、市场化改革步伐加快，城乡

[1] 根据《生产性服务业统计分类标准》(京统发〔2009〕11号)测算。该标准与《生产性服务业分类(2015)》(国统字〔2015〕41号)在具体内涵上基本一致,但在行业分类、测算方式、行业权重等方面有一定差异。按照北京标准测算的生产性服务业规模略高于国家标准。

[2] 根据《北京市文化创意产业分类标准》(京统发〔2006〕154号)测算。

居民多层次、多样化的服务性消费需求得到满足。

三是产业创新融合步伐加快，新兴服务业快速发展。互联网金融、第四代移动通信、移动终端、电子商务、在线教育、医养结合、健康休闲等服务业新产品、新业态、新模式不断涌现。众创、众包、众扶、众筹等新模式，协同设计、个性定制等新需求，促进了制造业转型升级，拓展了服务业发展空间。休闲农业、会展农业等新兴服务业态规模初显。

四是产业功能区支撑作用突出，集约化水平逐步提高。六大高端产业功能区集聚了一半以上的金融、信息、科技为代表的生产性服务业。2015 年六大高端产业功能区增加值首次突破万亿元，占全市地区生产总值比重达到 47.4%，比 2010 年提高 7.4 个百分点。人均产出率、地均产出率显著提高，各功能区差异化、特色化发展特征显现，主导产业支撑力进一步增强。中关村、金融街等带动示范作用更加突出。

五是服务业发展更加开放。世界 500 强企业总部数量跃居全球首位，服务贸易额超过 1200 亿美元。成功举办中国（北京）国际服务贸易交易会、北京科技产业博览会、中国北京国际文化创意产业博览会等，北京服务品牌在国内外影响力进一步提升。

六是服务消费快速增长。2006 年，北京地区生产总值中最终消费支出所占比重超过投资率（48.5%），达到 51%；2014 年北京市消费率达到 62.5%，消费对经济增长的贡献率超过 7 成，北京已经形成了投资消费协调拉动的格局。2015 年全市实现服务性消费 8308 亿元，同比增长 10.5%，“十二五”年均增速快于商品性消费。服务性消费占市场消费总额的 44.6%，比 2010 年提高 1 个百分点。群众消费重心逐渐由吃穿住用等商品消费，向学娱健游等服务消费升级。

二、北京市促进服务业发展的主要工作

一是不断细化完善产业规划政策体系，积极对接国家重大改革。完善规划政策体系。2007 年以来，陆续发布了促进服务业发展若干意见、生产性服务业统计分类标准和全国首个生产性服务业发展规划。近年来又密集颁布实施了促进科技服务业、文化创意产业、生活性服务业、软件和信息服务业、健康服务业、人力资源服务业等发展的一系列规划、政策和行动计划，修订完善了新增产业禁限目录、民间资本投资文化创意产业等规范性文件，生产性服务业意见、“十三五”服务

业发展规划等文件也即将出台。加大简政放权力度，深入推进商事制度改革、行政审批制度改革，不断规范行政审批行为，新兴产业领域企业登记注册空前活跃。服务业“营改增”范围稳步扩大，政府购买服务取得新突破。

二是积极推进改革试点示范建设。2015 年 5 月，国务院批复同意北京市服务业扩大开放综合试点总体方案（国函〔2015〕81 号），北京市政府与商务部联合印发了《北京市服务业扩大开放综合试点实施方案》（京政发〔2015〕48 号），加快构建涵盖科技、信息、金融、商务等生产性服务业重点领域在内的“6+1”服务业扩大开放格局、优化五大配套支撑体系。同时，石景山区国家服务业综合改革试点、中关村现代服务业试点初见成效，朝阳区国家文化产业创新实验区建设有序推进，电子商务、文化创新、养老健康等专项服务业改革试点推进顺利。

三是支持符合首都城市战略定位的优势主导产业创新发展。积极对接国家金融改革战略，支持亚投行、丝路基金等国际性金融机构在京发展，积极培育融资租赁、商业保理、互联网金融等新兴业态。顺应“互联网 +”趋势，鼓励电子商务、车联网、远程医疗、远程教育、智能家居等新兴产业发展。加快制造业与服务业深度融合，深入实施“祥云工程”2.0 版，完善云服务产业联盟和云制造平台，推动经济技术开发区、临空经济区制造业服务化转型。大力发展第三方物流，加快跨境电子商务产业聚集区建设。

四是引导生产性服务业特色化、集群化发展。“十二五”时期，北京市提出“提升六高、培育四新”的功能区建设发展战略。目前，中关村、金融街、CBD、经济技术开发区、临空经济区、奥林匹克中心区六大高端产业功能区已经成为全市发展高端、高效、高辐射产业的集聚区。“六高”以 7% 的平原面积，20% 的能耗，支撑了全市四成以上的税收和经济规模，服务业集聚效应明显。其中，金融业主要在金融街和商务中心区集聚，信息、科技服务业成为中关村的主导行业，商务服务业主要在商务中心区，流通服务业中的航空服务主要在临空经济区布局。

五是有序疏解不符合首都城市战略定位的产业。2014 年率先在全国制定产业禁限目录，并于 2015 年再度调整修订，明确了包括服务业在内的全市范围禁限新增产业。疏解调整西直河、大红门、动物园等一批区域性专业市场。加快推进京津冀产业协作，曹妃甸、张承地区、天津滨海、新机场等重点领域合作稳步推进，一批合作项目陆续开工。

三、主要问题

北京市服务业历经30多年高速发展，增速从2007年起逐年下降，到2010年开始由两位数增长步入单位数增长阶段。制约首都服务业健康发展的深层次矛盾和体制机制障碍逐渐显现。

一是服务业的发展层级需要进一步提升。垄断性领域企业服务半径有待延伸，竞争性领域企业品牌形象有待提升，新兴产业领域领军企业亟待培育，缺乏国际顶级的服务业龙头企业。中小型服务业企业面临融资难等问题，民营企业发展环境有待进一步优化。服务业企业国际竞争力需要提升，适应开拓国际服务市场的新兴行业协会、服务联盟等服务组织发育不足，与国际接轨的服务标准有待建立，承接国际服务外包能力不强。北京与周边城市的产业层次落差大，资源要素合理配置的体系不够完善，城市间产业链的链接配套相对薄弱，不利于推动服务业向外辐射。

二是市场化程度不高，政策法规滞后，服务业发展环境有待完善。部分行业垄断性强，市场准入门槛限制较多，对民营企业的行政许可及业务审查条件仍较为严格，民间资本进入还有一定障碍。教育、卫生等行业仍在事业管理体制框架下，规划、土地、投资等管理体制滞后于产业发展需求，影响了服务企业发展活力。公共服务设施存在垄断运营现象，利用效率不高。服务业在加大政府采购力度、健全标准化体系、推进信用体系建设、强化知识产权保护等方面的政策法规有待进一步完善。

三是服务业发展不均衡，仍存在一些不符合首都城市战略定位的业态和环节。服务资源分布不均衡，特别是教育、医疗、文化、体育、养老等优质服务资源过度集中在中心城区，其他区域居民旺盛的服务需求难以得到满足。首都服务业中还存在道路运输仓储等高能耗、聚人多的产业环节，要加快调整转移，广泛运用现代信息设备、技术、手段减少这些产业环节。

四是服务企业经营成本高、税收负担重。近年来北京市土地市场快速升值，服务业用地成本大幅攀升，甲级写字楼租金快速翻番，生活性服务业中的部分低盈利行业拿地困难。随着劳动合同逐步规范，用工成本快速增长。服务业水、电等要素价格与工业同价政策在落实过程中尚未完全到位。

五是央地资源有待充分融合。首都丰富的服务资源分属不同部门，条块管理导致资源分散、分割问题突出，统筹协调难度大，市场化不足，利用效率有待提高。尤其是高等院校、科研院所、医疗机构、大型央企等中央资源与地方经济的发展没能有效融合，人才、科技、文化等要素尚未充分利用，资源优势难以转化为产业优势。

产生上述问题的原因深刻而复杂。从外部环境看，国际金融危机的深度影响仍未消除，金融业、房地产业、服务贸易等领域受到较大冲击，国内外需求不足的局面短期内难以改变。从行业发展规律看，以信息、能源、生物为主的新技术革命正在蓬勃兴起，带来了服务业理念和业态上的革新，促进了服务业的深度发展及其与制造业的融合，但新业态和新兴业务模式还处于孕育期，发展壮大尚需时日。具体到北京市层面，适合首都服务业发展特点的统分结合、分类指导、部门联动的综合管理体制和统筹运行机制尚需加强探索。

四、未来十年对首都服务业发展的展望

当前，中国三次产业结构类同 20 年前的北京[1]，即将进入服务业高速发展阶段，未来十年全国有望形成服务业主导的产业结构。北京市服务业经过 30 多年快速发展后，发展速度有所放缓，但综合考虑首都城市战略定位，加快构建高精尖经济结构同时限制一般制造业和种养殖业，使得首都服务业还有较大的优化提升空间，有望继续保持平稳较快发展。我们对未来十年北京市服务业发展情况初步研究判断如下：

一是规模进一步扩大。预计到 2025 年，北京市将全面建成以生产性服务业主导的高精尖经济结构，服务业在全市经济中的比重将进一步提升。服务业占全市 GDP 的比重将达到 85%，其中城六区服务业占比有望达到 90% 以上，与纽约、东京、巴黎、香港等国际化大都市基本持平。

二是产业结构持续优化。生产性服务业占全市经济的比重将达到 60% 左右，对全市经济增长的拉动作用将进一步提高，北京市将不断强化科技创新引领、信息覆盖应用、金融保障支持、商务融合渗透、流通高效链接，积极培育新业态，发展壮大研发设计、战略投融资、集成创新、现代营销等高端环节，促进生产性服务业提质增效发展。教育、文化、卫生、体育、养老等领域非基本公共服务市

[1] 北京在 1994 年服务业规模超过工业，在 1995 年服务业占 GDP 比重超过 50%。目前全国产业结构也大致相同。

场化、社会化进程将进一步加快，社会资本参与度显著提高，基本满足市民日益增长的多层次、多样化、中高端服务需求，扭转境外高端服务消费快速扩大的趋势。生活性服务业品质显著提高，有效供给切实增强，社会基本公共服务均等共享得到保障，服务业发展优势更加突出，经济发展动力更加强劲。

三是“北京服务”品牌效应更加彰显。积极推进北京市服务业扩大开放综合试点建设，服务业对外开放水平显著提升，服务贸易规模继续扩大，形成一批具有国际影响力的品牌区域、品牌企业、特色品牌活动。

五、对国家发展服务业的建议

一是在服务领域深入推进供给侧结构性改革。加快推进教育、文化、卫生、体育、养老等领域非基本公共服务的市场化、社会化改革，尽快修改完善相关法律法规，吸引民间资本投资，增强服务供给能力，提升服务质量，满足群众日益增长的多层次、多样化、中高端服务需求，促进境外服务消费回流。进一步放宽市场准入，培育壮大多元化市场主体，加快服务业相关的事业单位分类改革，推进经营性的事业单位转企改制。探索在交通运输、电信等竞争性行业去垄断化，进一步完善相关规章制度，鼓励发展分享经济，切实解决群众在交通出行等方面的实际困难，促进信息服务提速降费。

二是推动我国服务业扩大开放。依托北京、上海、深圳等服务业发达城市和地区，逐步向全国推广自贸试验区、北京市服务业扩大开放综合试点建设的经验，重点围绕科技、信息、文化、金融、商务、健康等重点领域加快推进服务业扩大开放，推动服务业现代化和提升服务贸易发展水平。以促进国际国内要素有序自由流动、资源高效配置、市场深度融合为目的，建立健全服务业扩大开放的体制机制。制定服务业扩大开放清单，深化金融保障、高端人才引进等制度改革，构建科学规范、高效透明的服务业促进体系。加快国际化、市场化、法治化营商环境建设，健全社会信用体系和知识产权保护体系。围绕人才要素自由流动需要，加快国际人才发展环境建设。

三是营造公平市场环境，完善现代服务市场体系。推进资源、环境、公共服务等重点领域价格改革，完善市场决定价格的机制，能够放开的价格坚决放开，由市场自主定价。探索实施适合各地实际的统筹城乡发展的集体经营性建设用地流转制度，探索研究适应服务业发展的土地分类供应体系。做好服务业发展标准的引导推广，完善规划、财政、投资、产业、价格等政策手段的协调配合。

四是继续推进全国服务业综合改革试点建设。进一步强化顶层设计，在财政、税收、土地供应、价格管理等领域落实和完善支持政策，支持试点区培育新兴业态，推动生产性服务业向专业化和价值链高端延伸，鼓励生活性服务业发展水平、发展层级优化提升，以服务业的高端发展促进带动经济结构的转型升级。

（执笔人：徐逸智　郭宏达）

上海市服务业发展思路与主要举措

上海市发展和改革委员会

一、“十二五”以来上海市服务业发展情况

“十二五”期间，上海市按照高端化、集约化、服务化，推动三、二、一产业融合发展的方针，加快推动服务业发展，形成了以服务业为主的产业结构。

（一）主要成就

一是服务业增长快于经济增长，成为发展主动力。“十二五”期间，上海市服务业增加值年均增速达到 9.7%，高出地区生产总值增速 2.2 个百分点；服务业增加值比重从 57.3% 提高到 67.8%。2015 年服务业增加值达到 16914.52 亿元，是 2010 年的 1.72 倍。

二是服务业重点领域平稳增长，新兴领域加速成长。“十二五”以来，金融业、商贸业占全市服务业增加值比重稳定在 50% 左右，生产性服务业增加值占全市服务业增加值比重从 2010 年的 52.8% 提高到 2015 年的 63%。新技术、新模式、新业态、新产业发展态势良好，信息服务业增加值年均增速超过 14%，互联网金融、移动互联网、平台经济等领域蓬勃发展，2015 年电子商务交易额 16452 亿元，比上年增长 21.4%，相当于社会消费品零售总额的 1.64 倍。

三是服务业布局不断优化，集聚发展格局逐步完善。中心城区服务业增加值比重保持在 80% 左右，服务业发展能级和水平进一步提升；郊区各具特色的服务业快速发展，服务业增加值比重达到 40% 左右。虹桥商务区和世博园地区等服务业标志性新区域大型功能性项目建设加快推进。现代服务业集聚区、文化创意产业园区、生产性服务业功能区等各类服务业集聚区蓬勃发展，产业集聚效应日益凸显。

四是“四个中心”加快建设，城市综合服务功能不断提升。金融市场产品和工具更加丰富，2015 年各类金融机构累计超过 1478 家，金融市场交易总额达

到 1462.73 万亿元，比 2010 年增长了 2.51 倍，非金融企业直接融资占全国社会融资规模的比重达到 18% 左右。航运服务功能进一步提升，上海港国际标准集装箱吞吐量连续六年位居全球第一，上海机场货邮吞吐量保持世界第三，国际旅客吞吐量占全国机场的 1/3。国际贸易中心能级继续提升，跨境电子商务试点率先开展，服务贸易总额占全国的比重达到 30% 左右，大宗商品“上海价格”加快形成，上海钢联价格指数成为芝加哥商品交易所钢材期货衍生品交易基准价。

五是改革开放力度进一步加大，发展环境不断改善。全面推进自贸试验区制度创新，实施金融、航运、文化、专业服务等六大服务业领域 54 项开放措施，推出金融开放创新试点 91 条具体举措。深化推进闸北区国家服务业综合改革试点，形成了一批可复制、可推广的试点经验。积极推动市级服务业综合改革试点，探索服务业体制突破和机制完善。坚持问题导向，聚焦制度创新，为服务业新产业、新技术、新业态、新模式加快发展营造良好环境。

（二）存在问题

目前，世界经济复苏进程缓慢，国际贸易保护主义加剧，经济发展的不确定性增强，上海市服务业发展也面临诸多挑战。一是满足消费升级需求的生活性服务业有效供给不足，服务业新兴领域规模不大、比重不高。二是服务业发展区域间不平衡，郊区服务业总体发展水平相对滞后。三是服务业发展能级有待提升，缺少规模化、专业化的核心企业，知名品牌数量少、影响力不够，与国际大都市在产业结构优化、集聚国际资本和跨国公司总部等方面差距明显。四是服务业体制机制改革仍须深化，政府对新兴服务业的管理模式还需进一步完善，部分行业准入门槛过高，社会诚信体系建设滞后。

此外，来自不同行业领域的服务业企业还反映了一系列具体问题。例如：数据公开不够导致企业发展受限；民非组织登记核名、重复注册的规定阻碍规模化、连锁化发展和资本化运作；互联网企业具有轻资产特征，难以获得银行贷款及政府支持等。

面对外部环境和自身条件变化，上海服务业迫切需要抓住机遇，主动迎接挑战，巩固服务业在国民经济和社会发展中的主体作用，全面提升服务业整体质量和能级水平。

二、上海市促进服务业发展的主要工作

“十二五”以来，在国家各部门的支持协助下，上海市为加快形成服务业为主的产业结构，狠抓经济发展方式转变，相继开展了如下主要工作：

一是加强规划政策引导，营造服务业发展的良好环境。2012年，出台《上海市服务业发展“十二五”规划》《关于上海市鼓励发展家庭服务业指导意见》等若干政策文件。为优化服务业发展政策，还出台了《关于增设研发总部类用地相关工作的试点意见》《上海市贯彻〈国务院办公厅关于金融支持经济结构调整和转型升级的指导意见〉的实施方案》等一批具体政策措施。

二是推进服务业改革试点和重大项目建设。为积极探索突破制约服务业发展的体制机制瓶颈的有效途径，上海市深入推进自贸试验区制度创新、国家和上海市服务业综合改革等试点工作。围绕进一步优化全市服务业布局，促进产业集聚发展，上海市加快推进各类服务业集聚区和重点项目建设。

三是完善和健全服务业发展有关专项扶持资金管理办法。上海市将发展现代服务业作为财政重点支持的产业领域，建立了各类服务业发展专项资金，通过多种方式予以支持，对服务业发展发挥了重要作用。

三、进一步推进上海市服务业发展的总体思路

“十三五”时期，上海市将进入服务业提升品质、提高效益、增强辐射和迈向高端的关键阶段。进一步推进服务业发展的总体思路如下：

（一）主要考虑

面对复杂的国内外经济环境，上海市在谋划未来服务业发展时主要考虑：一是以贯彻落实国家战略为使命。把基本实现“四个中心”核心服务业功能作为发展经济的首要任务，在服务业模式创新、制度创新、技术创新等方面先行先试。二是以提升综合服务功能为目标。着力提升金融、航运、贸易等领域影响力，推动生产性服务业向专业化和高端化拓展，推动生活性服务业向精细化和高品质提升。三是以推动融合创新发展为路径。注重推动服务业与制造业和现代农业、服务业各领域之间融合创新发展，推动新技术、新业态、新模式和新产业加快发展，培育新的增长点。

（二）基本思路

“十三五”时期，上海市将按照2020年基本建成“四个中心”的要求，以中国（上海）自由贸易试验区和全面创新改革试验区建设为契机，把加快发展服务业作为落实“创新驱动发展、经济转型升级”总体要求的重要举措，着力深化服务领域供给侧结构性改革，坚持提升传统服务业和培育“四新”服务业并举，坚持满足需求和引导消费并重，推动生产性服务业向专业化和价值链高端延伸、生活性服务业向精细化和高品质提升，努力构建结构优化、服务优质、布局合理、优势凸显的现代服务业体系，进一步提升上海市服务业的国际综合竞争力，进一步发挥服务业在上海经济转型升级中的主导作用。

为此，上海市服务业增加值比重要提高到70%左右，生产性服务业增加值占服务业增加值比重达到2/3左右，金融、贸易、航运等领域服务能级进一步提高，服务业创新能力加快提升，市场主体更具竞争力，空间布局不断优化。

（三）重点任务

上海市服务业发展重点从以下三个方面发力：一是提高服务业重点领域全球资源配置能力，基本实现“四个中心”核心服务功能，增强金融服务业辐射力，提高商贸服务业创新力，提升航运服务业软实力。二是推动生产性服务业向专业化和高端化拓展，强化科技创新能力提升要求，加快发展研发设计、信息技术、检验检测认证、知识产权、科技金融、技术转移、创业孵化等生产性服务业。强化制造业企业服务化转型要求，加快发展总集成总承包、供应链管理、融资租赁、电子商务、服务外包等生产性服务业。强化服务专业化、市场化要求，加快发展节能环保服务、商务咨询、售后服务、人力资源服务和品牌建设等生产性服务业。三是推动生活性服务业向精细化和高品质提升，大力发展家庭服务业，培育发展健康服务业，加快发展养老服务业，着力发展文化服务业，优化发展批发零售业，鼓励发展教育服务业，提升发展旅游服务业，积极发展体育服务业，健康发展住宿餐饮业。

（四）发展路径

推进服务业转型升级、提升服务业发展能级的主要路径如下：

1.促进融合创新发展。加快推动服务业与制造业、服务业与新技术深度融合，不断提升建立在“上海制造”基础上的“上海服务”品牌影响力。一是着力推进制造业服务化。引导制造业产出服务化，实现价值链由制造为中心向以服务为中心转变；鼓励制造业投入服务化，推进服务外包；加快制造企业服务区域化，鼓励跨区重组发展总部基地。二是积极发展“四新”经济，加快新技术在服务业各领域的广泛应用，支持企业跨越产业边界、再造业务流程、变革管理体制、创新服务模式。三是提升信息基础设施服务能级，加快公共信息资源向社会开放利用，为服务业创新发展打造良好的基础环境。

2. 拓展企业发展空间。一是深入实施引进来、走出去战略，积极承接国际高端服务业转移，支持企业开展多领域跨国经营，提升总部经济发展水平。二是加快服务业供给侧结构性改革，切实提高供给质量和效率，以持续创新推动供给结构优化，不断培育服务新消费，实现由中低水平供需平衡向高水平供需平衡提升。三是加快发展平台经济，围绕服务能级提升，加快建设研发、创新、知识产权交易等功能性服务平台，在服务业重点行业培育引进有竞争力的平台企业，鼓励中小型企业参与平台经济建设。

3. 加强重大项目建设。一是有效发挥虹桥商务区、世博园地区、国际旅游度假区等标志性区域重大项目引领带动作用，打造上海市城市形象新地标和功能提升新引擎。二是加快推进金融、贸易、航运、研发设计、检验检测等生产性服务业重点领域和文化、旅游、医疗、体育等生活性服务业重大项目建设。三是打造一批具有国际影响力的服务品牌和赛事活动，提升城市形象和文化魅力，打造时尚之都、设计之都和魅力之都。

4. 推动布局结构优化。一是中心城区服务业发展以提升产业能级和国际化水平为重点，提升商务楼宇智能化、现代化和国际化水平，集聚发展金融、航运、商务、信息、文化、体育、知识产权等高端服务业。二是郊区要加快产城融合和产业融合，大力发展与制造业相配套的研发设计、信息服务和现代物流等生产性服务业，提升发展商贸、旅游、文化、教育、医疗、养老、体育等生活性服务业。三是打造业态高端复合、产业特色鲜明、配套功能完善的各类服务业集聚区，深化推进服务业创新发展示范区建设。

四、促进国家服务业发展的政策建议

为更好地推动服务业发展，建议国家继续深化服务领域改革开放，突破体制机制瓶颈，积极培育服务业新增长点。

一是针对服务业特点，积极转变发展理念。针对服务业融合性、动态化和轻资产的特点，加快转变政府管理方式。针对服务业中小企业众多的现状，政府管理要从抓大企业、大项目向扶持小微、草根企业转变，激活市场主体的活力。针对服务业投资重人力、轻资产的特点，政府专项资金扶持方式要从注重有形资产投资向更加注重研发、人力资本等无形资产投入转变。针对服务业融合发展加快的趋势，政府管理要为企业创新创造条件，鼓励跨界、容忍失败。针对服务业发展更加注重产业发展环境的特点，政策导向要从注重给予优惠政策向着重营造良好的营商环境转变。

二是积极转变政府职能，完善政府管理和服务。探索推行服务业领域政府权力清单制度，实行行政审批事项清单管理，进一步精简、规范服务业发展相关审批事项，推动政府职能从注重事前准入转为注重事中、事后监管，提高政府公共服务效率。推进商事制度改革，全面落实“一照一码”登记制度改革，加快推动“证照分离”改革试点，进一步减少服务领域前置审批和资质认定项目，为企业提供更加高效便捷的投资服务。

三是深化改革扩大开放，扩大服务业有效供给。分层次、有重点地扩大金融、教育、文化、医疗等领域开放度，积极推进非基本公共服务市场化、产业化，鼓励引导各类社会资本进入服务领域，不断激发服务业发展活力。深化政府采购制度改革，通过特许经营、定向委托、战略合作、竞争性评审等方式，引入竞争机制，加大政府购买服务力度。

四是积极开展试点，聚焦支持服务业“四新”发展。依托国家服务业综合改革试点，选取部分符合条件的试点区域，针对服务业的新技术、新业态、新模式和新产业，积极探索符合“四新”服务业发展特点的扶持和管理模式，在工商登记、市场准入、土地利用、外汇管理等方面为新兴服务业发展创造良好的环境。

五是构建开放的公共信息系统，实现社会资源有效共享。对符合条件的互联网金融企业，逐步开放支付清算业务相关系统，推动企业有效利用公共信息、拓展业务。尽快建立包含银行、工商、税务、公安等多部门信息在内的全国征信信息系统，形成完整的个人和企业信用信息系统，供社会各方合法合理查询使用，为建立诚信社会提供有力保障。

六是健全统计制度，实时跟踪服务业发展动态。以国民经济行业分类标准为基础，优化服务业重点行业统计方法和统计指标体系，健全行业分类标准，提高服务业统计的全面性、精确性和及时性。完善统计信息发布制度，加强对重点产业发展态势的监测、预测和分析。

（执笔人：史寅丰　魏陆　王晓燕）

浙江省服务业发展思路与主要举措

浙江省发展和改革委员会

一、浙江省服务业发展总体情况和主要特点

（一）总体情况

1. 服务业是稳增长的主引擎。2015年，浙江服务业增加值为21347亿元，占全国总量的6.2%，位居全国第四，全省服务业增加值已连续8年快于GDP和工业增速。服务业投资连续8年快于全社会投资和工业投资增速，且连续7年增速保持在14%以上。2015年，服务业投资对固定资产投资的贡献率高达69.7%，拉动投资增长9.2个百分点。

2. 服务业是调结构的主动力。“十二五”以来，浙江服务业增加值占GDP的比重逐年提高，2014年首次超过第二产业，2015年，占比达到49.8%，较上年提高1.9个百分点，“三、二、一”产业结构进一步巩固。第三产业内部行业结构持续优化，传统服务业比重明显下降，新兴服务业比重持续上升。研发、设计、营销等生产性服务业快速发展，推动了工业向价值链中高端迈进；交通、环保、养老等稳定增长，提升了公共服务和产品供给能力和水平；农技农机、农业旅游等综合服务水平快速提高，促进了农业向现代化发展。

3. 服务业是惠民生的主渠道。2015年末，全省规模以上服务业企业就业规模达到154.2万人，比上年同期增加4.1万人，占全国的比重达到6.2%，位居全国前列。服务业地税收入占全部地税收入的比重从“十一五”末的65.4%提高到2015年的67.4%，年均提高0.4个百分点。

（二）主要特点

1. 传统行业实力雄厚。物流、金融、商贸、旅游等传统服务业，走在全国前列。浙江“智慧物流公路港”“智慧物流信息港”等新模式成为全国示范。金融业的“浙商系列”发展迅速，2015年末，金融机构本、外币存款余额首次突破9万亿元大关，

增长 10.2%，社会融资规模账面增加 6291.5 亿元，增量保持全国前列。社会消费品零售总额 19785 亿元，同比增长 10.9%，居全国第四位。旅游经济综合实力跻身全国前列，2015 年，全省实现旅游总收入 7139.1 亿元，增长 13%，旅游总收入相当于 GDP 的 16.6%。

2. 新兴领域发展迅猛。服务外包、文化创意、高技术服务业、快递服务等新兴服务业异军突起。2015 年，全省离岸服务贸易总额达到 442.2 亿美元，同比增长 16.1%；规模以上文化服务业企业营业收入 1353.6 亿元，同比增长 12.5%，新闻出版业经济规模连续六年居全国第 3 位；规模以上高技术服务业企业营业收入 4124.2 亿元，同比增长 28.9%；2015 年，网络零售额 7610.6 亿元，同比增长 49.9%，占全国市场份额由 2010 年的约 10% 提高到近 20%，农产品网络零售额居全国首位；快递业务量 38.3 亿件，增长 55.9%，快递业务量和快递收入均居全国第二。跨境电商、互联网金融、国际快运等新业态不断兴起。

3. 产业集聚势头良好。浙江省服务业正逐步向杭州、宁波、温州三个中心城市集聚，2015 年，杭甬温三大城市占全省服务业总量达 56.5%。杭州、温州、金华、台州、舟山 5 市已形成“三、二、一”产业结构，其中杭州、温州、金华三市服务业增加值占 GDP 比重超过 50%。物流企业集聚发展明显，杭州、宁波、金华成为全省物流企业高度集聚发展区域。100 家服务业集聚示范区带动示范作用进一步增强，2015 年吸纳就业 109.26 万人，比上年增长 16.3%。义乌商贸、柯桥纺织、海宁皮革等块状经济发达的地区涌现出一大批科技研发、检验检测、营销会展方面的区域性公共服务平台。

4. “三名”品牌不断涌现。一批企业成为行业领军企业，一批知名浙江服务业品牌在全国打响。全国工商联评选的“2015 年中国民营企业服务业 100 强”中，浙江占 16 席，仅次于广东，居全国第二。

5. 各地发展亮点纷呈。杭州信息经济方兴未艾。实现信息产业增加值 2313.85 亿元，增长 25.0%，移动互联网、数字内容、电子商务、互联网金融、云计算与大数据和软件与信息服务产业均高于 GDP 增速 19 个百分点以上。总部经济、网络经济等服务业新业态加快发展。宁波跨境电商综试区获批，宁波空港跨境电子商务“一般进口”（跨境直购）模式正式上线运行，跨境电商实现了直邮、集货、保税备货等模式全覆盖；温州金融改革成效显著，2015 年新设全国首批试点民营银行——温州民商银行、全国首家农村财险互助社——瑞安市兴民农村保险互助社等；义乌国际贸易综合改革加快推进，出台市场集聚区认定办法、供货商备案细则等配套政策，获批设立国际邮件互换局和交换站，“义网通”跨境电商综合服务平台上线运行，开展省级跨境电商园区建设试点和公共海外仓建设试点。

二、服务业发展新趋势

近年来，随着技术进步和信息化的快速发展，服务业在经营业态、要素组合、技术特征、管理模式、运行机制等方面都发生了重大而深刻的变化，服务业发展呈现出许多新趋势、新特征。

（一）信息网络技术深度广泛应用，服务业正在发生深刻的历史变革

互联网经济模式改变了服务业乃至整个经济发展面貌，对部分服务行业发展格局进行了深度调整。比如，电子商务的发展冲击了传统零售业，阿里巴巴旗下淘宝和天猫网商品销售额仅用四年时间从 1000 亿元跨越到 1 万亿元。

（二）新技术应用和经营模式创新空前活跃，新兴服务业态大量涌现

条形码技术、射频识别和电子数据交换系统等信息技术，多数首先应用于服务业领域。同时，催生了数字媒体、互联网金融、云计算、环境保护服务、服务外包等一批高附加值的新兴服务业态，并呈现出强劲发展态势。

（三）生产性服务业快速发展，产业融合全面加速

生产要素加速流向生产性服务业，特别是微笑曲线两端的研发和销售环节。世界发达国家产业结构已出现“两个 70%”现象，即服务业占 GDP 的 70%、生产性服务业占服务业的 70%。IBM 由“海量”产品业务向“高价值”服务业务全面转型，其软件业务收入、服务业务收入已占到全部收入的 80% 以上。文化与科技、文化与制造业融合速度加快，产业融合态势日趋明显。

（四）消费结构升级步伐加快，高层次生活服务业市场空间持续扩大

消费性服务业向高层次升级态势明显，居民消费需求由对基本服务需求为主过渡到以文化精神需要为主，文化旅游、教育培训、休闲娱乐、医疗保健、体育健身、养老服务等行业规模迅速扩大。

（五）服务业集聚发展态势明显，服务贸易高端化趋势增强

金融商务、信息和创意产业等高端服务业集中集聚的特征更加显著。自 2010 年起，浙江培育发展 100 个省级服务业集聚示范区。截至 2015 年底，这 100 个服务业集聚示范区已入驻企业 13.1 万家，吸纳就业 109.3 万人。知识、技术、信息密集型服务业的国际转移速度加快。

三、服务业发展面临矛盾和体制机制障碍

目前服务业发展面临的矛盾和体制机制障碍主要集中在税收、土地、融资、人才、市场、价格、管理、统计八个方面。这些领域的问题中，有的随着国家政策调整已经解决，比如重复征税的问题随着“营改增”的全面推进不复存在。但其他问题还未得到根本性解决。主要表现在以下六个方面：

（一）土地供给方面

1. 土地成本较高。物流、研发等生产性服务业，具有一定公共平台性质，盈利水平相对较低。一般而言，物流业平均利润率不超过10%，其中仓储业为3%~5%，运输业仅为3%。面对高昂的商业地价，许多企业难以承受。与民生改善关联较大的公共服务业也面临同样问题。

2. 服务业供地较少。受“重工业轻服务业”的传统思维影响，许多地方政府仍将工业用地需求置于优先地位，从而导致服务业用地需求难以满足。

（二）融资政策方面

1. 授信评估办法主要针对有形不动产导致贷款难。现行的授信评估方法主要针对有形不动产进行授信评估。但无论是传统服务业企业还是现代服务业企业，其资产和核心竞争力往往是知识产权、品牌、人才等无形资产，能够用于抵押贷款的有形固定资产较少，较难符合银行授信条件。

2. 股票发行门槛“一刀切”导致上市难。除房地产企业外，其他服务业企业无论是营业收入规模还是现金流量水平都难以和工业企业相提并论。现行“一刀切”的上市门槛设定，导致服务业企业较难达到上市要求。如，《首次公开发行股票并上市管理办法》规定发行企业最近一个会计年度期末无形资产占净资产的比例不高于20%，对于缺少有形固定资产的服务业企业，特别是一些新兴服务业企业来说，很难达到这一标准。

3. 公司债发行担保规定严格导致发债难。公司债是企业融资的又一渠道，但其门槛相对较高。同时，由于部分服务业企业规模较小，信用评级不完善，容易造成信用溢价，加上发债规模小、分摊费用高，进一步提高了发债成本。

（三）人才政策方面

1. 企业人才住房保障体系不健全。现有的住房保障政策难以满足高房价时代

的人才居住需求，成为影响企业引人留人的关键。与居民收入相比，浙江房价普遍偏高，11 市房价收入比都在 8 倍以上，杭州更是高达 20 倍以上。而廉租房、经济适用房等保障性住房只面对低收入阶层，不适用于年薪达到一定收入水平的人才；人才公寓房源有限，难以满足众多“夹心层”人员；企业又不能直接在其土地上自建人才公寓。

2. 人才所得税政策有待改进。我国个税起征点偏低且税率偏高，在一定程度上影响了企业对国际化高端人才的吸引力。如，我国个税起征点为 3500 元 / 月，相当于 4.2 万元 / 年，而香港地区起征点为 10.8 万元 / 年，是大陆的 2.5 倍多。

3. 人才评价机制不健全。服务业人才与工业人才具有较大差异，以学历、职称和研究成果为标准的评价方式，难以适应服务业发展需要。电子信息、动漫游戏等产业中，相当一部分技术开发、设计人员都是低学历、低职称，但却在工作岗位上承担着重要角色。会计师事务所、律师事务所等商务服务业，多以从业经历和专业资格证书作为人才评价依据，较难享受人才引进政策。传统的人才评价方式，导致服务业人才较难享受落户和子女就学等政策优惠，也是影响服务人才引进的重要因素。

（四）市场环境方面

1. 部分服务业领域存在事实上的行业垄断和区域垄断。部分中介机构与主管部门之间仍然存在着“千丝万缕”的关系，不但不利于中介市场发展，而且提高了服务成本，影响了服务质量。部分中介服务行业存在条块分割和地方保护等现象。为了保护本地企业，部分地方政府有时会设置种种限制外地中介机构进入的条件。

2. 公共机构和国有企业缺少服务外包的有效激励。政府购买服务意识不强，影响服务业市场需求培育。如民营医院对检验业务外包接受度较高，而公立医院由于有财政拨款支持，对业务外包积极性往往不足。

3. 部分行业监管不到位。行业主管部门主要通过设置行业门槛来指导行业竞争与发展，重事前审批、轻事后管理，对退出机制不够重视，容易导致无序竞争，发生“劣币驱逐良币”的现象。

4. 市场支撑体系亟须完善。突出表现在：第一，信用体系不健全。征信服务落后于市场经济发展，有实力提供高质量信用产品的机构还很少，征信行业监管也有待完善。第二，行业标准不能适应产业发展要求。目前服务业普遍缺乏现代化的行业标准，标准化覆盖程度远不如工业领域，已有标准的部分指标也已落后，不能适应产业发展的新形态。第三，知识产权保护问题突出。企业和个人假冒侵权行为较为普遍，灵活运用知识产权制度的能力不够健全，部分地区存在执法不严以及地方保护问题，作为部分服务行业核心竞争力的知识产权难以得到有效保护。

（五）管理体制方面

1. 服务业综合管理相对薄弱。多个行业主管部门间由于综合协调不够，部门政策和管理办法有时不够衔接配套，导致企业难以适从。

2. 部分新兴服务业行业主管部门不明确。新兴服务业快速涌现，产业融合趋势十分明显，由于较难界定其行业归属，导致行业主管部门不明确，企业得不到正确引导和及时服务。

3. 行业自我管理作用发挥不足。当前的服务业管理过于依赖行政手段，行业组织作用发挥严重不足，进一步导致行业协会职能定位不清、服务意识薄弱等，形成恶性循环，无法承担起行业自我管理的重任。

（六）统计制度方面

1. 服务业统计分类滞后于服务业发展实际。服务业统计没有跟上服务业的飞速发展，统计范围划分不够科学，致使部分新兴服务业游离于统计调查之外，分类统计受到不适宜的制度因素影响，如行业归属、管理体制和税收体制等，进一步影响了统计分类的合理性。

2. 服务业统计方法有较大改进空间。部分统计核算方法与浙江省服务业发展的实际状况明显脱节，主要表现在抽样比例低、以登记地为依据的统计方法与实际偏差较大等方面。例如，旅游统计中，仅统计 A 级景区和星级饭店，大量非 A 级景区、非星级饭店以及农家乐、自驾游等未纳入统计范围。

四、促进服务业发展的政策建议

针对以上六个方面的问题，提出以下政策建议：

（一）土地供给方面

从长远来看，完善土地分类方式，对服务业用地按行业类别作进一步细分，可以从根本上解决服务业供地紧张、成本较高的问题。从近期来看，应着力从以下两方面入手，保障服务业供地。一方面是对鼓励发展的生产性服务业项目按工业项目类别供地。建议对物流、研发、工业设计等生产性服务业项目，参照工业类项目进行供地。另一方面是探索建立服务业用地点供制度。在土地利用总体规划修编、年度土地供应计划编制和实施时，适当增加服务业用地比重，尤其要向重点服务业行业和重大服务业项目倾斜。

（二）融资政策方面

1. 积极创新信贷融资方式。积极探索创新无形资产和动产抵押融资方式。加快研究制定针对不同服务业行业特点的信贷政策，逐渐扩大知识产权、专利权、商标权、影视拷贝权、剧本发行权、转让著作权、版权等无形资产抵押贷款覆盖面。同时大力发展金融仓储等提供动产评估担保的中介组织，力促金融仓储产业化，实现灵活多样的贷款方式。

2. 着力推进服务业企业直接融资。研究制定推进服务业企业直接融资的政策举措，对符合条件的重点服务业企业，做好上市培训、辅导和推荐工作。支持服务业企业通过发行公司债券、短期融资券、中期票据和中小企业集合信托等方式融资。

3. 鼓励设立服务业产业投资基金。建立以财政资金为引导，信贷、外资、社会资金为主体的多元化投融资体制，引导科技银行和社会创投集团，设立种子基金、天使基金、债券基金、担保基金、创投引导资金等。积极推动融资租赁、文创等服务业企业引进私募股权基金、风险投资基金。在政策允许范围内，拓宽利用民间资本和国际资本的渠道和空间，为服务业企业提供多样化的融资方式。

（三）人才政策方面

1. 大力推进人才公寓等政策支持性住房建设。把公共租赁房作为解决各类人才住房问题的主要渠道。鼓励结合城市危旧房和“城中村”改造统筹推进公共租赁房建设，支持各类园区以及住房困难职工较多的单位自建公共租赁房。

2. 探索个人所得税税收返还机制。探索个人所得税地方留成部分返还政策，以纳税贡献为依据建立人才奖励机制。

3. 完善服务业人才评价机制。根据服务业行业特点，建立更加全面的服务业高端人才评价体系，明确服务业人才的选择细则和评分标准，对评选出的人才给予多方面的政策奖励。探索将服务业人才认定权力下放至企业，建立以企业为主体的服务业人才评价机制。

（四）市场环境建设方面

1. 建立公开、平等、规范的服务业准入制度。消除服务业市场准入中对民间企业过多、过严的限制，放宽对民间服务企业在经营范围、经营方式上的要求。制定统一的市场准入程序，减少行政垄断。加强市场准入的法制建设和监督制度。市场准入制度的执行应当以地方性法规的形式予以认定和保障，使其程序化、制度化，减少政府权力行使的随意性和人为性。

2. 加强公共机构购买服务意识。加大政府采购对服务业发展的支持力度，扩大服务业市场需求。完善政企信息交流平台，促进企业重大技改项目、重点基础建设项目与服务业重点企业之间信息共享，提高政府采购效率。

3. 加强对部分服务业行业的监管。制定行业等级标准，根据企业服务质量水平划分企业等级，促进企业不断提高执业质量。

（五）管理体制健全方面

1. 进一步强化和完善服务业综合管理。建立服务业部门责任机制，部分产业融合程度较高的新兴服务业行业，可由服务业联席会议办公室作为主管部门，会同相关部门共同做好管理和服务工作。

2. 充分发挥行业协会、商会在服务业发展中的作用。鼓励具有条件的服务业行业建立协会、商会、产业联盟等组织。深入推进政府职能向行业协会转移的改革，理顺政府与行业协会的关系，鼓励行业协会在行业自律、品牌创建、标准制定、教育培训等方面发挥更大的作用。

3. 完善服务业品牌培育机制。强化服务业品牌培育综合管理。完善服务业品牌认定标准。积极开展多种形式的行业性品牌评选和认定。

（六）统计制度完善方面

1. 加强重点服务业行业专项分类统计。探索建立新兴服务业行业专门统计制度，使服务业统计分类更加符合现代服务业的发展要求。对交通运输、旅游、商贸等重点领域，通过扩大样本规模、试行属地统计等方法，使统计数据更加符合实际。对金融、财税、房地产、通信等增加值比重较高、核算制度比较成熟的领域，加强全行业统计监测核查，避免漏统和归类不当。对现代服务业集聚示范区等新的服务业发展平台，建立统计直报制度。

2. 加强统计部门与业务主管部门统计沟通会商。统计部门牵头，加强对现代物流、文化创意等跨行业的新兴服务业的统计协调。业务主管部门根据本行业实际，开展行业统计方法研究，加强统计部门与行业主管部门衔接沟通，确保统计数据与服务业发展实际相符合，确保统计数据提供的及时性。

（执笔人：朱磊　俞奉庆　王美君）

安徽省服务业发展思路与主要举措

安徽省发展和改革委员会

一、安徽省服务业发展总体情况和主要特点

近年来，安徽省坚持把发展服务业作为推动产业转型升级和转变经济发展方式的重要抓手，突出创新驱动、促进结构优化、强化政策落实、健全工作机制，全省服务业尤其是现代服务业取得了长足发展，逐步成为经济增长的重要支撑。

一是服务业总量明显扩大。全省服务业增加值由2010年的4193.7亿元增长到2015年的8206.6亿元，总量翻了近一番，年均增速达10.6%，高出全国同期2.2个百分点。2015年服务业增加值占地区生产总值37.3%，连续四年实现回升，服务业对国民经济的支撑作用不断提升。

二是产业结构不断优化。商贸流通、住宿餐饮等传统业态依托互联网转型发展迅猛，2015年限额以上网络零售额增长77.8%，拉动社会消费品零售总额增长0.6个百分点。金融、物流、研发设计、科技信息等现代服务业快速发展，比重稳步提高。

三是增长贡献逐步提高。“十二五”期间，服务业对全省经济增长的平均贡献率为33.2%，比“十一五”时期提高了1.9个百分点。服务业从业人员年均增长3.4%，高于全社会从业人员2个百分点，2015年占全部从业人员的39.5%，比2010年高3.7个百分点，为稳定就业、居民增收发挥了重要作用。

四是集聚效应开始显现。服务业向中心城市集聚势头明显。2015年，合肥、芜湖两市服务业增加值占全省比重为39.7%，高于GDP占比3.5个百分点，较2010年提高4.7个百分点。服务业集聚区建设步伐加快。现代物流、科技服务、信息软件、文化创意、服务外包等一批规模大、产业链长、配套性强的集聚区，成为全省现代服务业发展的重要支撑。

五是对外开放持续推进。“十二五”以来，服务贸易累计实现215.9亿美元，年均增长23.2%，占对外贸易总额的比重提高到11.8%，其中金融、保险、计算机

和信息服务、咨询、通信、运输等资本技术密集型服务业进出口增速高于全省平均增幅 12.8 个百分点。

六是发展环境日益改善。随着营改增试点、注册登记、价格改革等各项举措的落实，全省服务业的发展环境不断改善。全省大部分服务业用水、用电和土地价格与工业基本并轨，企业的运营成本进一步降低。

二、安徽省推进服务业发展的主要经验做法和创新点

安徽省高度重视发展服务业，主动适应把握引领经济发展新常态，大力改善发展环境，着力在政策扶持、改革创新、主体培育、园区建设、项目带动等方面下功夫，推动服务业加快发展。

（一）强化政策保障，不断完善服务业推进机制

结合安徽省实际，制定出台了《安徽省“十二五”服务业发展规划》和《关于进一步支持服务业加快发展若干政策》，并推动各地加强服务业规划和配套措施的制定。此外，省有关部门围绕文化、教育、商贸、物流、旅游、体育、科技、信息、商务等服务业重点领域，出台了一系列专项规划和扶持措施，全省服务业政策保障体系初步形成。同时，省政府还出台了建立和完善服务业统计体系的实施意见、服务业发展评价考核办法，在全国率先建立服务业统计体系和发展评价考核体系，建立服务业发展信息共享机制，服务业发展推进机制不断完善。

（二）推进改革创新，进一步增强服务业发展活力

一是积极推进综合改革试点。选择一批经济基础较好、规模较大、特色鲜明的地区开展服务业综合改革试点，创新体制机制，探索发展模式。目前，全省已有国家级试点 1 家（黄山市）、省级试点 15 家，试点地区服务业增速普遍高于全省平均水平。二是有序推进“营改增”试点。试点以来，安徽省试点纳税人较试点之初增长了 4 倍多，达到 16.23 万户；累计减税 157.98 亿元，拨付财政扶持资金 84.07 亿元，试点纳税人减税面达 97%，有效地减轻了企业税收负担。特别是试点行业税制成功转换，有力地促进了全省现代服务业发展和制造业转型升级，“营改增”试点政策效应逐步放大。三是加快推进企业主辅分离。支持制造业企业剥离服务业务，拓展现代服务业发展空间。四是稳步推进服务业企业改革。文化、金融、广电、旅游、商贸等领域省属服务业企业集团多元化改革加快推进，民营企业不断壮大，多种经济成分共同发展服务业的新格局逐步形成。

（三）注重企业培育，壮大服务业发展主体

一是实施龙头企业带动战略。筛选100家具有发展优势和潜力的服务业企业作为省级重点企业，在政策、资金、项目、土地等方面给予倾斜，支持其整合社会资源做大做强。二是引导培育中小服务业企业。进一步放开服务业市场准入，大幅减少服务业前置审批和资质认证项目，鼓励社会资本以多种方式发展服务业。三是加强品牌培育和标准化建设。大力实施品牌发展战略，形成了企业主体、市场导向、政府推动、社会共治的品牌建设合力，培育了一批具有影响力和竞争力的名优品牌和地方特色品牌，形成了以名牌为龙头的产品集群和产业集聚。安徽省拥有243项中国驰名商标、25个中华老字号，品牌经济已成为经济发展的重要引擎和强大支撑。

（四）加强园区建设，促进服务业集聚发展

产业园区是服务业加快发展的重要载体和抓手。近年来，安徽省依托中心城市、工业集聚地和交通枢纽，积极推进现代物流、科技服务、信息软件、文化创意、服务外包等现代服务业集聚区建设。出台了加快服务业集聚区发展的实施意见，引导服务业发展由传统的点状向面状转变，促进企业集聚、资源集约、产业集群、发展集成，取得显著效果。安徽省服务外包产业园、合肥现代金融后台服务基地、马鞍山软件产业园、芜湖文化创意产业园、阜阳汽贸物流园、滁州南京湾物流园等一批规模大、产业链长、配套性强的集聚区已成为全省服务业发展的重要支撑。

（五）突出项目带动，加大服务业有效投入

一是建立完善服务业重点项目库。按照经济工作项目化、项目工作责任化要求，在全国率先建立省级服务业项目库和信息管理服务平台，按不同门类、建设性质、建设进度把服务业项目分类入库，实行滚动管理、实时调度。二是加强项目监督管理。对储备和在建的服务业重大项目进行定期检查，重点对给予资金扶持的项目进行督查。建立了重大项目建设进度旬报制度和竣工验收制度，对建设成效和资金使用绩效进行评价，推动服务业项目提质提效。

三、安徽省服务业发展面临的困难和问题

虽然近年来安徽省服务业取得了长足发展，但仍面临一系列困难和问题。一是发展水平滞后。与发达地区相比，安徽省经济发展水平和居民收入较低，抑制了服务需求的扩大，城镇化进程相对滞后影响了服务业集聚，市场化程度不高阻

碍了潜在服务需求的释放。二是待遇不平等。服务业企业融资难、融资贵，用地指标不足，用地价格远高于工业企业等，导致投入成本和运营成本不断攀升。三是产业规模小。2015 年，安徽省服务业占 GDP 比重仅为 37.3%，低于全国平均水平 13.2 个百分点，在全国 31 个省（市、区）中居末位。在中部各省中，2015 年安徽省服务业增加值仅相当于河南的 56.2%、湖北的 64.4% 和湖南的 63.3%。四是企业竞争力较弱。在全国规上服务业企业调查中，皖企在 2015 年全国服务业 500 强中仅占 15 席，且没有一家企业突破 500 强营业收入平均水平。五是市场活力不强。除了商业、一般服务业、公路运输等部门外，金融、保险、电信、铁路、航空等非国有经济比重低，教育、文化、医疗、出版、城市公用事业等行业准入门槛较高，市场竞争不足，导致服务业生产效率低下。六是人才短缺。安徽省服务业管理人才的培养和引进并不理想，一些新兴服务行业都缺乏高素质的实用人才，人才缺乏成为安徽现代服务业的主要发展瓶颈。

四、未来安徽省推进服务业发展的考虑

（一）发展趋势

随着我国经济发展进入新常态，结构调整、动力转换将成为未来一个时期发展的主基调，在资源环境约束加剧和市场技术逐步成熟的背景下，由投资推动、工业主导支撑的传统经济增长动能，将逐步转向消费引领、服务驱动的新动能，将推动形成以服务活动为主要特征的服务经济形态。

初步判断，安徽省服务经济发展有以下三个明显趋势：一是融合。“服务”二字体现了以消费者为中心的理念转变，不仅是第三产业自身的提升发展，而且是一、二、三次产业发展的全面融合和服务化转型，是供给侧对需求端的有效回应和衔接。我国未来服务业不仅会进入高增长通道，也将发挥连接农业、工业生产与终端需求的重要作用。二是集聚。服务经济是高层次经济发展阶段，需要发展相对成熟的空间载体，在信息化和全球化交互作用的背景下，一个区域的中心城市将更多承载产业运行中的核心功能，将率先集聚服务经济需要的先进要素，高端服务业将越来越向少数中心城市以及服务功能强的城区集聚。三是绿色。服务业本身就具有消耗低、污染小的特点，随着绿色发展理念深入和生态环保意识增强，服务业的废弃物排放少和环境污染轻将更多受到全社会的关注，绿色化的服务产品将赢得更多的要素投入和市场需求。

（二）发展思路

未来一个时期，安徽省要坚持以市场化、规模化、高端化、国际化为方向，以改革开放创新为动力，大力实施服务业加快发展工程，推进生产性服务业专业化、高端化，促进生活性服务业精细化、品牌化，加快服务业综合改革试点，以服务业升级带动三次产业融合，着力构建多元开放、规范有序、充满活力的服务经济发展政策框架，不断提高服务经济对稳增长、调结构、惠民生的贡献。

（三）发展重点

一是推动重点领域创新突破。聚焦金融服务、现代物流、电子商务、服务外包、文化旅游等行业发展。将合肥滨湖国际金融后台服务基地打造为具备较强融资和国际结算能力的国家级金融服务中心，推进省第三方支付中心、芜湖金融产业园、马鞍山皖江国际金融中心、铜都金融中心、皖北金融中心等项目建设。将合肥、芜湖、阜阳、马鞍山、安庆打造成全国重要的物流枢纽城市，拓展合肥综合保税区、芜湖出口加工区等海关监管区功能。全面推进合肥国家服务外包示范城市建设。高标准建设黄山国家公园，推进合肥都市圈建设国内知名旅游目的地，发展一批各具特色的名城、名镇、名村旅游项目。

二是培育服务业新增长点。积极发展健康养老、科技服务、人力资源、节能环保、信息技术等服务业态。推进合芜蚌试验区中央级事业单位科技成果转化政策改革试点，将试点政策延伸到省属科研院所和国有企业。探索设立科技金融服务机构，重点支持中小科技型企业发展。推动合肥积极申建国家人力资源服务产业园，在芜湖、安庆、蚌埠等区域中心城市探索设立省人力资源服务业产业园。依托大型企业，加快先进节能环保技术产业化步伐。在合肥、芜湖、蚌埠等城市打造一批节能环保服务业基地，探索建立节能量、碳排放权交易市场，积极开展交易试点。加快实施信息安徽战略，以合芜蚌自主创新试验区为依托，重点发展行业应用软件、嵌入式软件、软件技术服务、集成电路设计和系统集成等行业。推进合肥、芜湖、马鞍山等国家首批信息消费试点市建设。

三是促进传统服务业转型发展。重点提升房地产、商贸物流、家庭服务等行业发展水平。完善普通商品房供应，引导房产企业去库存，加大对自住型、改善型住房消费的支持力度，大力发展绿色、节能、低碳住宅，完善住宅产业化链条。完善城市和中心城镇的商贸服务功能，优化购物中心、超市、便利店和社区商业的网络布局，构建便利实惠的居民商贸体系。建设一批集展贸直销、电子商务、物流配送、融资结算等服务于一体的服务平台，打造面向全国的重要的商品集散中心或采购中心。推进家庭服务业市场化、产业化和社会化发展，构建多层次家庭服务体系。实施品牌发展战略，支持有条件的家庭服务企业规模化、网络化经营。鼓励芜湖、铜陵等城市建立家庭服务业专业市场，完善市场体系，加速规范化、公司化经营。

（四）主要任务

一是坚持创新驱动。加大服务业技术、业态、商业模式和制度创新步伐，推动服务业整体水平升级。建设创新创业服务平台，依托合芜蚌自主创新试验区、国家级高新区、孵化器、大学科技园等载体，充分发挥领军企业、创投机构、社会组织等的作用，构建一批成本低、便利化、全要素、开放式的创业服务平台，为广大创新创业者提供良好工作空间、网络空间、社交空间和资源共享空间。构建适应创新驱动的制度体系，在服务业企业中推广股权激励政策，保障科技成果使用权、处置权、收益权改革落地。深入推进高校院所科研评价机制，促进企业和高校院所科研人才双向流动。加强知识产权保护，推进知识产权服务体系建设，建立知识产权经营体系和交易平台，制定和完善地方性知识产权法规，不断创新专利行政执法模式。

二是引导融合发展。抢抓新技术机遇，延伸产业链、价值链，完善产业功能，促进三次产业渗透融合，催生新的发展热点。重点是推动服务业与制造业融合，打造智能柔性平台，通过社交网络、互联网金融、融资租赁、跨境商贸等新型服务业，拓展企业销售、运营、投融资等环节，提升资源配置效率。推动服务业与农业融合，构建以生产销售服务、科技服务、信息服务和金融服务为主体的农村社会化服务体系，推动农业生产方式集约化、专业化、组织化。提升服务业信息化、智能化水平。充分利用人工智能、大数据等新一代信息技术，改造提升传统服务业，推广个性化、多样化生产模式。

三是强化市场主体。加快培育服务业市场主体，优化资源配置，细化专业分工，全面提升安徽省服务业发展规模和质量。做大做强骨干企业，强化企业市场主体作用，支持企业技术改造，鼓励兼并重组，努力培育一批国内行业领先的企业集团。加快培育小微企业，推进中小企业公共服务平台建设，研究制定针对成长性强、具有发展潜力的中小微企业的培育成长计划，加快小微企业“专精特新”发展。培育壮大中介组织，加强人力、土地等多层次中介组织网络建设，鼓励发展金融中介、实物中介和服务中介，建立与产业结构相适应、以企业为主体的行业组织新体系。加快制造业企业主辅分离，引导生产制造企业将内部服务活动外部化、非核心业务外包或分离。

四是扩大对外开放。抓住国际服务业全球转移趋势，强化招商引资，促进服务业开放发展。扩大服务业外资准入，对接国际规则，探索对外商投资实行准入前国民待遇加负面清单的管理模式，支持设立外商投资研发中心，稳妥推进教育、医疗、电信等领域对外开放。大力发展服务贸易，搭建服务贸易公共服务平台、贸易促进平台和中小企业融资平台，继续支持传统劳动力密集型服务出口，加快发展文化、教育、医疗、研发设计等资本技术密集型服务贸易。支持有条件的企业走出去，按照市场导向和企业自主决策原则，引导符合条件的服务业企业有序开展对外投资，支持在境外开展技术研发投资合作，支持建设跨国并购研发中心、营销网络或整体兼并。

五是优化载体建设。围绕促进服务业集聚、建设特色园区、夯实项目基础，强化载体支撑，增强服务业竞争力。加快服务业集聚区建设，依托重大产业基地、产业园区、开发区、城市功能区等特定区域，规划建设 100 家左右省级现代服务业集聚区。加大集聚区公共服务平台建设，提升集聚区综合服务能力。推动开发区产城融合，整合现有服务业园区资源，增强配套服务，健全管理体制。依托高新区、大学科技园、小企业创业基地和标准化厂房等，建设一批低成本、开放式创业服务平台。促进服务业品牌建设，实施服务业品牌战略，培育具有核心竞争力和广阔市场前景的新品牌，有效挖掘和提升具有历史价值和市场价值的老品牌，提升“徽商品牌”，打响“安徽服务”。

六是深化体制改革。加快结构性改革步伐，营造健康有序的制度环境和市场环境，切实为服务业发展“松绑”。放开服务业市场准入，借鉴负面清单管理模式，除国家法律、法规有明确规定外，允许各类社会资本平等进入，稳妥有序地降低牌照、资质、标准等市场准入门槛。完善市场监管体制机制，建设法治化市场环境，推进市场监管制度化、规范化、程序化，清除妨碍统一市场和公平竞争的各种规定和做法。健全社会信用体系，健全信贷、纳税、合同履约、产品质量、财会管理为重点的信用记录，建立信用信息共享和联动机制。推动服务业综合改革试点率先突破，全面完成黄山国家服务业综合改革试点，在服务业优势明显的县（区），开展省级试点。

（执笔人：徐斌　李全军　单媛）

山东省服务业发展思路与主要举措

山东省发展和改革委员会

一、“十二五”以来山东省服务业发展情况

“十二五”以来，山东省把推动服务业加快发展作为经济转型升级和结构调整的战略重点和主攻方向，以提高服务业发展质量和效益为中心，加强组织领导、强化政策措施、深化改革开放，服务业发展取得了显著成效。

（一）服务业总量规模持续扩大

2015 年，全省实现服务业增加值 28537.4 亿元，占地区生产总值的比重达到 45.3%，全省三次产业结构由 2010 年的 9.1 ∶ 54.3 ∶ 36.6 调整到 2015 年的 7.9 ∶ 46.8 ∶ 45.3，全面完成了“十二五”规划确定的任务目标。

（二）服务业投资持续增长

2015 年，全省服务业完成投资 22390.4 亿元，占全省固定资产投资总额的 47.3%。2015 年，外商投资服务业实际到账 60.7 亿美元，占全部外商投资比重达到 37.2%。

（三）服务业税收贡献不断增强

2015 年，全省服务业完成税收 3675.9 亿元，占全部税收的比重为 43.2%。其中全省服务业完成地税收入 2395.7 亿元，占全部地税收入的比重为 61.8%，与 2010 年相比，地税收入增加 1456.4 亿元，占比提高 5.8 个百分点，服务业对财政的贡献显著增强。

（四）服务业发展质量持续提升

现代服务业快速发展，2015 年，软件和信息技术、科技、租赁和商务等投资增速分别达到 68.9%、47.2% 和 33.6%；新的服务业态、服务模式加快涌现，实现软件业务收入 3750 亿元，电子商务交易额 1.6 万亿元，分别增长 21.4% 和 17.6%。建设完成 8 个国家级服务业标准化试点项目，组织制定服务业地方标准

153 项；山东省服务名牌新增 146 个，累计达到 419 个。文化、金融、医疗等重点领域改革稳步推进，济南、青岛两个国家服务业综合改革试点工作取得了明显成效，省级服务业综合改革试点为全省服务业发展提供了宝贵经验。

二、山东省服务业发展的主要经验做法和创新点

近年来，为促进服务业快速健康发展，山东省积极推动服务业发展有关体制机制创新，强化政策措施，加大工作力度，有力推动了服务业加快发展。主要做法和创新点是：

（一）强化规划政策引领

“十二五”以来，山东省先后制定了全省“十二五”服务业发展规划，12 个服务业重点行业发展规划，《省会城市群经济圈现代服务业发展规划》《西部经济隆起带现代服务业发展规划》《长岛休闲度假岛发展规划》等重点区域发展规划，并注重各项规划的实施推进。省政府相继出台了《关于加快服务业发展的若干意见》《山东省服务业发展绩效考核办法》等一系列政策，并制定出台了涉及金融、信息消费、健康养老、职业教育、电子商务、人力资源服务、文化和旅游等行业的配套措施，全省服务业发展规划政策体系不断完善，科学引领了服务业发展。

（二）强化行业分类施策

省委、省政府确定运用“敲开核桃、一业一策”的方式，对 23 个服务业重点行业和领域实施转型升级，为推动全省服务业结构优化发挥了至关重要的作用，为下一步服务业转型发展指明了方向。各市紧密结合自身实际，发挥优势，加强引导，培植发展了一批特色服务业。

（三）强化项目资金支持

“十二五”期间，省级预算内每年安排服务业发展引导资金 1 亿~4 亿元，扶持项目 200 个左右。创新服务业投融资方式，设立了 1.2 亿元的服务业创新发展引导基金，建立了备选项目库，储备项目 246 个。加大服务业招商引资力度，服务业逐步成为山东省吸纳外资的主力军。

（四）强化试点示范带动

一方面，圆满完成国家服务业综合改革试点任务。济南、青岛两个国家服务业综合改革试点工作取得了明显成效，创造了一些务实管用的改革经验。济南市加快建设信息服务、现代物流、金融服务、文化旅游、商务会展五大中心，服务

业增加值占比达到57.2%，位居全省第一；青岛市着力培育金融、现代物流、旅游、科技服务、信息、文化六大产业，服务业对全市经济增长的贡献率超过70%。另一方面，扎实推进11个省级服务业综合改革试点工作。各试点区域拓宽思路，先行先试，积极探索县域服务业转型发展路径，积累了许多可复制推广的典型经验。

（五）强化人才智力支撑

组织实施了“服务业千人培训工程”，累计举办52期各类培训班，培训服务业领导干部、高级管理人才2500余人次。加强创新团队的培育管理，认定现代服务业及社会民生产业创新类领军人才17名，扎实推进25个创新团队项目，对引领服务业转型发展起到了重要的示范作用。

三、山东省服务业发展面临的困难和问题

（一）产业结构不够优化

从三次产业结构看，2015年，山东省服务业增加值占GDP的比重低于全国5.2个百分点。从内部结构看，现代服务业发展相对滞后，传统服务业占比偏高，交通运输仓储和邮政业、批发零售业、住宿餐饮业三大传统服务业占服务业增加值比重达43.6%。从市场主体看，企业规模偏小，没有年营业收入过千亿元的服务业企业。从品牌建设看，服务业品牌核心竞争力不足，缺乏在全国立得住、叫得响的知名品牌。

（二）供需衔接不够匹配

居民对健康、养老、医疗等服务需求旺盛，但服务供给还没有及时跟上，多数行业停留在低端水平，难以适应个性化、多样化的消费升级趋势。例如，山东省旅游资源得天独厚，但是旅游产品仍以观光为主，同质化现象比较突出。

（三）带动效应不够显著

山东省生产性服务业发展相对滞后，研发设计、检验检测、人才培训、决策咨询、风投创投等行业不能适应产业升级需要，对制造业竞争力提升的带动效应有待增强。目前，主要发达国家生产性服务业已占全部服务业的70%左右，而山东省主要生产性服务业增加值仅占服务业的25%左右。

（四）发展活力不够强劲

尽管各级政府出台了鼓励社会力量发展服务业的政策，但缺少配套实施机制，在金融、通信、文化、教育、医疗、养老等行业市场准入门槛仍然较高，外资和

民间资本很难进入。以养老服务业为例，目前全省3127家养老机构，公办养老机构占2/3，民办机构仅有1030家。服务业对外开放水平不够高，外资及港澳台投资的服务业企业法人单位3109家，占比仅为0.8%，低于全国平均水平0.8个百分点。

（五）要素支撑不够有力

服务业人才结构不合理，高层次人才不足，从事商务服务业的人员中本科以上学历的仅占19%，法律服务业中具有博士、硕士和双学士学位的律师仅占总数的11%，注册会计师入选全国领军人才仅占全国的0.38%，难以适应服务业转型升级需要。用水、用电、用地价格明显高于工业，新建社区按10%预留商业和综合服务设施等政策缺乏落实机制，都对服务业加快发展形成了明显制约。

四、未来十年山东省服务业发展的趋势判断、主要目标指标

（一）趋势判断

未来一个时期，山东省服务业发展的机遇和挑战并存。总体上看，服务业将进入一个新的发展阶段。

从有利的方面看，宏观环境有利于服务业的发展。新一轮结构性改革的加速推进，产业升级提速，各种政策红利的叠加释放，新需求快速形成，新供给持续增加，将为服务业发展注入新的生机和活力。山东一批重大基础设施建设列入国家规划，将进一步完善全省服务业发展基础。新型城镇化进程加快进一步拓展服务业发展空间。到2020年，山东省常住和户籍人口城镇化率将分别提高到65%和55%以上，700万~1000万农村人口将转化为城镇人口，将为山东省服务业创造更大的需求和提供强力支撑。城乡居民收入提高将拉动消费需求不断增长。山东省将率先全面建成小康社会，城乡居民可支配收入将年均增长7.5%以上，到2020年全省人均GDP将达1.5万美元。居民收入水平的提升，将促使服务消费、信息消费、绿色消费、时尚消费和品质消费成为消费新热点，进一步促进产业结构转型升级。进一步扩大开放将促进服务业加快发展。“一带一路”建设和人民币国际化的加快推进，将吸引更多欧美等发达国家和地区的国际资本、管理、技术等进入山东省服务业领域；中韩、中澳自贸协定的正式实施，有利于扩大服务业的对外开放，也有利于山东省发挥比较优势，整合优势产业和优势服务业产品走出去。山东省服务业无论是引进来还是走出去，都将迎来一个新的快速发展期。

同时，也要清醒地看到，山东省服务业发展也面临着一些挑战。从国际看，

国际金融危机深层次影响依然存在，国际经贸规则重塑、地缘政治冲突等将使外部环境复杂多变，外需的拉动作用减弱，山东省出口增长将受到影响。从国内看，我国经济发展进入新常态，经济下行压力较大，产能结构性过剩，有效供给不足，市场需求低迷。从山东省看，转型升级任务艰巨，服务业仍是经济发展的“短板”。思想观念落后、体制机制不活、服务业占比低、结构不够优化等问题依然存在，用水、用电、用气、用地等发展要素成本明显高于工业，发展环境依然有待优化。为此，必须保持清醒认识，科学把握战略机遇期的深刻变化，有效地应对各种风险和挑战，加快推动服务业实现跨越发展。

（二）主要目标和指标

山东省服务业发展要全面落实创新、协调、绿色、开放、共享的新发展理念，坚持市场化、产业化、社会化、国际化发展方向，着力优化提升传统服务业、做大做强现代服务业、加快发展新兴服务业，全面推动服务业转型发展。广泛推广应用新技术、新业态、新模式，培育形成服务、信息、绿色、时尚、品质消费五大热点，充分发挥新消费在引领供给侧结构性改革方面的重要作用，加快形成以服务业为主导的现代产业新体系。到 2025 年，全省服务业增加值占地区生产总值比重达到 60% 以上，社会消费品零售总额目标年均增长 10% 左右。

（三）重大改革和重大政策

1. 加大政策扶持。完善税费政策，进一步落实营改增等国家有关服务业税收优惠政策，全面清理服务业领域的各类收费，实现用电、用水、用气价格与工业同价。强化财政投入，各级政府在本级预算内设立服务业发展引导资金，综合运用贷款贴息、投资补助等多种方式，引导社会资金投向服务业。拓宽融资渠道，引导金融机构扩大服务业贷款规模，创新金融产品，支持服务业企业通过上市、发行债券、引进股权投资等多种渠道融资，鼓励产业投资基金、创业投资机构、融资性担保机构等服务业企业提供融资服务，努力扩大服务业招商引资。提供用地支持。结合土地利用总体规划修编，逐步增加服务业发展用地比例，鼓励工业企业利用自有工业用地举办促进企业转型升级的自营生产性服务业。经依法批准，对提高自有工业用地容积率用于自营生产性服务业的工业企业，可按新用途办理相关手续。鼓励各市探索扶持性的供地政策，支持服务业项目建设。强化人才支撑。继续实施“服务业千人培训工程”和泰山产业领军人才工程，深入实施服务业领域专业技术人才知识更新工程，加快引进一批服务业高端紧缺人才，完善人力资源服务体系和留住人才的鼓励政策。

2. 深化改革开放。放宽市场准入。除国家法律、法规有明确规定外，允许各类社会资本平等进入服务业领域。对进入城市供水、供气、供热等市政公用事业领域的社会资本，在设立登记、行政许可等方面，执行与公办机构相同的政策。进一步深化审批制度改革，积极推进审批事项“负面清单”制度，打破所有制限制和行业垄断，为民间投资创造良好环境。深化服务业改革。深化机关、学校后勤服务社会化改革，加快公益类事业单位去行政化和法人治理结构建设试点工作，建立各类事业单位统一登记管理制度。重点抓好济南、青岛国家级和省级服务业综合改革试点，并扩大省级服务业综合改革试点范围。继续深化文化、金融、医疗卫生等重点领域的改革。扩大服务业对外开放。深化服务业交流合作，积极参与“一带一路”建设，有序推进教育、文化、医疗卫生等领域的对外开放；以中韩（烟台）产业园为载体，纵深推进对韩服务业开放；积极引导国际资本投向科技信息、文化创意、商务服务等现代服务业领域，逐步提高服务贸易在对外贸易中的比重，优化服务贸易结构。

3. 提高创新发展水平。突出技术创新。支持服务业领域关键共性技术研发及公共服务平台建设，加快大数据、云计算、移动技术和社交网络在服务业企业的应用，加强研发机构和研发平台建设，推进产学研合作，引进创新型人才和研发团队，通过技术创新形成先发优势。突出商业模式创新。加快新兴信息技术在服务业领域的推广与应用，大力发展电子商务平台、金融支付平台、软件应用平台、云计算应用平台等模式，加快构建以消费者为核心，借助互联网等新兴信息技术，让智力资源和社会资本更加自由流动的众包、众筹、众创等新型商业模式。突出品牌创新。推动服务业企业加强商标注册、运用、管理和保护。从成本竞争优势向标准、品牌竞争优势转变。制定一批省级地方服务业标准和行业服务规范，争取成为全国行业标准；培育一批“山东服务名牌”企业，鼓励服务业争创驰名商标和著名商标，争创服务业名牌。

4. 促进产业融合发展。促进服务业与现代农业深度融合。通过搞好农业生产产前、产中、产后全过程服务，降低农业生产成本，提高农业比较效益。鼓励农业企业和涉农服务机构重点围绕提高科技创新和推广应用能力，开展农作物良种繁育、农业生产动态和环境监控、病虫害防治、测土配方施肥和机耕、机播、机收等服务，健全农业生产资料配送网络和农副产品流通体系，推动农业与科技、旅游、文化、会展等服务业融合，着力发展农业休闲观光旅游和农产品会展，延长农业产业链条。促进服务业与先进制造业深度融合。加快发展总集成总承包，开展试点示范，支持有条件的企业由提供设备向提供系统集成总承包服务转变，由提供产品向提供整体解决方案转变，带动产业链上下游企业协同发展。鼓励有能力的工业企业重点围绕提高研发创新和系统集成能力，将数字技术和智能制造技术广泛应用于产品设计和制造过程，推进面向产业集群和中小企业的公共服务平台建设，整合优化生产服务系统。运用互联网、大数据等信息技术，积极发展定制生产，满足多样化、个性化消费需求。促进服务业内部深度融合。加快服务业内部存量调整和增量优化，以科技信息服务改造提升传统服务业，依托互联网服务平台，促进服务业不同行业间跨界融合发展，发展分享经济，加快发展新兴服务业，培育发展大数据、云计算等新兴服务业。

5. 完善工作机制。加强组织领导。按照国务院建立服务业部际联席会议制度的做法，省、市、县三级建立健全统一的服务业部门联席会议制度，完善服务业重点产业和重点工作协调推进制度，加强各部门的协调配合，共同推进服务业的跨越发展。加强服务业载体建设。进一步完善重点服务业城区、园区、企业和项目四大载体认定和动态管理办法，建立载体建设季度调度分析制度；加大各级财政资金对服务业载体建设扶持力度，鼓励引导金融信贷资金、社会资金更多地投入服务业载体建设；支持各地围绕规模以上企业、重点项目、特色商业街、服务业特色镇等载体建设，结合实际创新服务业载体培育办法。完善服务业统计和绩效考核制度。健全完善全面反映山东省服务业发展水平的统计制度，大力推进服务业全行业统计，完善行业统计和运行监测分析季报制度；完善服务业绩效考核办法，把服务业发展作为考核省政府有关部门和各市工作的重要内容，并逐步扩展到县。确保规划实施。统筹谋划服务业的发展；把服务业规划实施与行业专项规划的编制实施相衔接，适时开展规划评估，全面分析检查规划实施效果，及时进行调整，推动规划全面有效落实。

（执笔人：孙亚平　岳建如　李培清）

重庆市服务业发展思路与主要举措

重庆市发展和改革委员会

一、重庆市服务业发展情况

“十二五”期间，重庆市加快推进服务业发展，尤其是注重培育战略性新兴服务业，以现代服务业引领全市经济结构战略性调整，基本形成现代服务业与先进制造业双轮驱动的发展格局。2015 年，全市服务业实现增加值 7498 亿元，“十二五”年均增长 11.5%，占地区生产总值比重达到 47.7%，比第二产业高 2.7 个百分点。重庆服务业发展主要有以下特点：

一是布局优化集约集聚发展。按照五大功能区域发展战略，重庆市专门出台配套政策优化全市产业布局，以两江新区、中央商务区、传统商业区和新兴大型人口集聚区为重点，推动现代服务业向都市区集聚发展，同时加快城市发展新区服务业发展，强化渝东北生态涵养发展区、渝东南生态保护发展区旅游、文化等服务功能。2015 年都市功能核心区服务业增加值占 GDP 比重达到 82%，中央商务区开发建设初具规模，集聚金融、商贸、商务等现代总部服务企业 350 多家。都市功能拓展区围绕保税区和交通枢纽功能，有序承接都市功能核心区大型批发市场外迁，服务贸易、现代物流加快集聚。渝东北生态涵养发展区、渝东南生态保护发展区大旅游经济崭露头角，2015 年接待游客超过 1.3 亿人次。

二是金融业支柱地位日益显著。2015 年，全市金融业增加值 1410 亿元，“十二五”期间年均增长 13.8%，占地区生产总值的比重达到 9%。全市拥有各类金融机构 1278 家，集聚了小额贷款、融资担保、股权投资、财务公司、汽车金融、消费金融、第三方支付等 13 类创新型金融机构。要素市场体系不断完善，建成要素市场 14 家，交易品种 37 类，2015 年新增交易量 9918 亿元，“十二五”期间累计交易量突破 2 万亿元。重庆农村土地交易所开全国“地票”交易先河。跨境金融加快发展，累计实现跨境电子商务结算金额超 76 亿元、人民币跨境结算金额超5000亿元。

三是现代物流加快发展。重庆地处“一带一路”和长江经济带的连接点上，目前已基本构建起以铁路和水运为骨干、公路为基础的集疏运体系，基本形成“三基地三港区”国家级物流枢纽平台，拥有西部地区最完善的“公铁水空管”多式联运物流体系。2015年实现物流业增加值1060亿元，占GDP比重达到6.8%。港口集装箱吞吐量突破100万标箱，港口货物吞吐量1.55亿吨；货邮吞吐量达到31.8万吨，跨入全国九大、世界70强机场行列。物流周转功能逐步完善，市外货物占重庆港口货物周转量比重达到43%，渝新欧国际货运班列市外货量占比达到40%。国际物流加快发展，2015年国际物流量923万吨，进出口集装箱（重箱）46.5万标箱，渝新欧国际货运班列全年开行256班，货值占国内经阿拉山口出入境中欧班列的80%以上。

四是旅游发展提档升级。重庆市委、市政府高度重视旅游发展，把其作为全市重要支柱产业，尤其是渝东北、渝东南地区经济发展引擎和脱贫攻坚的重要抓手来打造。“十二五”期间，全市围绕建设国际知名旅游目的地目标，着力完善基础设施，强化品牌提升，优化消费环境，旅游主要指标保持较快增长。2015年接待游客3.92亿人次，其中入境游客282万人次，实现旅游总收入2250亿元。引导房地产企业开发旅游休闲地产、大型旅游综合体，旅游投资保持强劲增长，2012年纳入统计的全市旅游业投资为173亿元，2015年则快速突破1000亿元。大力开展旅游形象宣传和国内外重点旅游客源市场营销，精心打造旅游精品，旅游品牌知名度和影响力不断提升。先后荣获“中国温泉之都”和“世界温泉之都”称号，南川金佛山成功入列世界自然遗产。培育打造“巴渝人家”乡村旅游品牌体系。2015年全市乡村旅游接待游客1.27亿人次，休闲农业与乡村旅游带动农村劳动力转移就业近40万人，带动贫困人口脱贫近30万人。

五是新兴服务业迅速成长。依托“三个三合一”的开放平台优势，重庆以服务贸易“5+1”专项为重点，前瞻性布局跨境电子商务、保税商品展示及保税贸易、互联网云计算大数据、跨境结算、服务外包等新兴服务业，努力培育成为服务业发展的新引擎。2015年，全市服务贸易额达到172亿美元，5年增长近4倍，服务外包执行额超过18亿元。目前，重庆已建成跨境电商综合服务平台，在全国首创移动跨境购物新模式；建成保税商品展示交易中心和多个延展平台，引进1.2万余种进口商品，交易额超10亿元；创新保税贸易方式，保税贸易额突破20亿美元，委内加工、融资租赁、非国产货物进境入区维修等业务逐步启动；离岸跨境结算和投资便利化加快推进，实现离岸金融结算 824 亿美元，跨境人民币结算量突破 1983 亿元。此外，随着互联网经济的不断发展，平台经济、电子认证、网络认证、信用服务、商业保理、消费金融等新兴服务业态也不断涌现。

二、重庆推进服务业发展的主要做法

重庆市坚持把发展现代服务业作为引领全市经济结构战略性调整的重要手段，尤其是“十三五”开局以来，重庆市紧紧抓住“一带一路”建设、长江经济带发展及中新（重庆）战略性互联互通示范项目等重大机遇，以供给侧结构性改革为主线，大力推进服务贸易、互联网云计算大数据等战略性新兴服务业发展，努力拓展新产业、新模式，为重庆经济可持续发展持续注入新活力。主要创新做法包括：

一是大力推进服务业开放合作。以中新（重庆）战略性互联互通示范项目启动为契机，着力提升重庆市相关领域国际化服务水平，全面带动其他产业对外开放合作步伐提速。金融方面，中新（重庆）项目跨境人民币创新业务试点启动，重庆企业获批在新加坡直接发行人民币债券。航空物流方面，两江新区与机场集团启动中新航空物流配套项目战略合作，在重庆打造国际航空保税物流经转口岸、空港保税冷链产业基地、生物医药基地、高端饰品产业基地等。信息通信技术方面，渝北区建设中新前沿科技城，启动实施到新加坡的“超级宽带”，加快推进离岸数据中心、中新数据通道等项目建设，打造国际研发公司集聚区。

二是大力培育战略性新兴服务业。以服务贸易五大专项为抓手，大力推进战略性新兴服务业发展，口岸经济效应凸显。跨境电商方面，重庆获批成为全国 12 个设立跨境电子商务综合试验区的城市之一，将进一步强化在技术标准、业务流程、监管模式和信息化建设等方面的模式创新。保税商品展示交易中心新馆开馆，商圈延展平台增建工作提速，保税展示交易形式更趋丰富；同时，江北机场获批成为全国新增设的 19 个口岸进境免税店之一，将有效刺激海外消费回流。互联网云计算、大数据方面，国家级互联网骨干直联点监测系统投入试运行，将在互联互通顶层基础设施监测、大数据分析枢纽等方面发挥重要作用。跨境结算方面，经央行批准开展跨境人民币创新业务试点，以此为契机重庆跨境结算金融服务能力将显著提升，增强对外来投资的吸引力。

三是以“互联网 +”推动服务业创新升级。市政府印发实施《重庆市“互联网 +”行动计划》，本土化“互联网 +”推进措施落地，有助于全面营造互联网产业生态链。同时，一批新型互联网服务企业快速成长。“互联网＋益民服务”“互联网＋高效物流”“互联网＋便捷交通”等创新模式不断涌现，智慧交通示范项目、中小企业云服务平台、“线上＋线下＋实体”移动诊疗平台、互联网学车平台等创新项目不断涌现。

三、制约服务业发展的主要问题

一是政府监管服务跟不上形势发展需要。近年来，随着各种新技术、新手段的应用，尤其是互联网技术加速向服务业领域渗透，各种新兴服务业态孕育而生，在传统服务业领域也发生了很大变化，这对政府的服务能力和监管水平提出了新的更高的要求。目前看来，政府在引导新兴服务业发展方面还未到位，相关的服务和监管能力建设滞后，影响了相关产业规范化发展。主要体现在：新技术、新业态快速发展，但政府的引导作用未有效发挥，往往形成新兴产业牵着政府走的局面。新技术、新业态快速发展，但政府的监管思维还比较陈旧，监管能力建设滞后，一些行业还在沿用老的管理办法，有些领域存在监管漏洞、存在安全隐患。网上销售在一些环节存在监管缺位，食品、卫生等监管措施还未跟上发展的需要。新技术、新业态快速发展，但政府的服务能力和水平比较欠缺。行业标准更新不及时，尤其是对新兴行业缺乏基础性研究，标准、统计、分类还不完善。统计指标体系跟不上，现有指标体系已经不能反映新产业、新业态的发展情况。

二是服务业的有效供给仍然不足。服务业发展与老百姓的需求变化还不适应，部分产业和区域供给过剩，部分产业发展不足、服务水平还较低。比如，随着人民群众生活水平的提高，人们对健康、养老、文化创意等方面的服务需求很大，但目前这些行业总体发展水平还较低，特别是西部地区矛盾更加突出；当前制造业技术进步很快，组织形式也发生了很大变化，效率越来越高，不少企业的研发、采购、物流、营销等环节逐步外包，对生产性服务业提出很大的需求，但目前这些领域专业化的服务型企业还很不足，服务水平不高，难以适应制造业转型升级的需要。

三是政策和发展环境还亟待优化。服务业是我国未来主要的经济增长点，是我国产业转型升级的重要方向。但目前从全国和地方实际来看，还缺乏系统性的服务业支持政策，政策力度不大、效果不佳，服务业改革开放比较滞后，与服务业的地位和重要性不相称，特别是与工业相比，服务业的总体发展环境较差。主要表现在：第一，有些地方政府对服务业的认识还比较片面化，主观上的支持力度不够。服务业“零地价、水电费财政补贴”政策难落地。第二，服务业改革开放滞后，不少中心城市对扩大服务业开放都有极大的需求，尤其是中新（重庆）战略性互联互通项目落地重庆以来，在实际运作中就遇到了很多的政策障碍，亟待进一步放开。第三，服务业相关税费总体还较高，咨询、法律等行业由于缺乏可抵扣项，在水、电、气价格方面服务业与工业不同价、财政补贴少。

四、未来十年重庆市服务业发展趋势及目标考虑

未来十年是重庆服务业大发展大繁荣的重要战略机遇期。一是随着小康社会的全面建成和现代化直辖市建设新征程的开启，以及新型城镇化的持续推进，消费升级将引领服务业不断升级发展。二是随着新一轮科技革命的兴起，新技术的广泛运用将不断催生新的消费业态和商业模式，服务业创新步伐将进一步加快。三是随着“一带一路”建设和长江经济带发展的深入推进，服务业对外开放将进一步扩大，作为“一带一路”和长江经济带的连接点以及中新（重庆）战略性互联互通项目的运营中心，重庆扩大服务业开放将有更大作为。未来十年，重庆服务业发展规模将进一步扩大，发展水平进一步提升，新产业、新模式不断涌现，将培育形成一批在国际国内具有影响力的产业和旗舰企业，国家中心城市服务功能作用得到有效发挥。

预计到 2020 年，全市服务业增加值占地区生产总值的比重达到 50% 左右。金融业增加值占地区生产总值的比重超过 10%；社会消费品零售总额达到 10000 亿元，电子商务交易额突破 18000 亿元，连锁零售额占社会消费品零售总额比重突破 50%；物流业增加值年均增长 11% 左右，占地区生产总值的比重达到全国平均水平，铁路货物运输量占比提高到 10%，航空货邮吞吐量达到 100 万吨，港口集装箱吞吐量达到 300 万标箱，为周边地区集疏运货物占比达到 40% 以上；旅游业成为重要的支柱产业，全市过夜游客达到 1 亿人次；服务贸易进出口总额突破 500 亿美元，离岸服务外包执行额突破 60 亿美元；云计算、大数据等关联产业收入达到 2000 亿元。到 2025 年，全市服务业增加值占地区生产总值的比重达到 60% 左右，金融结算、交易、资金融通、保险保障、金融普惠等功能全面彰显，建成国内重要功能性金融中心；现代商贸服务业体系基本形成，铁路、公路、水运的中转能力显著提升，建成长江上游商贸中心和全国重要物流枢纽；战略性新

兴服务业占服务业的比重超过30%，建成全国重要服务贸易基地。

五、有关建议

一是大力推动服务业改革创新。进一步提高服务业在国民经济中的地位和作用，以制度供给为核心，深化体制机制改革，为服务业发展创造更加规范有序的发展环境，用改革的办法推动服务业创新发展。加快服务业市场化改革，全面清理与服务业发展不相适应的规章制度，加大简政放权力度，加快破除部分服务行业行政垄断和市场壁垒等问题，允许民间资本加快参与金融、文化等产业发展。健全社会信用体系和知识产权保护体系，促进企业创新发展、创建品牌、高效运营。

二是加大服务业政策支持力度。研究制定与服务业发展相匹配的扶持政策，丰富投资和消费渠道。提高产业政策的针对性和可操作性，注意政策之间的匹配和完善。引导新兴服务业健康有序发展，提升新兴服务业对产业转型发展的引领带动作用。加强服务业基础研究，加快建立健全现代服务业统计体系。重视标准化对产业发展的作用，加强服务业尤其是新兴服务业标准的制定、运用和推广。

三是进一步扩大服务业对外开放。我国已经进入全方位对外开放新阶段，进一步扩大服务业对外开放势在必行。加快制定服务业扩大开放清单，进一步放宽外资准入、改革监管模式、优化市场环境，努力形成与国际接轨的服务业扩大开放新格局。扩大服务业开放试点范围，逐步积累在全国可复制可推广的经验，为国家全方位主动开放提供参考。

（执笔人：吕俊　王波）

青岛市服务业发展思路与主要举措

青岛市发展和改革委员会

近年来，青岛市着力推动服务业总量提升、结构优化、布局完善、体制创新，全市以服务业为主的产业结构加快形成，为打造区域性服务中心奠定了坚实基础。

一、“十二五”期间青岛市服务业发展总体情况

（一）发展总量迈上新台阶

2015 年实现服务业增加值 4909.6 亿元，“十二五”期间年均增长 10.1%，高于地区生产总值增速 0.4 个百分点；服务业占地区生产总值比重 2011 年首次超过第二产业，2013 年首次过半，2015 年达到 52.8%，年均提高 1.3 个百分点。服务业对经济增长的贡献率达到 60%。全市服务业固定资产投资年均增长 14.7%，2015 年服务业投资占全市投资的比重达到 48.6%。服务业实现地税收入 516 亿元，5 年年均增长 21.3%，占全部地税收入的 71.5%。服务业吸纳城乡新增就业占全市新增就业的 62.7%。5 年来服务业累计利用内资 3400 亿元、外资 120 亿美元，分别占全市总量的 56.9%、46%。

（二）产业层次实现新提升

现代服务业加快发展，2015 年占服务业比重 52.8%，比 2010 年提高 5.1 个百分点。文化创意、金融、中介服务和旅游业大步跨越，年均增长 16% 以上。科技服务、电子商务和服务贸易主要指标增速均超过 30%。全市税收过亿元楼宇 51 座，各类总部机构 345 家。金融机构总数达到 221 家，法人金融机构 22 家，外资金融机构 34 家，分别是 2010 年的 1.5 倍、2.2 倍和 2 倍。

（三）载体建设取得新进展

“十二五”期间，围绕千万平方米工程、10 亿元以上重点项目加大投资力度，十个千万平方米工程累计完成投资 4884 亿元，金融中心、物流园区工程企业入驻率近 90%。120 余个投资 10 亿元以上服务业大项目加快建设，一批项目建成运营，

累计完成投资 1817 亿元，是“十一五”的 2.9 倍。

（四）综合改革实现新突破

65 项改革试点任务基本完成。“营改增”实施以来累计减税 70.9 亿元。合格境内有限合伙人（QDLP）、合格境外有限合伙人（QFLP）试点出资额达到 190 亿元,实现韩国银行跨境人民币贷款突破。中韩陆海联运甩挂业务占全省九成以上，启运港退税、外国籍干线船舶中转业务试点展开。以青岛为龙头的“一带一路”9 省 10 海关实现通关一体化。开展旅游业改革、内贸流通体制改革、科技金融、文化科技等领域试点先行先试，获批全国首批旅游业改革创新先行区，实施境外旅客 72 小时过境免签政策。

（五）发展环境实现新改善

制定出台了促进服务业发展和加快生产性服务业发展的政策意见，以及工业设计、电子商务、科技服务、人力资源服务等系列政策措施。组织编制物业、旅游、供热、供水、供气等 112 项行业服务标准规范，在全国率先建立具有地方特色的服务标准体系。落实服务业与工业“水电同价”政策，降低 16 项企业经营服务性收费，为企业减负近 3 亿元。启动市服务业股权投资、文化产业投资等产业专项基金，成立市现代服务业联合会，加强行业自律监管。

二、主要经验做法和创新点

（一）规划引导，推动合理布局

先后编制实施了全市服务业发展总体规划和各领域专项规划，重点规划建设西海岸、东海岸、北海岸三大板块，形成了以港口物流和影视文化服务为主的西海岸产业带、以金融商务服务为主的东海岸产业带、以科技信息服务为主的北海岸产业带，三大产业带实现服务业增加值占全市服务业的 70% 以上。

（二）突出优势，发展高端产业

重点结合区域优势和海洋产业资源，加快发展金融、软件信息、商务中介、海洋科技、文化创意、现代物流六个高端产业。近年来，先后制定了促进现代服务业发展的意见和相关产业的发展意见，明确了发展重点和目标、区域布局，出台实施了招商引资、项目建设、改革创新、土地资金扶持政策，促进高端产业快速发展。2015 年，六个高端产业增加值达到 3000 亿元以上，增长 13.5%，高于全市服务业增速 4.1 个百分点。

（三）加大投资，打造产业载体

围绕商贸、旅游、科技孵化、总部经济等十个现代服务业，在全市范围规划建设“十个千万平方米工程”，一个千万平方米工程引领带动一个主导产业，形成一个高端产业板块，打造一个产业品牌，撬动全市高端服务产业加快发展。

（四）深化改革，激发新的活力

深入推进国家服务业综合改革工作，有效推动“开展合格境内、外有限合伙人试点”“境内企业从韩国银行机构借入人民币外债试点”“开展国内贸易流通体制改革发展综合试点”等65项服务业重点改革任务实现突破。围绕财富管理主题，积极创建国家财富管理金融综合改革试验区；以青岛为龙头的“一带一路”9省10海关实现通关一体化；启运港退税、外国籍干线船舶中转业务试点展开，中韩陆海联运甩挂业务迅速增长，本市业务量占全省九成以上。

（五）完善机制，优化发展环境

加快推进工商登记制度改革，放宽服务业市场准入，鼓励企业进行主辅业分离和个体工商户转企，2015年服务业市场主体达到77.27万户，占全市的80.7%。制定出台促进服务业发展若干意见、促进消费扩大内需、鼓励新型业态及商业模式创新、加快生产性服务业发展的意见等综合性政策，实施金融、科技、房地产、影视产业、电子商务、总部经济、中介、会展、体育等专项扶持政策，初步构建起具有青岛特色的生产性服务业政策体系。落实结构性减税政策，降低服务业经营性收费标准，加强服务业资金、土地、人才等要素保障，建立服务业融资担保基金，启动市级服务业股权投资基金、文化产业投资基金等产业专项基金，吸引社会资本投向新兴服务业企业。成立青岛市现代服务业联合会，编制完成并发布实施了112项服务业标准规范，涉及物流、养老、旅游、物业管理、房屋中介、商务服务、居民服务等行业，初步构建起具有青岛特色的服务业标准规范体系，引导企业借助标准规范提高服务质量，鼓励广大消费者理性消费、合理维权。鼓励支持服务领域行业协会发展，稳步提升行业自律监管水平。

三、服务业发展存在的困难和问题

“十二五”发展取得了较好的成绩，但与同类城市相比，青岛市服务业发展存在一些明显短板和不足。具体表现为：

（一）动力不足，对经济发展带动偏弱

近年来，青岛市服务业增速呈回落态势，由2010年的14.4%下降至2014年的7.9%，服务业增加值占全省比重由2008年的18.8%下降至2015年的17.2%。

（二）层次不高，发展质量粗放低效

从内部结构看，交通运输仓储和邮政、批发零售、住宿餐饮三大传统服务业占服务业比重42.3%，科技服务（2.8%）、中介服务（7.8%）、金融业（11.7%）等高端服务业比重偏低。生产性服务业占服务业比重52.1%，与发达国家70%的水平差距更大。生活性服务业有效供给不足、品质化精细化不高、消费环境有待改善等问题突出。从投资结构看，2015年服务业投资占全市投资的48.9%，较2010年下降7.7个百分点，近70%的服务业投资集中在房地产（47.4%）、交通运输（11%）、公共服务（8.9%）三个行业，金融、科技、信息、租赁和商务服务等新兴行业投资仅占10%。

（三）创新不够，难以形成有效竞争力

以第三方支付结算、移动支付、股权众筹为代表的互联网金融发展不够快，青岛市股权创投企业仅300多家，远低于深圳的8800家。信息软件产业增加值仅占服务业的3.8%。交通运输业中传统物流企业居多，第三方物流和供应链管理等现代物流企业较少。传统商贸业仍占主导地位，连锁经营企业在社会消费品零售总额中的比重仅30%。旅游业缺乏优质产品，商务旅游、度假旅游、养生旅游、研学旅游较少。

（四）机制不活，发展环境亟待优化

部分服务业领域仍存在准入限制，竞争开放和诚信经营的制度环境还不够完善。如，在电商领域，电子口岸建设滞后，尚未建立涵盖经营主体和电商进出口全流程的综合管理系统和服务平台。在融资租赁行业，征税标准过于严格、抵押登记实现难、资质许可获取难等问题突出。此外，企业反映房租、税费、用工、融资等成本费用普遍偏高。

四、青岛市服务业发展方向和重点任务

青岛市将围绕建设国内重要的区域性服务经济中心发展目标，着力推动生产性服务业向专业化和价值链高端延伸、生活性服务业向高品质转变，不断强化金融贸易、运筹决策、门户枢纽、创新创意和时尚消费五大功能，大力发展分享经济、

平台经济、总部经济、休闲经济，推动产融结合和产业跨界融合，促进服务业发展迈向高端。

（一）主要发展目标

“十三五”时期，完善以服务业为主体的动力机制转换和产业体系重构，切实将产业发展转到以现代服务业和先进制造业为双引擎的轨道上来，建成以服务业为主的产业体系，生产性服务功能明显增强，生活性服务质量明显提升，公共性服务水平明显改善。“十三五”时期，服务业增加值年均增速 7.8% 左右，占生产总值比重达到 57%，“青岛服务”品牌基本树立，初步建成国内重要的区域性服务中心。

到 2025 年，致力于快速提升服务业国际化水平，全面释放结构调整和改革创新能量，服务业增加值占全市生产总值的比重提升到 65% 以上。服务业高度发达，体制机制完善，空间布局合理，产业结构优化，将青岛建成在国际有影响力和竞争力的服务中心，成为全球服务网络的重要节点，力争某些领域在国际上占有一席之地。

（二）提升生产性服务业专业化水平

将生产性服务业作为促进产业结构转型升级的重要力量，大力发展金融、现代物流、科技信息服务、高端商务以及会展业。深化网络信息技术集成应用，以新技术驱动发展模式和业态不断创新，推动生产性服务业向专业化、高端化迈进，快速抢占全球产业竞合高点。

金融。顺应资产证券化、金融网络化、产业金融化发展趋势，加快财富管理金融综合改革试验区建设，突出发展财富金融、产业金融、互联网金融、跨境金融新业态，设立民营银行、保险公司、期货公司、证券公司，培育区域性股权、财富管理产品等一批金融交易市场和支付结算、业务运营、资产管理中心，发布财富管理指数。

现代物流。顺应制造智能化、消费个性化新趋势，依托移动互联网、物联网、车联网等新技术，加快建设东北亚国际物流中心和丝绸之路国际物流枢纽，规划推进董家口港区、胶东空港等五大物流园区和辛安、娄山等六大物流中心，突出发展“供应链 +”、牵头物流、众包物流、共享物流、电商物流、第四方物流、航运交易等新业态，争创国家级物流示范园区、多式联运示范工程、物流创新发展试点城市。

科技服务。推进科技服务向整个“创新链”拓展，建设海洋科技创新，建设海洋生物医药、高速列车等十大创新中心，打造十大科技服务平台，完善公共研发、创业孵化、技术转移、知识产权等九大服务体系，突出发展研发外包、第三代孵化服务、科技博客、知识产权布局与运营、检验检测等新业态，扶持100家科技服务骨干机构，建设全国科技服务业创新发展示范区和崂山国家知识产权服务业集聚发展试验区。

信息服务。抓住新一代信息技术在推动经济社会发展中的制高点作用，促进产业信息化，建设国家通信产业园、青岛软件科技城、光谷软件园，突破云计算、大数据、虚拟现实等新一代信息技术，突出发展移动互联服务、数据处理和运营、信息技术咨询、数字内容服务、信息安全、VR内容等高端业态，打造大数据和云计算、软件研发和交易等服务中心。

高端商务。构建与国际接轨的高端商务服务体系，以市南区、市北区、崂山区、城阳区等区域为核心，发展战略规划、营销策划、广告、咨询、评估、法律、会计、税务等商务中介服务，做大青岛国际商品交易所等20家专业中介平台，打造新兴的国际商事仲裁中心。

总部经济。加快引进培育知名总部企业，做大做强现有企业总部，设立企业总部俱乐部，举办总部论坛，打造总部基地城市。

会展。推进展、会、节、事一体化发展，促进会展与旅游、商贸、商务、制造等产业的深度融合，推广“互联网+”会展新模式，创建高端会展交易平台，提升青岛国际会展中心、青岛新南国际博览中心功能，建设中铁世界博览城、红岛国际会展中心，打造蓝色经济、财富管理、高端消费、新兴产业、“一带一路”国际合作等主题展会，争取申办亚运会、达沃斯、《财富》全球论坛等国际顶级展会和赛事，成为国际协会联盟（UIA）和国际大会及会议协会（ICCA）会员，打造国际重大会展集聚地、国际组织活动主办地。

（三）提升生活性服务业品质化水平

顺应城镇化快速推进和城乡居民消费结构升级趋势，重点发展现代商贸、现代旅游、文化创意、教育、健康服务以及体育等产业，围绕培育新兴消费热点和促进民生改善，推进生活性服务业精细化、品质化发展，满足居民日趋个性化的消费需求，提升消费对经济的拉动作用。

现代商贸。以环境高端化、服务高端化、商品高端化为方向，构建现代商贸流通服务体系，发展时尚消费、休闲消费，推广直销、特许经营、连锁经营、品牌专营、免税店等新型商业模式，引进索斯比、苏富比等国际顶级拍卖公司，建设国际商品采购中心、分销中心和大宗商品交易中心。推进跨境电商综合试验区先行先试，完善六大体系和建设线上“单一窗口”和线下“综合园区”平台，构建完整的跨境电子商务产业链和生态链。加强传统产业与相关产业、电子商务等新型产业的融合发展，促进商品消费、旅游消费、文化消费等综合消费模式，打造东北亚国际贸易中心。

现代旅游。把握大众旅游时代的多样化、多层次消费新需求，构建与国际接轨的旅游服务体系，塑造“红瓦绿树·碧海蓝天——追梦青岛”旅游主题形象，打造国内游客赴韩旅游集散中心和国际化旅游目的地城市。围绕消费升级，加快培育邮轮旅游、游艇旅游、房车旅游、通用航空旅游、在线旅游新业态，举办青岛国际邮轮峰会，打造国内游客乘坐邮轮出境游。围绕“商、养、学、闲、情、奇”旅游新六要素，发展商务旅游、会展旅游、健康旅游、养生旅游、研学旅游。实施“旅游+”，促进与农业、工业、文化等产业的融合发展。

文化创意。顺应文化产业高速增长和跨界融合新趋势，发展特色传统文化艺术，推动文化创意与科技创新的深度融合，建设文化要素交易市场，推动文化服务产品制作、传播、消费的数字化、网络化，重点发展高端影视、创意设计、网络游戏、动漫制作、数字传媒等新业态。推进“电影+泛娱乐”，依托东方影都、青岛（国家）电影交易中心等重大载体，发展影视创作、拍摄、制作、出版与交易、影视主体公园旅游，举办青岛国际电影节、亚太地区“5+2”电影论坛，打造“影视之都”“音乐之岛”。

教育。规模化引进高端、国际、特色优质教育资源，鼓励发展高水平、多元化技能教育和再教育，培育20家品牌教育培训机构，打造新兴的职业教育领军城市。

健康养老。建立覆盖全生命周期、内涵丰富、结构合理的健康服务业体系，推动健康需求从传统、单一的医疗治疗型向疾病预防型、保健型和健康促进型转变，深化医疗体制改革，放宽市场准入，引进国内外高端医疗资源，突出发展高端医疗、健康管理、智慧医疗、基因检测、养生保健等高端业态。推广医养结合特色养老服务，规划建设崂山湾国际生态健康城、灵山湾国际健康文化生态谷、红岛健康技术研发与制造示范园，构建辐射半岛的健康服务综合信息网，打造国际健康养老休闲城市。

体育。支持发展健身休闲、赛事表演、体育培训，举办世界杯帆船赛、世界柔道大奖赛（中国站）等国际赛事，规划建设崂山山地户外运动区等一批体育产业集聚区，打造国际休闲体育和海上运动知名城市。

（四）实施五大专项行动

一是“互联网 +”业态模式创新行动。大力推进基于大数据、云计算、移动互联网的服务产品创新、业态创新、商业模式创新。推动产业跨界融合发展，突破电子商务、智慧物流、互联网金融、网络文化、大数据等新型产业，推动满足消费高端化、绿色化、个性化需求的服务业业态创新。

二是特色产业集聚行动。统筹发展胶州湾东岸总部金融服务业发展带、西岸航运物流服务业发展带、北岸科技信息服务业发展带，突出发展胶州物流、即墨商贸 2 个特色服务业集聚板块。

三是“标准化 +”服务质量提升行动。以标准化促进服务业转型升级、服务质量提升，打造具有国际水平的青岛服务标准，叫响“青岛服务”品牌。深入实施已发布的 112 项生活性服务业和公共服务业标准规范，在供水、供热、供气等领域开展国家服务业标准试点。建立市级服务业标准化推进机制，发挥服务业联合会和行业协会作用，引入市民监督、消费者满意测评、第三方评估机制，广泛推行企业服务标准自我声明公开、服务承诺、服务公约等制度，并将企业诚信经营状况接入社会信用平台，探索建立以信用为核心的新型监管机制。

四是大众创业市场主体培育行动。实施服务业“万千百十”市场主体工程，通过做大做强、引资新建、主辅分离、大众创业等综合措施，壮大服务业发展群体。深化商事制度改革，开展“一址多照”、集群注册等企业住所登记制度改革和企业简易注销试点，鼓励众创、众包、众扶、众筹，培育服务业新生力量。

五是市场化法治化环境优化行动。实施服务业负面清单制度，清理规范中介服务。落实企业投资项目备案制和全社会投资项目统一代码制度，开展降本增效专项行动，实施涉企收费目录清单制度，建立常态化收费公示制度。支持优势服务企业上市融资和发行债券，做大服务业股权投资基金。完善政府采购服务机制，扩大采购服务产品范围。加强知识产权保护和社会信用体系建设，强化行业协会自律。

（执笔人：贺学勇　刘豪　卢佳超）

宁波市服务业发展思路与主要举措

宁波市发展和改革委员会

自 2010 年宁波市正式获批为全国服务业综合改革试点城市以来，宁波依托国际强港优势、综合开放优势、民营经济优势和传统制造优势，服务业发展步伐不断加快，服务业增加值比重持续提高、产业结构继续优化，形成多点开花的良性发展格局，对推动全市经济平稳快速发展发挥了重要支撑作用。特别是，经济发展新常态下，宁波市服务业发展呈现业态创新持续加速、平台支撑不断强化、政府配套改革日益深化等发展特征，成为全国服务业发展中的一大亮点。

一、发展现状

通过持续加大政策创新、加强平台支撑、加快环境优化，近年来宁波服务业创新发展态势愈发显著，港航物流、国际贸易等传统优势服务业向高端延伸，电子商务、科技咨询等新兴服务业加快发展，形成服务经济多轮驱动的发展格局。

（一）精准发力，经济贡献持续增强

通过精准施策、多措并举，近年来宁波市服务业总体规模不断扩大，2016 年全市服务业增加值达到 3996.8 亿元，占全市地区生产总值比重达 46.8%，比 2010 年提高 6.6 个百分点，年均提高 1 个百分点以上；完成服务业投资 3445.8 亿元，比 2010 年增长 132%，增速高于同期全社会固定资产投资增速；实现社会消费品零售总额 3667.6 亿元，比 2010 年增长 115%。服务业快速发展，对国民经济的贡献持续增强，一、二、三产业协调发展的格局进一步确立。

（二）立足优势，传统新兴均衡发展

港航物流业快速发展，2016 年物流业增加值达 950 亿元，占地区生产总值比重达 11%。宁波舟山港集装箱吞吐量从 1300 万箱增加到 2156 万箱，全球排名由第六位上升到第四位。国际贸易提质增效，2016 年全市外贸出口总额达到 4359.4 亿元，位列全国第八，跨境电子商务进出口总额位居全国前茅。金融业发展跃上新台阶，2016年末金融机构本、外币存贷款余额分别达到1.70万亿元和1.66万亿元，年均增长10%以上，金融业增加值占全市生产总值比重达到6.3%。

（三）平台先行，支撑功能日益增强

梅山保税港区、杭州湾新区、东部新城、南部商务区、宁南贸易物流区、宁波电商城等服务业重点集聚区建设成效显著。宁波国际金融服务中心、国际航运服务中心、国际贸易展览中心等初具规模。甬商所、航交所、甬易第三方支付、跨境购等功能性平台建设进展顺利。梅山海洋金融小镇、鄞州四明金融小镇等成功获批省级特色小镇。航交所“海上丝路指数”列入国家“一带一路”三年滚动计划，“海上丝路指数”之宁波出口集装箱运价指数在波罗的海交易所官方网站正式发布。

（四）改革领跑，发展环境明显改善

深入推进“服务业综合改革试点”“新型城镇化综合试点”“电子商务示范”等国家改革试点，加快推进金融生态示范区和保险创新综合示范区建设，服务业发展重点领域关键环节体制机制改革成效显著。相继制定出台了《关于进一步加快发展服务业的若干政策意见》等政策性文件，设立了电子商务、休闲旅游、文化产业等专项资金和产业基金，服务业发展政策扶持机制进一步健全。

二、主要经验

宁波服务业发展，既得益于全国宏观发展环境，也受益于自身不断创新改革，在若干重点领域，持续加大投入力度和改革强度，形成了一些工作经验。

（一）坚持全市统筹，强化服务业发展协同性

宁波市高度重视服务业发展，相继采取了一系列重要创新举措：一是明确了现代服务业和先进制造业“双轮驱动”发展战略，把现代服务业发展置于更加重要的位置。二是成立服务业发展和改革领导小组，统筹全市服务业发展和改革工作。三是将服务业工作情况列入与各县（市）区政府及市级有关部门年度目标管理考核，明确工作任务，强化责任落实。四是专门设立每年2.2亿元的市级服务业发展引导资金，支持总部经济、物流业、大宗商品交易、中介服务业、服务业品牌建设、服务业产业基地和开展国家服务业综合改革试点等。

（二）坚持创新驱动，提升服务业发展内生动力

一是贴近中心任务推进改革创新，在大宗商品交易所、航运交易所、国际电子商务产业、总部经济、生产性服务业集聚平台、海洋经济发展等领域开展服务业改革试点。二是积极发挥基层积极性，自下而上推进改革创新，推进“两权一房一票”金融产品创新、工业用地“退二进三”发展服务业、家电第三方生产性服务平台建设、融资租赁创新、民营资本投资文化产业改革、“81890”生活性服务业平台建设等改革创新。三是积极争取国家和省有关部门支持，自上而下推进改革创新，推进国家进口贸易促进示范区建设、跨境购电子商务创新、保险创新综合示范区建设、“双重甩挂运输模式”、口岸大通关改革等国家有关部门的试点等。

（三）坚持重点突破，深化关键领域改革

精准发力港航物流、现代商贸、特色金融三大重点领域，以点带面实现服务业发展的突破：一是港航物流领域。宁波—舟山港一体化建设取得重大突破，海铁联运合作机制不断创新，大力推行“分类通关”改革，建设口岸信用信息共享平台，开展了双重甩挂运输、集装箱联盟等试点，大力推进智慧物流应用平台建设。二是现代商贸领域。建立起物流、金融和信息“三位一体”的大宗商品交易体系，积极探索第三方公共服务平台，积极开展包括宁波进口贸易促进创新示范区、离岸服务贸易、国际贸易“单一窗口”、关检合作“三个一”试点等内容的全方位贸易便利化改革试点，深入开展国家电子商务示范城市试点。三是特色金融领域。率先启动保险创新综合示范区建设，东海航运保险股份有限公司正式获批。金融产品和金融业务创新取得进一步进展，正式获批全国移动金融试点城市、全国普惠金融综合示范区。

（四）坚持统计先行，创新服务业统计方法

出台限额以上服务业单位统计业务规范。按照《统计法》和服务业统计报表制度有关规定，结合统计单位实际情况，制定出台限额以上服务业单位统计业务规范。出台宁波市季度 GDP 核算方案，明确服务业统计调查数据与服务业增加值核算数据的过渡和衔接办法。同时，根据服务业重点产业的统计分类标准、指标体系和调查方法，从服务业产业发展的角度开展统计监测，更加充分地反映服务业的发展状况。同时，在全国率先开展了物流业统计工作。统计制度的创新，是准确反映宁波市服务业发展状况和正确指导工作方向的重要保障。

三、存在问题

尽管我市服务业发展整体向好，但与全国同类城市相比，还存在一些需要下大力气解决的突出问题：

（一）比重仍偏低

从总体比重看，服务业增加值占比与城市能级尚不匹配，均低于国家和全省4.8个百分点，与上海、杭州等城市差距较大。从行业比重看，位于价值链高端、对产业发展起引领作用的信息服务业和科技服务占比较低，位于服务业产业链末端、受制造业影响较大的批发零售业、交通运输业、仓储和邮政业等占比较大。

（二）支撑仍偏弱

对发展服务业的认识尚未提升到战略高度，管理方法难以适应服务业新业态发展要求。要素支撑待强化，服务业多为“轻资产”“融合型”行业，企业融资难度大、行业人才短缺、产业用地难保障已成症结。平台支撑待提升，对服务业平台载体发展缺乏总体统筹谋划，重大功能性平台尚在培育之中。

（三）竞争力仍待提升

总的来看，能够直接参与国际竞争的引领型服务行业培育不足。尽管在同类城市中，宁波市拥有相当体量的经济总量，但是中心城区高端服务经济集聚程度不高、辐射带动能力不强。尽管宁波拥有集装箱运量世界第四的国际强港，但高端航运服务业发展较为缓慢，航运保险、航运金融、航运信息等重点领域未能形成规模效应。这些都需要通过强化龙头企业培育、重点载体搭建和领军人才引进等，多措并举实现突破，增强高端核心服务产业发展内生动力。

四、下一步政策举措

未来一个时期，宁波市将继续放大传统优势、培育新兴优势，着力推动传统服务业提质、加快高端服务业发展、推进新兴服务业培育，使宁波市服务业结构更优化、层次更高级、特色更鲜明，建设具有国际影响力的特色服务经济中心。

（一）推动重点行业向高端延伸

1. 做强做大优势生产性服务业。加快发展港航物流、国际贸易、金融服务、商务服务四大传统优势生产性服务业。进一步发挥港口优势和开放优势，加快建设多式联运国际枢纽港，发展港航物流产业集群，形成更具国际影响力的港口经济圈和港航物流服务中心。发挥贸易企业群体优势，围绕国际经贸交流合作中心建设，加快推动国际贸易转型升级，提升投资贸易便利化水平。发挥区域中心城市优势和民营经济发达优势，以深入推进金融生态示范区和保险创新综合示范区建设为主抓手，加快培育具有国际竞争力的龙头型金融企业，打造区域性金融中心。挖掘商业服务空间，坚持专精特优发展方向，形成具有国际竞争力的综合性商务中介企业集群，打造区域性商业中心城市。

2. 加快发展新兴生产性服务业。加快发展信息服务、电子商务、科技服务、文化创意、节能环保服务五大新兴生产性服务业，优化服务业内部结构。以建设信息强市为目标，深入推进“互联网 +”计划，大力发展智能家电、汽车电子等应用终端软件，大力培育大数据、云计算服务业，推动信息数据多元应用。以成功获批国家跨境电商综合试验区为契机，大力推进电子商务强市建设，加快发展行业电商、生活电商、跨境电商等多业态，促进电子商务与传统制造业融合发展。以完善科技服务体系、增强科技服务能力为主方向，大力推进科技服务业发展，围绕科技成果转化、产学研用融合发展，加快发展科技中介服务行业，建设科技交易市场和专业平台。以原创性为导向，提升发展文化创意产业，加快培育一支具有创造力的文化创意人才队伍，搭建文化创意交流平台。以产业需求、消费需求、生态需求为导向，推进集评估咨询、检测设计、运营管理于一体的节能环保服务业，推动节能环保服务企业做大做强，建设节能环保服务市场。

3. 做优做精生活性服务业。加快发展现代商贸、房地产服务、休闲旅游、健康养老和家庭服务业等基础性生活服务业，推动传统生活服务业提质增效。坚持线上线下有机融合、实体虚拟有效支撑两大原则，构建具有差异化、特色化和便利化商贸服务体系，推动传统商贸企业转型升级，大力支持商贸流通企业整合做大。坚持推进住房市场供给侧结构性改革，优化住房市场供需结构，建立起以政府保障基本需求、以市场满足多元需求的住房供应体系，积极发展住房租赁市场，完善房地产市场调控手段。以提升旅游产品供给能力为方向，全力建设国内一流的休闲旅游目的地，整合优势旅游资源，打响“相约宁波”品牌，加快推进核心旅游区块建设。以适应人口老龄化和健康消费升级为要求，大力发展健康养老服务业，推动建立覆盖全生命周期的健康服务产业体系，整合部门健康信息资源，建立全方位的健康监测服务系统，深化医疗卫生体制改革，增强健康养老卫生服务供给能力。

（二）推动重大载体建设取得突破

1. 打造若干重点服务业集聚区。以现有 11 家省级现代服务业集聚示范区和 25 家市级现代服务业产业基地为基础，按照专业化、高端化、特色化的要求，促进全市服务业产业基地向现代服务业集聚区转型提升。坚持优化布局、有所侧重，基本建成的集聚区要在深化产业定位的基础上，以拓展提升功能、放大集聚效应为主，提高特定优势产业的集聚程度；部分建成的集聚区在加快建设推进的基础上，注重配套功能的完善和市场品牌的塑造，加快形成服务企业集聚区和创新区；尚未建成及新增集聚区围绕区域功能定位，明确发展方向，采取有针对性的措施，突破瓶颈，加快空间载体建设。坚持以企业共性需求为导向，合理配置商务商业、文化休闲、会展餐饮、酒店住宿等功能，提升综合服务功能，加强公用事业基础设施建设，优化区域整体商务环境。

2. 加快建设服务经济特色小镇。在积极培育和建设服务业强县的同时，加快培育服务业特色小镇。加快推进梅山海洋金融小镇等现有省级特色小镇建设，聚焦节能环保、金融、信息经济、旅游、健康、时尚等优势产业和新兴产业，兼顾彰显传统工艺、特色食品、民俗文化等经典产业，促进产业、城镇、人文、社区“四位一体”和生产、生活、生态融合发展。

3. 做强服务经济楼宇。加快新建楼宇的企业集聚，明确各商务楼宇的发展定位与功能，注重商务区各商务楼宇的产业关联，优化商务区商务楼宇产业生态。加快老旧商务楼宇改造，提升楼宇设施水平，强化楼宇物业管理功能，完善楼宇配套服务。聚焦总部型、品牌型项目，重点支持新业态、大体量、高效益的重点特色楼宇。

（三）推动重大支撑体系更加健全

1. 强化公共基础设施支撑。完善信息基础设施，深化光网宁波、无线宁波、感知宁波建设，优化 4G 网络布局，城市宽带接入能力、移动宽带普及率、城乡家庭宽带接入能力、免费 Wi-Fi 覆盖率达到国际一流水平，统一全市智慧基础设施规划布局。完善交通基础设施，加快推进国际一流现代化枢纽港、栎社国际机场三期扩建工程以及跨市的重大铁路、公路和江海河流航道等交通设施建设，加快轨道交通、快速路网、跨江通道及城市主次干道建设，构筑以宁波为中心的“一小时”都市区交通圈。完善公共服务设施建设，加快建设文化馆、图书馆、博物馆等公共文化设施，推进市县健康信息平台建设，加快奥体中心建设，完善各类全民健身活动中心、健身广场、健身绿道等社会健身设施。

2. 强化多层次人才队伍支撑。加大对服务业人才的培养力度，对部分急需紧缺人才培养实行政府采购。鼓励各服务业行业积极组建和完善行业协会，制定本行业的人才发展规划，组织行业内大型人才引进、培训教育活动。优化服务业人才发展环境，加快服务业人才创新创业的体制机制创新和载体平台建设，给予现代服务业人才宽松的创新创业空间，形成一支素质高、创新强、活力足的现代服务业人才队伍。有效发挥企业的主体作用，引导鼓励大量中小型服务企业改善企业核心人才的各项待遇，突出个人价值在企业内能够得到体现、个人事业在企业内能够得到有利发展这两个因素对企业核心人才、紧缺人才的吸引力和凝聚力。

3. 强化信用体系支撑。加快推进政务、商务、社会等重点领域诚信建设，加快推进信用信息系统建设和应用，健全社会成员信用记录，加快推进信用信息系统建设，完善信用信息的记录、整合和应用。完善以奖惩制度为重点的社会信用体系运行机制，建立多部门信用联合奖惩机制，通过信用信息交换共享，实现多部门信用奖惩联动，使守信者处处受益、失信者寸步难行。完善信用法律法规体系，推进信用立法工作，使信用信息征集、查询、应用、互联互通、信用信息安全和主体权益保护等有法可依。培育和规范信用服务市场，逐步建立公共信用服务机构和社会信用服务机构互为补充、信用信息基础服务和增值服务相辅相成的多层次、全方位的信用服务组织体系。

（执笔人：杨兵杰　俞航东　姜娈）

广州市服务业发展思路与主要举措

广州市发展和改革委员会

一、“十二五”时期广州市服务业发展总体情况和主要特点

“十二五”以来，广州市围绕建设国家中心城市总目标，深入开展国家服务业综合改革试点，加快发展现代服务业和新业态，全力以赴调结构、促改革、谋创新，顺利完成了“十二五”服务业规划目标和任务，并为“十三五”发展奠定了坚实基础。

一是产业规模不断扩大。“十二五”期间，广州服务业保持了平稳较快发展势头，服务业增加值从2010年的6557.5亿元增加到2015年的12 086.1亿元，年均增长10.9%，高于全市生产总值增幅0.8个百分点。到2015年，服务业增加值占GDP比重上升到66.8%，仅次于北京、上海居全国城市第三位，人均服务产品占有量达9.2万元，仅次于深圳居全国主要城市第二位，服务业对经济增长的贡献率由2010年的61.5%增加到2015年的70.6%，上升了近9个百分点，为稳定和支撑全市经济发展大局做出了重要贡献。

二是内部结构持续优化。2015年，现代服务业增加值占服务业比重达63.5%，比2010年提高了5个百分点，已形成商贸会展、金融、物流、旅游、商务与科技等5个超千亿级产业集群。其中，金融业占服务业增加值比重达13.5%，上升为仅次于批发零售业的第二大支柱产业；信息服务业增加值增长12.4%，增速创“十二五”时期新高。新业态、新模式不断涌现，电子商务、健康服务、融资租赁、检验检测、互联网金融等加速壮大。其中，限额以上网上零售额年均增长超过60%，2015年全市电商企业总数2000多家，电子商务交易总额达1.5万亿元。

三是主体能级稳步提升。截至2015年底，广州市服务业法人单位数38.4万家，比2010年增长3倍，纳税户数（地税口径）88.5万家，市场主体质量稳步提高。总部企业实力进一步壮大，2015年全市认定总部企业320家，其中，拥有世界500强企业2家，世界500强在广州投资设立的区域型或职能型总部22家，中

国企业 500 强 18 家，中国服务业企业 500 强 36 家。

四是产业载体提质升级。中心城区形成天河 CBD、琶洲会展总部经济区等六大现代服务业功能区，外围郊区依托大型交通枢纽和国家级开发区，加速形成海港、空港、广州开发区三大生产性服务业基地和若干特色服务功能组团。同时，一大批产业集聚区稳步成长，集聚效应日益凸显，至 2015 年，全市获批省级现代服务业集聚区 21 个，其中，营业收入超万亿的 1 个、千亿级 1 个、百亿级 4 个。

五是改革开放取得突破。国家服务业综合改革试点、国家旅游综合改革试点城市工作稳步推进，“营改增”在物流业和部分现代服务业率先推行。完成新一轮政府机构改革，行政审批制度和商事登记制度改革深入推进，逐步推行国际贸易“单一窗口”和口岸管理“三互”机制，探索企业投资“三单”管理，企业交易成本进一步降低。南沙区获批设立中国（广东）自由贸易实验区，改革开放引擎效应和溢出效应不断显现。2015 年，广州市服务业实际利用外资占全市利用外资总额比重达 77.8%，比 2010 年提高了 24.2 个百分点；服务贸易和外包高速发展，年均增速均达 20% 以上，规模连续五年居华南地区首位；跨境电商进出口 67.5 亿元，居全国第一。

六是发展贡献稳步上升。从财税贡献看，2015 年，广州市服务业实现地税收入 1171.9 亿元（全口径），占全市地税总额的比重达到 80%，房地产业、金融业、租赁与商务服务业成为地税贡献的前三位，三大行业合计占服务业地税收入总额近 70%。从就业效应看，2014 年全市服务业从业人员达 437.8 万人，占全社会从业人员总数比重达 55.7%，比 2010 年上升了近 5 个百分点，服务业进一步成为新增就业的主渠道。随着服务业比较优势上升及其经济社会效益不断增大，社会投资进一步向服务业倾斜。2015 年，服务业在全社会固定资产投资中所占比重达 85%，创历史新高。

二、广州市推进服务业发展的主要经验做法和创新点

（一）遵循产业演进规律，明确现代服务业的主攻方向

广州市委、市政府高度重视服务业的发展工作，围绕战略主攻方向和发展目标，陆续出台了一系列政策措施，制定工作计划，明确责任分工，加强统筹协调，扎实推进各项工作。

（二）坚持功能引领，不断优化产业空间布局

近年来广州市按照集聚、集约、集群发展的原则和政府引导、市场运作的工

作思路，推动建设了一批既体现城市战略地位，又凸显区域特色的产业发展平台，逐步形成中心城区天河中央商务区、琶洲会展总部经济区等六大现代服务业功能区，外围郊区依托国家级开发区和大型交通枢纽，加速形成南沙、增城、广州开发区三大生产性服务业基地和若干枢纽型服务业功能区。同时，一大批产业载体提质发展，商务区、文旅区、物流园、创意园等异彩纷呈，集聚效应逐步显现。平台经济效应凸现，广东国际商品交易中心、广州版权保护中心正式落户，广州商品清算中心、广州钻石交易中心获批设立。目前广州市正在利用空港、海港双枢纽叠加优势，重点打造国际航运枢纽、国际航空枢纽和国际创新枢纽，优化提升“一江两岸三带”，大力建设国际航运中心、国际物流中心、国际贸易中心、现代金融服务体系和国家创新中心城市。

（三）狠抓改革攻坚，推动服务业开放创新发展

2010 年以来，广州市以实施服务业综合改革试点为契机，大胆先行先试，着力推动产业创新、技术创新、服务创新和管理创新，促进服务业大发展。市场化、法治化、国际化营商环境进一步改善，投资贸易便利化大力推进，对内资企业投资项目实施负面清单管理，对外商投资企业实施负面清单和备案管理，放宽市场准入，鼓励社会资本以多种方式进入服务业领域。健全了“一口受理”平台、国际贸易“单一窗口”，完善“三互”口岸大通关体系。统筹整合海港、空港、物流、航运资源，全力建设国际航运枢纽港，推动航运服务集聚，促进航运金融保险、航运租赁等创新发展。深入推进粤港澳服务贸易自由化、金融领域改革创新，率先探索建立与国际接轨的投资贸易制度框架和规则体系。以服务业领域开放，带动电子商务、跨境电子商务、融资租赁等服务业新业态发展。

（四）内外并重招商引资，为推动服务业发展注入新动力

长期以来，广州市高度重视服务业招商引资工作，引进了一大批产业关联度高、带动能力强的重大项目。随着“一带一路”建设推进，广州市企业走出去步伐将进一步加快。

三、广州市服务业发展面临的困难和问题

（一）生产性服务业发展相对滞后

近年来，广州市生产性服务业占第三产业比重略有下降，服务业新业态虽有亮点，但产业扶持政策体系尚未完善，新业态产业链缺乏核心技术支撑，“高端产业、

低端环节”问题较为突出。

（二）服务业结构仍需进一步优化

目前广州服务业结构存在“三个不匹配”：一是服务业增加值占比与税收贡献不匹配。传统服务业税收贡献大，但“含金量”不高，大部分现代服务业处于成长期，税收贡献较低。二是行业结构与就业结构不匹配。批发零售业、住宿餐饮业等劳动密集型、低附加值产业在从业人员中占据较大份额，金融业、房地产业、租赁和商务服务业等资本密集型、高附加值产业从业人员相对较少。三是投资规模与投资效果不匹配。投资规模较大的行业（如房地产业），投资效果系数偏低；投资效果系数偏高的行业（如金融业），投资规模偏小。

（三）服务业的创新能力较弱，原创性、影响大的服务创新比较少

高层次专业人才相对缺乏，服务创新效率不高。信息传输、软件和信息技术服务业占比均低于北京、上海和深圳。科学研究和技术服务业占比低于北京和天津。

（四）服务业发展的体制机制仍然存在障碍

服务业对外开放和民营投资服务业还存在一些门槛，导致服务业发展潜能未能得到充分发挥。

四、广州市服务业未来十年的发展展望

（一）总体形势

当前，全球服务业国际化、知识化、专业化、融合化趋势日益明显，服务贸易、服务外包、跨国投资等形式的国际服务业转移方兴未艾。国内经济发展步入新常态，以“互联网 +”为代表的创新创业、“一带一路”为统领的开放战略、“三去一降一补”为重点任务的供给侧结构性改革，将引领中国经济迈入一个全新的发展阶段。综合分析国内外形势，广州市服务业发展面临新的发展环境。

机遇方面：一是全球新一轮科技与产业变革孕育兴起，催生了大量新兴服务业态，为广州市承接和培育新业态、新模式，加速服务业升级提供了有利条件。二是国家部署全面深化改革，国企、金融、自贸区、垄断行业等重大改革逐一推进落实，将有利于破除制约广州市服务业发展的制度性障碍，进一步激发和释放服务业发展潜力。三是国内产业升级行动加速推进，“互联网 +”、大数据、“中国制造 2025”及双创战略相继实施，产生了大量新模式、新业态、新机制，为广州市传统服务业转型升级和产业跨界融合创新提供了新动力。四是区域合作向纵

深发展，泛珠三角合作、珠江—西江经济带上升为国家战略，粤桂黔高铁经济带、广佛肇清云大都市圈启动共建，多个区域化战略相叠加，为广州市加大跨区资源整合、增强总部经济功能及扩大服务输出提供了广阔空间。五是广州市提出建设“三中心一体系”、国家创新中心城市和“一江三带”等战略布局，为加快服务业转型升级指明了方向。

挑战方面：一是国际政治与经济贸易形势复杂多变，为广州市服务业和服务贸易拓展带来了潜在风险。二是国内经济增速放缓，对广州市服务业可持续发展形成重大考验。三是世界进入互联网时代，传统服务业面临新业态、新模式的巨大冲击，广州市以专业市场和街户模式为主的传统商贸业面临电子商务的替代风险，传统型会展、金融、旅游业也面临“三无”（无店铺经营、无柜台营业、无场所办公）模式的激烈竞争。四是广州市相关制度环境亟待改善，投资贸易便利化仍显不足，市场准入有待进一步放宽，部分行业存在隐性壁垒，新业态发展和产业融合受限于部门管理与分割，部分领域政策支持缺位。五是广州市服务业存在诸多突出问题，包括产业结构层次偏低，生产性服务业发展明显滞后，龙头企业实力较弱，服务创新能力不足，对外开放质量偏低等。

（二）发展目标预测

按照广州市委、市政府的决策部署，“十三五”时期，广州市将重点打造国际航运枢纽、国际航空枢纽和国际科技创新枢纽等三大战略枢纽，着力建设国际航运中心、物流中心、贸易中心、现代金融服务体系和国家创新中心城市，加快构建高端、高质、高新现代产业新体系，大力实施双创战略，随着相关基础设施和创新政策的加快落实，广州国家中心城市的地位将进一步巩固，城市辐射力、带动力、影响力将进一步增强，金融、信息服务、科技服务、商务服务等现代服务业在今后十年将继续保持领先增长态势。展望 2020 年，广州市服务业增加值将达到 2 万亿元，年均增长约 8.5%，占 GDP 增加值的比重将达到 70% 左右；到 2025 年，广州市服务业增加值将达到 2.8 万亿元，年均增长约 6.5%。

（三）重大工程

1. 产业载体提升工程。围绕广州建设“三大战略枢纽”和“一江两岸三带”等战略布局，突出城市核心功能，结合各区域资源环境承载力、比较优势及功能特色，着力构筑“一带引领、三区联动、多点支撑”的服务业空间新格局，引导各区域服务业错位、联动、协调、有序发展。精心打造珠江现代服务业集聚带。加快建设白鹅潭经济圈、北京路文化旅游核心区、珠江新城金融商务区、广州国际金融城、广州国际创新城等现代服务业集聚区，集中力量把琶洲互联网创新集聚区建设成为在国内外具有较强影响力的互联网经济发展基地。培育壮大三大生产性服务业战略增长极。加紧推进“三大战略枢纽”基础设施建设，建成高效便捷的交通体系、流通体系、服务体系，大力发展临空经济、临港经济和创新型经济，强化海港、空港、创新港的带动功能。

2. 开放提质引领工程。加快复制推广自由贸易试验区经验。在投资管理、贸易监管、金融、服务贸易、综合监管等领域进行创新，推进投资贸易便利化，推动企业跨境投融资便利化。积极参与国家“一带一路”建设，举办高层次的“一带一路”城市经贸合作论坛，构建 21 世纪海上丝绸之路沿线国家地区港口联盟。积极参与中国—东盟自由贸易区“升级版”建设，全方位提升与东盟的战略合作水平。积极参与亚太自贸区建设，抢占亚太自贸区发展先机，充分挖掘跨国基础设施“互联互通”中的投资机会，将广州打造为亚太区域合作的先锋城市。

3. 区域合作拓展工程。深化泛珠三角区域全面合作，推动珠江—西江经济带发展，扩大沿岸地区港口、旅游等领域合作，与沿线城市共建产业园。积极融入粤桂黔高铁经济带，协同沿线城市建立招商、投资双向服务机制，在海铁联运、空铁联运、商贸会展、旅游等领域开展深层次合作。在通关便利化、营商环境、专业服务、金融、体育、旅游、文化、医疗、社会管理九个领域深化粤港澳台服务业合作，进一步扩大穗港澳在金融、科技信息、国际教育、文化创意、医疗健康等领域的投资合作。打造一批重要国际合作平台，提速发展中新知识城，建设泛珠三角区域合作论坛暨经贸洽谈会永久会址及泛珠合作产业园，谋划打造海丝之路合作产业园。

4. 总部经济壮大工程。坚持积极引进与重点培育并重，大力引进总部企业，实施总部企业引进计划，建立总部招商信息库，形成统一的对外招商目录，创新招商方式。鼓励现有总部企业增资扩产，支持跨国企业分支机构、地区总部提升能级。培育壮大本土总部企业，支持总部企业开展业务扩张、收购、兼并、上市等战略提升活动，增设投资中心、财务中心、采购中心、研发中心、销售中心。鼓励市属国有企业升级提效，支持国有企业并购重组，打造国资控股集团。推进在建总部经济项目建设，促进项目落地实施。完善总部经济载体，做好总部集聚区建设与土地利用总体规划的衔接，优化整合资源，建立总部经济集聚区“1+N”发展格局，打造一批高标准、高规格“总部基地”。

5. 深化改革支撑工程。稳妥推进市政公用事业市场化改革，扩大社会服务业供给。深化国有企业改革，推进国有资产资本化和国有资本证券化，积极发展混合所有制经济，支持社会资本参与国有服务业企业的战略性重组，鼓励和支持有条件的国有企业集团实施跨地区、跨行业乃至跨境性的收购或重组。深化服务业投资管理体制改革，完成企业投资管理流程简化再造。推动政府尽快向社会组织转移或委托辅助性、技术性职能，加大政府购买公共服务力度。建立互联共享统一的政府信息服务体系，推动政府现有信息资源共享，构建全市海量数据库。加快社会信用体系、经营异常企业名录、综合执法、知识产权保护等综合监管体系建设。

6. 平台经济孵育工程。支持新兴领域平台经济发展，面向新兴信息服务发展需求，推动金融信息平台、电子商务平台、社交网络平台等领域平台发展。探索开发新型商业模式，推动建立多层次、多元化的平台服务体系。面向工业转型升级与产业基地打造的需求，支持各地方瞄准龙头产业与支柱产业，打造交易与服务平台，加速对产业上下游环节和企业的整合，打造产业链条。设计有针对性的平台型企业扶持政策，鼓励有条件的企业向平台化转型，择优确定重点企业予以扶持。抓紧机遇发展新型要素交易平台，探索在广州金融资产交易中心开展保险产品交易。做强做大现有交易平台，逐步整合省、市两级同质化交易平台，制定实施平台型企业培育计划，加快引进国内外知名平台型企业。

7. 服务质量提升工程。加强企业质量能力建设，完善企业标准管理体系、计量检测管理体系、环境管理体系等。加快构建质量信用体系及社会共享机制，建立质量违法服务企业“黑名单”制度。在商务中心、科技园、专业街、专业市场等现代服务业标志区建立质量公共服务平台。推广实施各类服务标准，推进服务业重点领域采用或参照国际标准，参与或主导研制服务业重点领域国家标准、行业标准。不断拓展服务业标准化工作领域，引领服务行业整体提升，推进一批现代服务业标准化示范（试点）建设。加快服务质量和服务水平与港澳地区及国外先进地区的接轨步伐，促进现代服务行业规范化、标准化、国际化。引导企业开展服务标准化示范试点建设、规范服务流程和服务内容。

8. 高端人才集聚工程。完善人才流动评价激励机制和服务保障体系，着力培养和引进一批现代服务业产业领军人才和团队。实施“高端外国专家项目”，创新广州科技交流会办会模式，推动“海外人才工作站”建设，加大海外人才引进力度。扶持企业建设创业创新平台，协助企业申报院士工作站、新型研发机构，充分发挥平台对高层次人才的吸纳作用。推进南沙、粤港澳人才合作示范区、广州开发区国家海外高层次人才创新基地等平台建设，争取在创新人才政策上先行先试。依托企业、技工院校和职业培训机构，大力推进服务业培训基地、公共实训基地和技能大师工作室建设，促进服务业高技能人才发展。支持在穗高校、职业院校服务于产业发展实际需要，及时调整专业设置，深化校企合作，开展“订单式”培训。

9.绿色经济发展工程。落实绿色发展理念，培育壮大全市节能环保服务业规模，促进相关产业节能减排，推动经济发展提质增效升级。顺应汽车产业的发展趋势，加大新能源汽车推广应用力度，巩固广州汽车产业的支柱地位。探索建立归属清晰、权责明确、监管有效的环境资源产权制度，研究环境资源统筹管理、统一监管和定期普查更新制度。完善碳排放权交易规则、交易系统和交易标准，开展碳排放权、排污权、林业碳汇、海洋碳汇等交易试点工作，争取在国内率先形成完善的碳金融服务体系，打造服务全国的碳交易平台。大力发展以节能效益分享为主的市场化节能服务模式。鼓励排污企业引入环保服务，探索建立减排支付合同环境服务体系和排污防治融资渠道。

（执笔人：尹志新　邱文斌）

后　　记

服务业是民生之基、强国之要。随着服务业在我国经济发展和就业中的比重不断提高，各方面已经形成了我国服务业发展正处于战略机遇期的普遍共识。本书是配合《服务业创新发展大纲（2017—2025 年）》文件起草及解读实施的研究成果，希望能为我国服务业大发展提供有用资料和视角，引导各方面更加关注服务业的发展。

我们对所有参与研究单位和撰稿者的大力支持表示衷心感谢。特别感谢王一鸣、王新奎、周振华、迟福林、夏杰长、任兴洲等知名专家学者的热情帮助和指导。此外，还要感谢各地发展改革委、行业协会和研究机构提供的研究支持。中国计划出版社为本书的编校和出版做了大量细致的工作，在此一并表示感谢。

本书编写组

2017 年 9 月于北京